权威·前沿·原创

皮书系列为
"十二五"国家重点图书出版规划项目

应对气候变化报告
（2015）

ANNUAL REPORT ON ACTIONS TO ADDRESS CLIMATE CHANGE
(2015)

巴黎的新起点和新希望

A New Start and Hope in Paris

主　编 / 王伟光　郑国光
副主编 / 巢清尘　陈　迎　胡国权　潘家华

社会科学文献出版社
SOCIAL SCIENCES ACADEMIC PRESS (CHINA)

图书在版编目(CIP)数据

应对气候变化报告.2015：巴黎的新起点和新希望/王伟光，郑国光主编.—北京：社会科学文献出版社，2015.11
（气候变化绿皮书）
ISBN 978-7-5097-8277-4

Ⅰ.①应… Ⅱ.①王… ②郑… Ⅲ.①气候变化-研究报告-世界-2015 Ⅳ.①P467

中国版本图书馆CIP数据核字（2015）第251875号

气候变化绿皮书
应对气候变化报告（2015）
——巴黎的新起点和新希望

主　　编／	王伟光　郑国光
副 主 编／	巢清尘　陈　迎　胡国权　潘家华
出 版 人／	谢寿光
项目统筹／	周　丽　陈凤玲
责任编辑／	于　飞　陈凤玲　陈　欣
出　　版／	社会科学文献出版社・经济与管理出版分社（010）59367226
	地址：北京市北三环中路甲29号院华龙大厦　邮编：100029
	网址：www.ssap.com.cn
发　　行／	市场营销中心（010）59367081　59367090
	读者服务中心（010）59367028
印　　装／	北京季蜂印刷有限公司
规　　格／	开本：787mm×1092mm　1/16
	印　张：23.75　字　数：360千字
版　　次／	2015年11月第1版　2015年11月第1次印刷
书　　号／	ISBN 978-7-5097-8277-4
定　　价／	98.00元

皮书序列号／B-2009-122

本书如有破损、缺页、装订错误，请与本社读者服务中心联系更换

▲ 版权所有 翻印必究

本书由"中国社会科学院－中国气象局气候变化经济学模拟联合实验室"组织编写。

本书由国家社科基金项目"城市生态文明建设机制、评价方法与政策工具研究"（编号：13AZD077）和中国气象局气候变化专项项目"气候变化经济学联合实验室建设"（编号：CCSF201537）资助出版。

感谢国家科技支撑计划"IPCC第五次评估对我国应对气候变化战略的影响"课题（编号：2012BAC20B05）、中国清洁发展机制基金"IPCC第五次评估报告第一、二工作组报告、综合报告及清单工作组报告支撑研究"课题（编号：2013024）、地球工程基础理论和影响评估研究（编号：2015CB953600）、国家自然科学基金项目"转移排放、碳关税对中美经济的影响及策略研究——基于CGE模型的实证分析"（编号：71273275）、2015年度创新项目联合国后千年可持续发展目标研究以及国家自然科学基金项目"适应气候变化治理机制：中国东西部案例比较研究"（编号：71203231）的联合资助。

同时感谢中国气象学会气候变化与低碳发展委员会的支持。

气候变化绿皮书编纂委员会

主　编　王伟光　郑国光

副主编　巢清尘　陈　迎　胡国权　潘家华

编委会　（按姓氏音序排列）
　　　　　白　帆　冯相昭　高　云　黄　磊　姜　彤
　　　　　刘洪滨　刘　哲　齐绍洲　宋连春　王　谋
　　　　　吴晓丹　闫宇平　袁佳双　郑　艳　周　兵
　　　　　周波涛　朱　蓉　朱守先　庄贵阳

主要编撰者简介

王伟光 中国社会科学院院长、党组书记、学部主席团主席。哲学博士、博士生导师、教授,中国社会科学院学部委员。曾任中央党校副校长。中国共产党第十八届中央委员。中国辩证唯物主义研究会会长,马克思主义理论研究和建设工程咨询委员会委员、首席专家。荣获国务院颁发的"做出突出贡献的中国博士学位获得者"荣誉称号,享受政府特殊津贴。长期从事马克思主义理论和哲学、中国特色社会主义重大理论与现实问题的研究。

郑国光 中国气象局党组书记、局长,研究员。1994年获得加拿大多伦多大学物理系博士学位。中国共产党第十七次、第十八次全国代表大会代表,第十八届中央纪律检查委员会委员,中国人民政治协商会议第十一届全国委员会委员,国家气候委员会主任委员,全球气候观测系统中国委员会(CGOS)主席,全国人工影响天气协调会议协调人,国家应对气候变化及节能减排工作领导小组成员兼应对气候变化领导小组办公室副主任,国务院大气污染防治领导小组成员,世界气象组织(WMO)中国常任代表,WMO执行理事会成员,政府间气候变化专门委员会(IPCC)中国代表,政府间全球气候服务委员会(IBCS)成员。曾任联合国秘书长全球可持续性高级别小组(GSP)成员、全球地球观测组织(GEO)联合主席。长期从事云物理、人工影响天气和气象事业发展战略研究。

巢清尘 国家气候中心副主任,研究员级高级工程师,理学博士。研究领域为海气相互作用、气候变化政策。现任全球气候观测系统指导委员会委员、中国气象学会气候变化与低碳经济委员会主任委员、全国气候与气候变化标准化技术委员会副主任委员、中国未来海洋联盟副理事长、中国气候传播项目中心专家委员会委员、北京气象学会常务理事、中国气象学会气象经济委员会委员等。第三次国家气候变化评估报告编写专家组副组长、"十三五"国家应对气候变化科技创新规划专家组副组长。长期作为中国代表团成员参加联合国气候变化框架公约（UNFCCC）和政府间气候变化专门委员会（IPCC）工作。《中国城市与环境研究》《气候变化研究进展》编委。国家科技支撑计划、中国清洁发展机制项目负责人。

陈　迎　中国社会科学院城市发展与环境研究所可持续发展经济学研究室主任，研究员，博士生导师。研究领域为环境经济与可持续发展、能源和气候政策、国际气候治理等。2010~2014年政府间气候变化专门委员会（IPCC）第五次评估报告（AR5）第三工作组的主要作者。2013年至今任中国社会科学院城市发展与环境研究所创新工程项目首席研究员。承担过多项国家级、省部级和国际合作的重要研究课题，发表论文等各类研究成果60余篇，多项研究成果获奖，如第2届浦山世界经济学优秀论文奖（2010年）、第14届孙冶方经济科学奖（2011年）、中国社会科学院优秀科研成果二等奖（2004年、2014年）等。

胡国权　国家气候中心副研究员，理学博士。研究领域为气候变化数值模拟、气候变化应对战略。先后从事天气预报、能量与水分循环研究、气候系统模式研发和数值模拟，以及气候变化数值模拟和应对对策等工作。参加了第一、第二、第三次气候变化国家评估报告的编写工作。作为中国代表团成员参加了联合国气候变化框架公约（UNFCCC）和政府间气候变化专门委员会（IPCC）工作。主持或参加国家自然科学基金、国家科技部、中国气象局、国家发改委等项目十多项，参与编写专著十余部，发表论文二十余篇。

潘家华　中国社会科学院城市发展与环境研究所所长，研究员，博士研究生导师。研究领域为世界经济、气候变化经济学、城市发展、能源与环境政策等。担任国家气候变化专家委员会委员，中国城市经济学会副会长，中国生态经济学会副会长，政府间气候变化专门委员会（IPCC）第三次、第四次和第五次评估报告核心撰稿专家，先后发表学术（会议）论文200余篇，撰写专著4部，译著1部，主编大型国际综合评估报告和论文集8部；获中国社会科学院优秀成果一等奖（2004年）、二等奖（2002年），孙冶方经济学奖（2011年）。

摘　要

2015年《联合国气候变化框架公约》第21次缔约方大会即将在巴黎召开，有望达成2020年后新的国际气候协议。巴黎会议将是国际气候进程中又一座重要的里程碑、一个新的起点，将为全球应对气候变化带来新的希望。在这个关键时点上，《应对气候变化报告（2015）：巴黎的新起点和新希望》以崭新的面貌与读者见面了。

本书共分为五个部分，第一部分为总报告，回顾了自1992年通过气候公约以来，世界经济、贸易、排放以及国际治理体系发生的新变化，分析了国际气候进程走过的20多年以来国际责任体系的变与不变。这种辨证的思维和视角对客观看待当今国际气候谈判进程，以及今后的发展趋势，都是非常有益的。总报告强调应对气候变化的最终出路在于促进国际气候合作，呼吁各方以积极和建设性姿态投入谈判，在保障气候安全的同时实现全球向绿色低碳方向的转型，并以此为全球经济增加提供新动力。

第二部分聚焦国际气候治理，不仅选取气候公约下减缓、适应等重点谈判议题，对谈判形势和矛盾焦点问题进行了深入分析，而且选取了公约外与气候变化相关的国际合作机制，如"气候与清洁空气联盟"、北极理事会等，分析了其对国际气候进程的影响。此外，本书还就2014~2015年发生的一系列双边或多边重大和热点事件，如联合国可持续发展峰会、世界减灾大会、中美首脑会晤和气候变化联合声明发布等进行了深入的分析和解读。

第三部分聚焦国内应对气候变化行动，就国家新出台的一些政策和公众关注的一些热点问题进行了分析。例如，碳交易体系是欧盟减少温室气体排放的主要政策工具之一，中国要在2030年左右实现碳排放峰值，碳市场应该发挥更大的作用。中国从2011年启动7个省份的碳排放权交易试点以来

取得了明显的成效，目前所有的试点省份都已经成功开展了不同形式的交易，总体状况良好。中国计划于 2017 年建成全国性的碳交易市场，需要做好顶层设计，建立全国性的相关政策体系。又如，雾霾问题已经受到全社会的高度关注，不仅涉及经济发展模式的转变，而且影响每个人的生活。"APEC 蓝""阅兵蓝"在带给人们兴奋和愉悦的同时也引发了许多深刻的思考。

第四部分为研究专论，选取了一组与应对气候变化相关的不同主题的研究报告，有的反映气候变化领域研究的一些前沿问题，例如，地球工程、"蓝碳计划"、气候承载力等，也有的介绍国际应对气候变化经验或地方对绿色低碳发展的思考。

第五部分为附录，收录了 2014 年世界各主要国家和地区的社会、经济、能源及碳排放数据，以及全球和中国气候灾害的相关统计数据，供读者参考。

关键词： 国际气候制度　可持续发展目标　国家自主贡献　适应　碳交易体系

Abstract

The 21st Session of the Conference of Parties (COP21) to the UN Framework Convention on Climate Change is to be held in Paris in 2015, which is expected to reach a new post – 2020 international climate agreement. COP21 would be another important milestone, a new start as well as another source of hope for addressing climate change in international climate process. At this key time point, *Annual Report on Actions to Address Climate Change (2015): A New Start and Hope in Paris* is published.

This book includes five sections. The first section is General Report, reviewing changes in global economy, trade, emission and international governance system since the 1992 Climate Convention, analyzing changes and steadiness in international obligation system during the past 20 years in climate progress. This dialectical thinking and perspective is beneficial for both objectively looking upon international climate negotiation and for future development tendency. The General Report points out that the final solution to climate change lies in international climate cooperation. Parties are encouraged to pose actively and constructively in the negotiation, striving to realize environment – friendly and low – carbon transformation on condition of climate security, and providing a new impetus for global economy.

The second section focuses on international climate change governance process. This part covers major themes like mitigation and adaptation under climate convention, deeply analyzing negotiation position and conflicts. International cooperation mechanism related to climate change like Climate and Clean Air Coalition, Arctic Council are also mentioned in this section with analysis on their impacts on international climate process. Besides, major bilateral and multilateral events are discussed and explained in this book, such as UN Sustainable Development Summit, WCDR (World Conference on Disaster Reduction),

China – US summit meeting, China – U.S. Joint Statement on Climate Change and so on.

The third section focuses on domestic actions on climate change by analyzing new issued policies and hotspot issues which are paid close attention by the public. For example, carbon trading scheme is one of main policy instruments to reduce greenhouse gases emission in EU; China is going to achieve carbon emission peak around 2030, so carbon market should play its more important role. Since 2011, China launched pilot of carbon emission trading in 7 provinces and cities that have gained evident effects. At present, all pilot provinces and cities have successfully carried out different kinds of trading, and the comprehensive procedure goes well. China plans to complete the construction of national carbon trading market in 2017, which requires top-level design and establishing national related policy system. For another example, atmospheric haze highly attracted public concerns, and it not only involves in the transformation of economic development pattern, but also affects everyone's lives. "APEC Blue" and "Parade Blue" bring excitement, joy and profound thinking for people.

The fourth part selects a series of research reports related to tackling climate change with various themes. Some of them reflect frontier issues in the field of climate change, such as geoengineering, "Blue Carbon Plan", climate capacity, etc., and some introduce international experience on climate change or local reflection of green low – carbon development. This book collects data of social, economic, energy and carbon emission in selected countries and regions, as well as data of global and Chinese meteorological disasters in 2014, which will offer reference for readers.

Keywords: international climate regime; Sustainable Development Goal (SDG); Intended Nationally Determined Contribution (INDC); adaption; Emission Trading Scheme

前　言

2014年是有现代气象记录数据135年以来最为炎热的一年，2015年1~9月全球地表平均气温高于往年同期，2015年7月是自有记录以来全球气温最高的一个月，预计2015年可能成为自有气象记录以来最热的一年。气候变暖给全球生态环境和可持续发展带来的损失和风险与日俱增。自1960年以来，随着增温幅度和速率的增加，全球气象灾害发生的频次上升了4倍，经济损失上升了7倍。科学证据表明，人类活动是当前气候变暖的主因，国际社会已经采取行动积极应对气候变化。2015年已经召开了第三次联合国世界减灾大会、联合国首脑峰会等一系列会议，来共同应对气候变化和促进可持续发展。

近年来，全球温室气体排放格局发生了重要变化。一方面，随着发展中国家经济快速发展，发达国家占全球经济份额有所下降；另一方面，全球分工引起的产业转移，导致中低端制造业高排放产能大量向发展中国家转移，发展中国家温室气体排放呈快速上升趋势，世界碳排放格局也随之发生调整。20世纪90年代初，发达国家二氧化碳年排放量占全球排放的66%；而到了2012年，其占全球排放总量的份额下降到41.4%。尽管如此，其历史排放格局总体未有大的变化。1850~1990年发达国家累积二氧化碳排放占全球排放的82%，2011年仍高达71%。发达国家的累积排放量仍然高于发展中国家，说明发达国家在应对气候变化国际合作进程中承担主要责任和义务的基础尚未发生改变。另外，人均排放格局差异仍然巨大。发达国家自20世纪70年代以来，人均二氧化碳排放一直保持在10吨左右，同期，发展中国家人均排放仅为2吨左右，2003年以来略有增长，到2012年人均二氧化碳排放约3.2吨，与发达国家尚存在巨大的差距。

因此,在气候治理国际合作中,各国既要积极主动自主减排,为减缓全球变暖做出贡献,也要强调在减少温室气体排放国际合作中遵循公约"共同但有区别的责任原则",重点即发达国家要承担历史责任。

国际社会期待的《联合国气候变化框架公约》第21次缔约方大会即将在巴黎召开。巴黎气候大会是继2009年哥本哈根气候大会后,全球应对气候变化的又一次重要的大会,会议的目标是达成2020年后国际应对气候变化的新协议,这将是迈向新时期国际气候治理的新起点。随着各国政府和国际社会在应对气候变化问题上逐步达成共识,主动作为的政治意愿和合作共赢的理念在不断增强。包括欧盟(含28个成员国)、美国、俄罗斯、加拿大、瑞士、挪威、新西兰、澳大利亚、巴西、印度、秘鲁、南非等在内的154个国家和地区先后提交了国家自主贡献文件,已覆盖了全球温室气体排放近80%的国家(地区)。其中,美国承诺到2025年在2005年的基础上减排温室气体26%~28%,美国清洁电力计划表示到2030年实现减排30%的目标;欧盟承诺与1990年相比,在2030年前削减至少40%的排放。中国提出了国家自主贡献,即二氧化碳排放在2030年左右达到峰值并争取尽早达峰、单位国内生产总值(GDP)二氧化碳排放比2005年下降60%~65%、非化石能源占一次能源消费比重达到20%左右、森林蓄积量比2005年增加45亿立方米左右等2020年后强化应对气候变化行动目标,向国际社会做出了郑重承诺。

中国正在大力推进生态文明建设,以求实现绿色低碳、气候适应型和可持续发展。2014年,我国单位国内生产总值能耗和CO_2排放分别比2005年下降29.9%和33.8%,"十二五"节能减排约束性指标可以顺利完成,我国已成为世界节能和利用新能源、可再生能源第一大国,为全球应对气候变化做出了实实在在的贡献。2014年11月,中美发表了应对气候变化联合声明,中美各自提出了2020年后应对气候变化行动目标;2015年以来,中国与印度、巴西、欧盟分别发布了中印、中巴(西)、中欧应对气候变化联合声明。作为全球最大的两大经济体与碳排放国,中美于2015年9月再次发布联合声明为巴黎气候大会注入新的动力。

求同存异、促成巴黎大会达成共识是国际社会的共同期望,巴黎气候协议不应只是一份减排协议,而应遵循全面、平衡地反映减缓、适应、资金、技术转让、能力建设、行动和支持透明度等各个要素。协议应该全面遵循公约的原则和规定,特别是"共同但有区别的责任原则"、公平原则和各自能力原则。发达国家要履行在资金和技术方面的义务。

自2009年出版第一部气候变化绿皮书《应对气候变化报告(2009):通向哥本哈根》后,到2014年该绿皮书已连续出版了6部。2015年我们聚焦巴黎气候大会,编撰《应对气候变化报告(2015):巴黎的新起点和新希望》。本书由长期从事气候变化科学评估、应对气候变化经济政策分析以及直接参与国际气候谈判的资深专家撰稿,全面介绍利马会议以来全球应对气候变化的最新进展,深入分析中国应对气候变化的行动和成效,特别围绕巴黎协议等热点问题展开讨论,向公众和国际社会展现中国应对气候变化面临的挑战和采取的积极行动。本书是一本集气候变化科学研究、气候外交与谈判、应对气候变化政策行动以及气候变化经济学分析于一体的综合性读物。

王伟光　郑国光
2015年11月

目 录

GⅠ 总报告

G.1 通往巴黎：国际责任体系的变与不变
.... 总报告编写组 / 001
一 变化的世界格局 .... / 002
二 责任体系未发生根本改变 .... / 008
三 协同构建公平高效的国际合作机制 .... / 016

GⅡ 国际气候谈判进程

G.2 巴黎气候大会
——迈向新时期国际气候治理的新起点
.... 郑国光 巢清尘 张永香 / 024

G.3 国家自主决定贡献对全球气候治理机制的影响
.... 高翔 邓梁春 / 034

G.4 巴黎协议适应和损失损害议题的谈判
进展及展望 .... 陈敏鹏 李玉娥 / 055

G.5 中美气候变化合作的战略意义及对国际
　　　谈判的影响 ····················· 张晓华　祁　悦 / 069

G.6 世界减灾行动与应对气候变化
　　　·············· 宋连春　董思言　翟建青　姜　彤 / 081

G.7 欧洲适应气候变化十年（2005~2014）
　　　——欧盟 CIRCLE 项目信息对我国适应研究的启示
　　　············ 姜　彤　曹丽格　翟建青　李修仓 / 093

G.8 "气盟"的运行机制与综合影响分析 ········· 刘　哲　王　敏 / 105

G.9 气候变化对北极地区安全的影响 ················ 于宏源 / 117

G.10 2015年后发展议程与全球应对气候变化行动········ 陈　迎 / 131

GⅢ　国内应对气候变化行动

G.11 城市适应气候变化
　　　——上海市的实践与探索
　　　·············· 陈振林　吴　蔚　田　展　郑　艳 / 145

G.12 2014年全球最暖年气候监测及其可能成因研究
　　　························· 周　兵　聂　羽　王朋岭 / 159

G.13 "APEC 蓝"对中国城市大气污染防治的启示 ········ 朱　蓉 / 172

G.14 中国碳交易市场建设的现状与展望 ········· 熊　灵　齐绍洲 / 187

G.15 灾害风险预警与中国的实践
　　　·············· 矫梅燕　翟建青　张　迪　姜　彤 / 202

GⅣ　研究专论

G.16 地球工程研究综述 ····························· 翁维力 / 213

G.17 内蒙古西部绿色低碳发展的探索与展望
.... 董恒宇 赵 吉 / 226

G.18 蓝碳研究进展与中国蓝碳计划
.... 焦念志 骆永明 周云轩 张 锐
　　　　　　　　　　　章海波 张永雨 刘纪化 / 238

G.19 适应气候变化的协同治理
——美国城市适应气候变化的经验和启示 .... 郑 艳 / 249

G.20 中国暴雨洪涝对社会经济的影响
.... 王艳君 苏布达 李修仓 / 260

G.21 气候承载力评估的意义及基本方法
.... 於 琍 卢燕宇 黄 玮 徐雨晴 / 268

G.22 我国页岩气绿色开发的监管体系
　　建设探讨 .... 冯相昭 田春秀 / 281

G V 附录

G.23 世界各国与中国社会经济、能源及碳排放数据 .... 朱守先 / 292
G.24 全球气候灾害历史统计 .... 李修仓 张飞跃 王安乾 / 313
G.25 中国气候灾害历史统计 .... 李修仓 张飞跃 王安乾 / 320

G.26 缩略词 .... 胡国权 白 帆 / 334

英文摘要及关键词（G1－G22） .... / 340

皮书数据库阅读使用指南

CONTENTS

G I General Report

G. 1 Road to Paris: Change and Steadiness of International
Obligation System / 001
    1. Changing Global Situation / 002
    2. Unchangeable Obligation System / 008
    3. Developing Constructive International Cooperation / 016

G II United Nations Climate Change Negotiations Process

G. 2 Paris Climate Change Conference
    —*a New Start for Future International Climate Change Governance* / 024

G. 3 Intended Nationally Determined Contribution in the Global Climate Regime / 034

G. 4 Advance and outlook for Paris Agreement on Adaptation and Loss and Damage / 055

G. 5 The Strategic Significance and the Implications on International Negotiation of the China-U.S. Cooperation on Climate Change / 069

CONTENTS

G. 6	World Disaster Reduction Actions and Dealing with Climate Change	/ 081
G. 7	Adaption to Climate Change in Europe (2005-2014) —*Research and Innovation Experiences from the European CIRCLE project*	/ 093
G. 8	An Analysis of CCAC: Operational Mechanism and Comprehensive Implications	/ 105
G. 9	Climate Change and Security in Arctic Region	/ 117
G. 10	The Post 2015 Development Agenda and Global Actions to Address Climate Change	/ 131

GIII Domestic Actions on Climate Change

G. 11	Urban Adaptation to Climate Change —*the Practice and Exploration of Shanghai*	/ 145
G. 12	2014 Warmest Year in Modern Record: Climate Monitoring and Its Possible Cause	/ 159
G. 13	The Revelation of APEC Blue for the Prevention of City Air Pollution in China	/ 172
G. 14	Carbon Trading Market in China: Present Situation and Prospect	/ 187
G. 15	Impact/Risk based Disaster Warnings and Good Practices in China	/ 202

GIV Special Research Topics

G. 16	A Review of Climate Geoengineering Research	/ 213
G. 17	The Exploration and Prospect of Green Development for Western Inner Mongolia	/ 226

G.18	Blue Carbon and China Blue Carbon Plan	/ 238
G.19	Collaborative Governance in Adaptation to Climate Change: Cases from American Cities	/ 249
G.20	Impact of Rainstorm Flood on Social Economy in China	/ 260
G.21	Significance and General Approach of Assessment the Climatic Carrying Capacity	/ 268
G.22	A Study on How to Facilitate the Building-up of an Environmental Regulatory System towards Green Development of Shale Gas in China	/ 281

GⅤ Appendix

G.23	Data on Social Economy, Energy and Carbon Emissions in the World and China	/ 292
G.24	Face Sheet on Climate Disasters in the World	/ 313
G.25	Face Sheet on Climate Disasters in China	/ 320
G.26	Abbreviations	/ 334

Abstracts and Keywords   / 340

总报告

General Report

G.1 通往巴黎：国际责任体系的变与不变[*]

总报告编写组[**]

摘　要： 根据2013年华沙气候会议决定授权，2015年联合国气候谈判巴黎会议将就2020年后的国际气候制度达成协议。这是继2012年多哈会议结束巴厘路线图谈判之后，国际气候治理进程中的又一次标志性的气候大会。从1992年缔结公约，到2015年巴黎气候会议，国际经济、贸易、排放等格局都

---

[*] 基金项目：国家社科基金重点项目(13AZD077)，CDMF(2012034,2013023,2013070)。

[**] 总报告编写组成员包括：潘家华、巢清尘、王谋、张永香、刘哲、吴晓丹、郭晓晨、白帆，由王谋执笔。王谋，博士，中国社会科学院城市发展与环境研究所副研究员，研究领域为国际气候制度、环境治理、可持续城市；张永香，博士，国家气候中心副研究员，研究领域为历史气候和气候变化政策；刘哲，博士，环境保护部环境与经济政策研究中心副研究员，研究领域为气候政策、能源政策与环境政策；吴晓丹，硕士，《中国城市与环境》英文期刊编辑；郭晓晨，北京林业大学硕士生；白帆，硕士，中国社科院城市发展与环境研究所。

发生了一些调整。发展中国家在全球经贸、排放等领域所占的份额有了快速提升，这也导致一些公约缔约方主要是发达国家缔约方，对全球应对气候变化责任体系的认知产生动摇，要求发展中国家承担减排甚至出资的责任，意欲向发展中国家转移应对气候变化的义务和成本。事实上尽管发展中国家在国际经贸、排放领域所占份额有所上升，但并未改变发达国家占历史累积二氧化碳排放绝对多数和掌控国际金融贸易体系、技术和标准体系等的基本格局。应对气候变化的国际责任体系也没有发生根本调整。发达国家应该继续引领全球气候行动，并给予发展中国家资金和技术的支持；发展中国家在减贫和发展过程中，也应主动、充分借助国际社会支持，走低排放发展路径。巴黎会议上，缔约方应当以建设性的姿态参与谈判，积极规划开展减排行动，构建公平高效的资金机制，促进气候友好技术的全球普及和推广，建立开放合作的国际贸易体系，共同推动国际合作应对气候变化成为全球经济增长的新动力，并保障全球气候安全。

关键词： 气候变化 巴黎会议 国际治理 责任体系

一 变化的世界格局

以新兴经济体为代表的发展中国家，自20世纪90年代以来经历了快速发展的过程，尤其是2000年以后快速发力，在经济、贸易、排放等领域占比快速提升，引起了相关领域世界格局的调整。

（一）发展中国家在全球经济中所占比重增大

发达国家占全球经济份额下降。2000以来，随着发展中国家尤其是新兴经济体国家经济的快速发展，国际经济格局发生了显著变化。发达国家（主要是 OECD 国家）①在世界经济中所占的份额逐年下降，由 2000 年左右占全球 GDP 81% 以上的份额，下降到 2014 年的不足 63%；与此同时，大规模的中低端制造业，由发达国家转移到发展中国家，进一步推动世界经贸结构的调整。发达国家出口贸易占全球出口贸易额的比例，从 1998 年占比约 75% 开始逐年下降，2014 年降至 59%（见图 1）；同期，发展中国家对外贸易则实现了高速增长。受 2008 年经济危机影响，部分发达国家经济复苏缓慢，全球影响力下降，而新兴经济体正在悄然崛起，中、印等发展中大国都保持了 5% 以上的高速增长，而主要发达国家 GDP 增长率均在 5% 以下，一些发达国家经济仍是负增长。

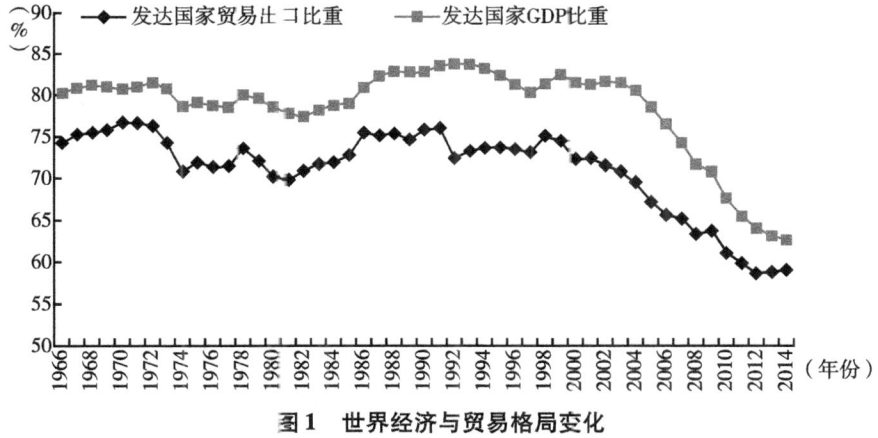

图 1　世界经济与贸易格局变化

资料来源：根据世界银行数据库数据绘制。

世界经贸格局的变化，将可能触及各国参与全球治理包括国际气候治理的根本基础。发达国家在出资意愿、合作方式、减排行动、国际贸易等方面，可能变得更加保守，对发展中国家开展减排行动的诉求会增加，在发展中国家的行动意愿没有显著增加的情况下，国际气候治理进程可能会因此陷入僵局。

---

① 在对社会、经济统计数据进行分析时，本文一般以 OECD 国家代表发达国家（排放数据分析除外），虽然 OECD 国家中也包含少量传统意义上的发展中国家，但这些国家在本文分析的相关领域中所占的份额不大，不影响趋势判断分析。

（二）发达国家排放占比低于发展中国家

从全球排放格局来看，由全球分工引起的产业转移，导致中低端制造业产能大量向发展中国家聚集，发展中国家温室气体排放呈快速上升趋势，全球碳排放格局也随之发生调整。在缔结气候公约的 20 世纪 90 年代初，附件一国家（主要是 OECD 国家 + 经济转轨国家）的碳排放是非附件一国家的 2 倍，占全球二氧化碳排放的 66%（见图 2）；而到了 2012 年，大多数附件一国家参与执行京都议定书第一承诺期的温室气体排放总量减排行动，因此附件一国家总体二氧化碳排放量比 1990 年实现了下降，占全球排放总量的 41.4%。同期，非附件一国家二氧化碳排放增速大，排放总量也超过附件一国家。从未来排放趋势来看，由于几乎所有的附件一国家都做出了温室气体总量减排的承诺，全球包括二氧化碳在内的温室气体的排放增量将基本来自非附件一国家，而且受发展中国家经济快速发展惯性的影响，发展中国家温室气体排放量仍将保持快速上升。

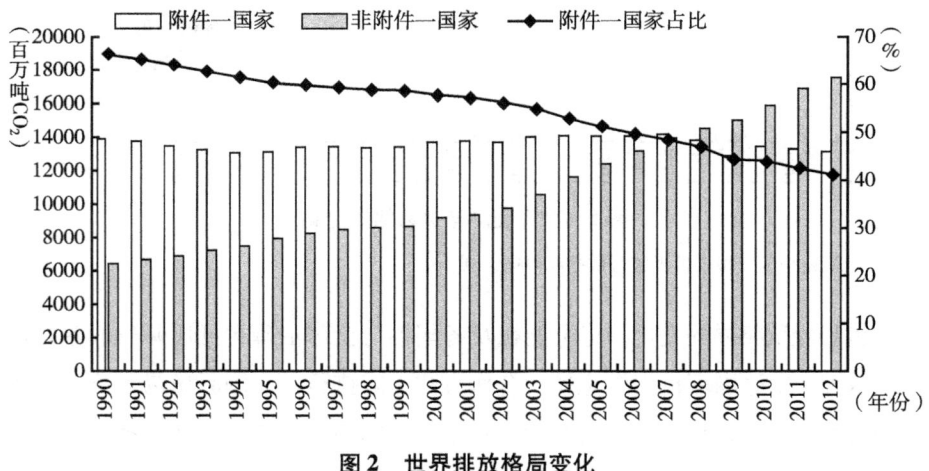

图 2　世界排放格局变化

资料来源：WRI CAIT 数据库数据编绘。

变化的世界排放格局导致部分发达国家缔约方的责任意识模糊化，并试图改变国际气候治理的合作基础，由关注历史排放的责任和义务向未来排放的责任和义务转变，强调发展中国家尤其是经济快速发展的新兴经济体国家在国际气候治理进程中的责任，并推动国际气候治理模式转型。

（三）国际治理体系的变化

随着国际经贸格局的发展演变，包括环境、金融等领域的国际治理体系也在开始发生变化。

国际环境治理体系发生了变化。发展中国家越来越多地参与国际贸易，一方面经济实力得以发展，社会环境意识逐步增强；另一方面，也主动或被动地接受了更多的国际标准，成为参与国际治理的积极主体。国际环境治理比较显著的变化是，由之前发达国家领导、开展行动并向发展中国家提供资金支持，逐渐向发达国家、发展中国家共同承担责任、共同行动过渡。尽管发展中国家对共同责任和共同行动的认可程度还有差异，但发达国家欲借国际经贸、排放格局的变化，推动发展中国家共同承担责任的趋势已经表现得非常明确。

国际金融治理体系进行了改革。随着世界经济、贸易、排放格局的调整，生产要素国际配置方式也在发生变化，引起了相应的国际治理体系的改变。发展中国家生产活动增加，资金、设施等生产要素需求增加，投资活动和资金流也随之增加。图3体现了自2003年以来发展中国家投资增长的趋势，同时，也反映了发达国家（OECD国家）吸引国际投资的比例自20世纪70年代至今总体下行的趋势，从1970年的约84.2%下降到2014年的49.8%。随着金融活动向发展中国家的集聚，发展中国家也需要在国际金融治理体系中有更大的发言权，客观上需要进行国际金融治理体系的改革。根据IMF2010年12月发布的第14次份额总检查报告，IMF特别提款权将扩容一倍，从2008年的2385亿增加一倍，提高到4770亿特别提款权，新兴经济体国家贡献率提高，将求得更多的投票权。一旦改革落实，中国的份额将从目前的4%升至6.39%，成为仅次于美国、日本之后的第三大份额国，投票权也将从目前的3.65%升至6.07%。同时，欧洲国家原有的2个席位将分配给发展中国家。巴西、印度和俄罗斯也将跻身前十大份额国之列。发展中国家不仅推动了既有国际金融治理体系的变革，而且积极推动新机制的建立以更好地促进经济社会的发展。如亚洲基础设施投资银行、金砖银行等，都在一定层面上促进了国际金融治理体系的变革。

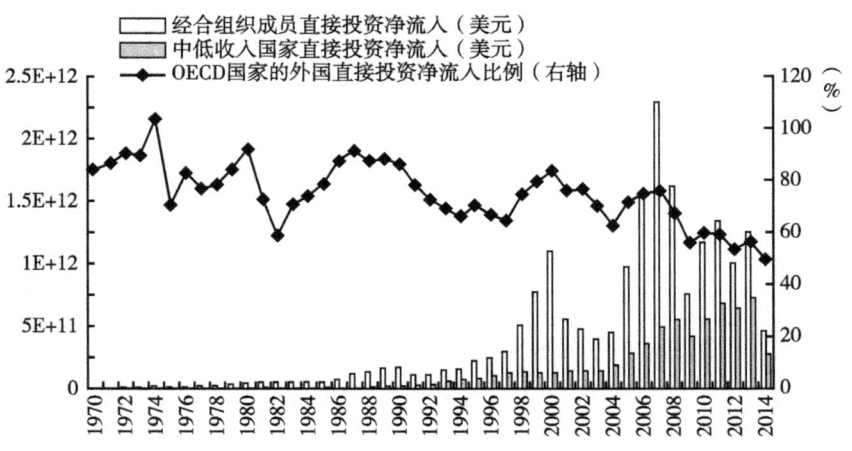

图3　国际直接投资资金流向

资料来源：根据世界银行数据库编绘。

（四）关注气候变化的国际机构多样化

为了推动公约谈判，缔约方在公约体系外也建立了多种对话、合作机制，这些合作机制体现了对公约机制的补充，为增进缔约方相互了解、推动各方达成共识起到了积极作用。这些机制从性质上来看，主要可以分为政治性的、技术性的和经济激励/约束性的公约外机制三种类型。

政治性的公约外机制，主要包括联合国气候峰会、千年发展目标论坛、经济大国能源与气候论坛、二十国集团峰会、八国集团峰会、亚太经合组织会议等。这些机制的共同特点是由政府首脑或者高级别官员参与磋商，就一些重大问题达成政治共识，但一般不就具体技术细节进行讨论。如2008年八国集团峰会发表声明，八国将共同努力寻求实现2050年将全球温室气体排放量减少至少一半的长期目标。会议虽然提出了全球长期减排目标，但并没有讨论实现目标的具体安排。这些机制（联合国气候峰会除外）还有一个共同特点,即他们大多关注当年的热点问题,并不一定每届会议都重点关注气候变化问题。例如,二十国集团首脑峰会 2009 年的核心要点在于应对金融危机及其后续的经济振兴,因此会议完全没有涉及气候变化的议题,其后的匹兹堡和多伦多会议也很少涉及气候变化内容。因此,类似二十国集团首脑峰会、联合国气候峰会等政治性的公约外机制,通常主要在全局性、长期性、政治性的问题上发挥重要作用,因为参会级别高,尤其是首脑峰会,往往能解决一些长期困扰公约下技术组谈判的重大问题,从而推进公约谈判进程。

技术性的公约外机制,主要包括国际民用航空组织、国际海事组织以及联合国秘书长气候变化融资高级咨询组等合作机制。这些机制,针对公约谈判中的一些具体问题开展专题研究和讨论,并将讨论结果和建议反馈给公约,以促进公约下相关问题的谈判进程。这些机制的局限性在于,首先,气候变化并非这些机构或机制的主营业务,其关注的角度和目的可能与公约不同;其次,不同的机制也有各自的议事规则和指导原则,不同机构所遵行的规则和原则与公约也可能存在差异,从而存在认识上的不匹配。

经济激励/约束性的公约外机制,包括与气候变化相关的贸易机制,与生产活动和国内外市场拓展相关的生产标准制定等公约外磋商机制。经济激励措施在公约谈判中属于辅助性的谈判议题,大部分时间并非公约谈判的核心关注问题,但这些问题与实体经济运行以及相关行业、领域的发展利益紧密相关。贸易机制、标准制定机制等这些机制本身已经有很长时间的积累和发展,在气候变化问题形成国际治理机制之前,就已经存在;但在气候变化治理机制产生之后,各种机制之间存在边界模糊、原则差异等问题,因此这些机制对气候变化问题的讨论磋商不仅包含技术性问题,而且包含政治性、原则性问题。

国际合作机制是为了促进世界各国开展合作,协同治理气候变化问题。公平、高效的国际合作机制,是开展国际合作治理的基础,也是国际合作治理的目标。从各种机制在国际气候治理进程中的作用、功能、约束力以及参与程度等综合影响力来看,气候公约在国际合作气候治理进程中无疑应该起到主导作用,而公约外的合作机制,应该作为对公约机制的补充,辅助推进公约谈判进程。这样的治理机制既能体现国际合作的公平原则（最大的参与度），同时，气候公约的专注度以及法律效力也更能保证国际合作效率。

二 责任体系未发生根本改变

尽管世界经贸、排放结构发生了一些调整，发展中国家占全球的比例有所提升，但发达国家占历史累积二氧化碳排放绝大部分份额、人均排放远高于发展中国家以及控制国际金融、技术和标准等体系的基本格局没有改变。因此，发达国家和发展中国家在应对气候变化国际合作中的责任体系没有也不应该发生根本改变。

（一）发达国家仍然占有历史排放的主要份额

正如《联合国气候变化框架公约》缔约方在缔结公约时达成的共识，气候变化不仅是一个现实问题，而且是一个历史问题，是历史累积的温室气体排放导致了现在和未来的全球气候风险。因此，正视历史排放并承担历史排放责任，是国际气候合作理论和道义的基础。图2显示，自1990年以来，发达国家、发展中国家在国际排放格局上发生了显著变化，发展中国家已经成为目前乃至未来全球温室气体排放的主要贡献方。但从发达国家、发展中国家历史累积排放总量来看，发达国家所应承担的应对气候变化的责任和义务还是非常大的。美国自然资源研究所统计数据显示（见图4），1990年发达国家（附件一国家）历史累积二氧化碳排放占全球排放的82%，这一比例在2011年虽然出现了明显下降，但仍然高达71%。这也说明，尽管发展中国家二氧化碳排放近年来出现了快速增长，年度排放总量也超过发达国家，但发达国家在应对气候变化国际合作进程中承担主要责任和义务的理论和道义基础并没有发生改变。

（二）人均排放格局差异仍然巨大

从公平的角度来看，公平的人均排放权是公平原则的重要内涵。排放权

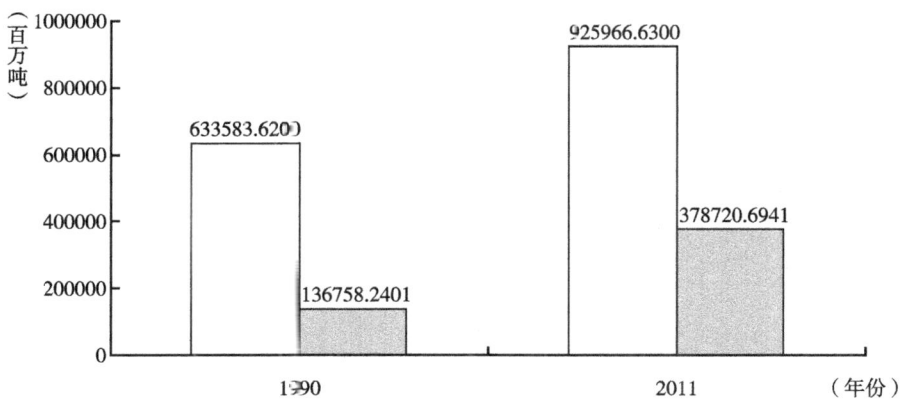

图 4 发达国家和发展中国家二氧化碳历史累积排放格局

资料来源：根据 WRI CAIT 数据库数据绘制。

作为人权的组成部分，每个人应享有平等的权利使用作为全球公共资源的大气排放容量资源。从经济发展的角度来看，社会发展阶段和富裕程度，与人均二氧化碳排放具有正相关关系。美国自然资源研究所的数据显示，发达国家（OECD 国家）自 20 世纪 70 年代以来，人均二氧化碳排放一直保持在 10 吨左右，尽管自 1990 年以来，发达国家将大量中低端制造业转移到发展中国家，降低了其生产部门的碳排放，但消费领域的碳排放并未显著下降，从而使人均排放稳定在 10 吨左右，这也可能是在目前技术水平下，保证实现高品质生活所必需的碳排放量。同期，发展中国家人均排放仅 2 吨左右，2003 年以来略有增长，2012 年人均二氧化碳排放约 3.2 吨（见图 5），与发达国家尚存在巨大的差距。

历史人均累积排放，是更能体现一个国家历史排放责任的指标。该指标不仅可以显示排放公平的程度，而且可以显示包含了历史发展过程的排放公平的意义。发展相对较早、目前来看比较成熟的经济体，碳排放存量高，人均历史累积排放水平也较高；而大多数发展中国家，发展起步较晚，碳排放存量低，人均历史累积排放大幅度低于发达国家的水平，这也显示了发展中国家未来发展还将有一个存量累积的过程。根据世界资源研究所 CAIT 数据库

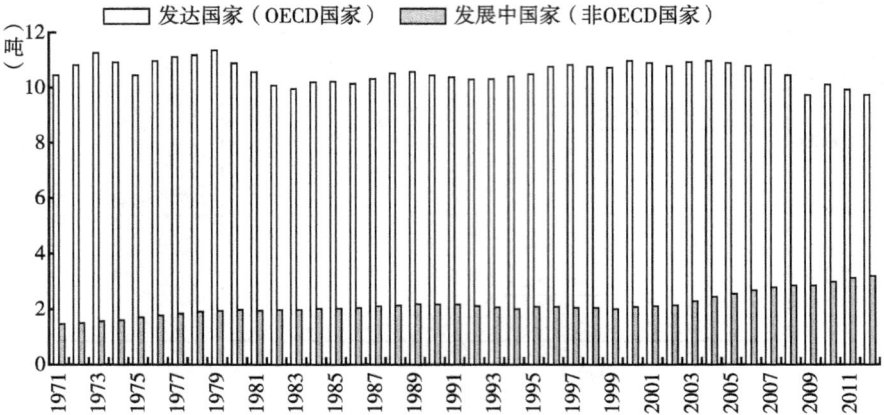

图 5 发达国家（OECD国家）与发展中国家（非OECD国家）人均排放情况

资料来源：根据 WRI CAIT 数据库数据整理绘制。

资料进行计算，发达国家（地区）人均历史累积排放普遍很高，美国、英国、德国均超过人均 1000 吨二氧化碳排放，分别为人均 1159 吨、1107 吨、1208 吨二氧化碳，加拿大 808 吨，欧盟 27 国人均 647 吨，而发展中国家一般不超过 100 吨，中国 104 吨，处于发展中国家中间水平，印度仅 29 吨（见图6）。气候变化是由历史排放的温室气体造成的，从各国人均历史累积排放，可以看出各国在应对气候变化的国际合作中历史责任的大小和对未来排放空间的需求。

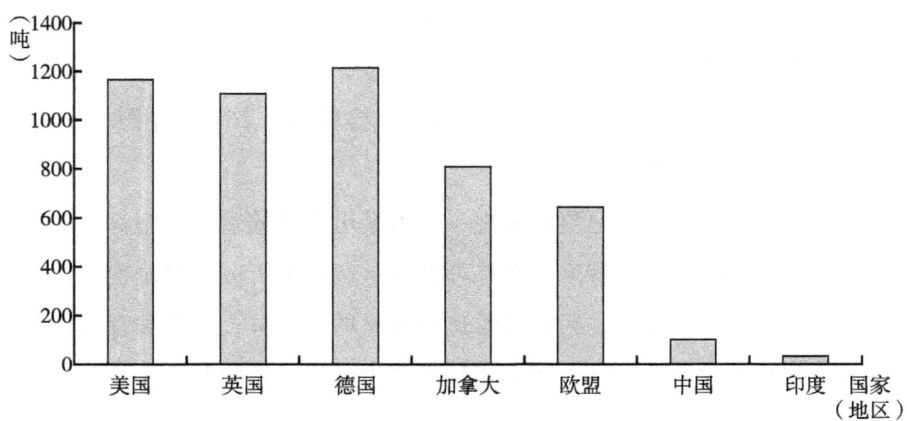

图 6 主要排放国家（地区）历史人均累积排放情况（截至 2011 年）

资料来源：根据 WRI CAIT 数据库数据整理绘制。

总体来看，发达国家发展起步早、碳排放存量高、基础设施建设完备、未来碳排放主要用于保持现有的高水平生活，比较容易控制；发展中国家发展较晚、碳排放存量低，还处于基础设施建设的关键阶段，未来排放主要是满足基本生活需求并逐步改善生活水平，相对难以控制增长速度和总量。但发展中国家增量排放的需求无疑是刚性的也是合理的。因此，发达国家在国际气候治理进程中应该担负历史排放责任，并利用未来控制排放的优势，继续引领全球气候治理进程，并帮助发展中国家实现低排放发展。

（三）发达国家主导国际经济格局没变

新兴经济体成为世界经济增长新引擎，但并非世界经济赢利主体。发展中国家经济总量虽然经历了快速成长，但是其主要经济形态在国际分工中仍属于价值链的低端。如中国的制造业在很大程度上拉动了世界经济增长，但是追究其具体分工，多为附加值较低的加工组装和简单零部件生产，在技术研发、高级零部件生产、服务性生产等高附加值生产环节没能占据主导地位。这导致一些关键产品和技术仍需进口，同时让渡了大量的利润空间。从制造业的产品增加值率看，中国仅为26%，不仅低于美国、日本及德国，而且低于很多发展中国家。同时，这导致发展中国家企业国际竞争力不强，赢利能力差，难以引领产业创新和改革。如2011年我国电子百强企业总收入合计2725亿美元，而IBM为1069亿美元，苹果公司为1080亿美元；2011年我国电子百强企业利润总额约151亿美元，而IBM为159亿美元，苹果公司为259.2亿美元。[①]

发达国家经济增长虽然放缓，但仍主导着世界经济。发达国家的经济形势虽然复苏缓慢，但是究其经济总量，仍然在全球经济中占据主导地位。如前文图1所示，2000年之后，虽然OECD国家经济增长速度放缓，GDP占

---

① "中国发展对世界经济的影响"课题组：《中国发展对世界经济的影响》，《管理世界》2014年第10期，第1~16页。

全球GDP比重出现了显著下降,但直至2014年,其比重仍高达63%左右,继续在全球经济中占主导地位。G8集团2010年以来的GDP总量仍占世界经济总量的一半左右,而发展中国家代表基础四国(中国、印度、巴西、南非)的经济总量不足世界经济总量的1/5。可见,世界经济仍主要由发达国家主导,而发展中国家虽然做出了很大贡献,但仍处在相对弱势地位。

全球产业结构和贸易结构发生改变,但定价权归属没有发生改变。随着全球化进程的不断深入,制造业中的劳动密集型、资源密集型、能源密集型和污染密集型行业逐渐转移出发达国家。究其原因,一方面由要素价格的比较优势决定,另一方面也与各国环境规制水平有关。这部分从发达国家转移出来的制造产业往往工艺较为简单,多处于产业链初端,制成品往往回流到发达国家进行进一步加工。发达国家在知识产权研发和使用、高端制造业、服务业等领域仍旧掌握着主导力,高端制造业尚未从发达国家流向发展中国家。与此同时,在大宗资源、能源性产品的定价权方面,发达国家也始终把握着话语权。2000年以来中国原油进口量逐渐增加,但是原油进口价格也同时攀升,中国虽然原油进口依存度不断加大,但对国际原油市场价格的影响很小。截至2014年11月末,2014年中国钢材出口总量8374万吨,同比增长46.8%,出口均价767美元/吨,同比下降10.3%;进口钢材1329万吨,同比增长2.7%,全年进口均价1260美元/吨,同比增长3%,[①]钢材全年进出口均价差为493美元/吨。发展中国家议价能力低一方面由于进出口企业数量多、话语权分散;另一方面也由于发展中国家对国际市场的影响力和控制力还很缺乏。

国际金融行业结构发生改变,但国际投融资决策权的归属并未发生根本改变。2008年全球金融危机爆发后,美、欧、日等发达国家银行业主导着的全球银行业格局发生改变。发达国家银行业税前利润占比由2007年的69%下降到2013年的42%。以中国为代表的亚太银行业持续稳健发展,

---

① 中钢网,《2014年度中国钢材进出口回顾及2015年度展望》,http://news.steelcn.cn/a/110/20141227/761699751AB9E0.html。

税前利润占比由1995年的15%上升到2014年的44%。① 此外，发展中国家银行，如金砖国家开发银行、亚洲基础设施投资银行的兴起也对国际银行业的结构形成了一定的冲击。发展中国家虽然在国际货币基金组织、世界银行、世界贸易组织、G20等全球经济治理平台中的地位不断上升，但弱势地位尚未发生根本改变。例如，按照国际货币基金组织、世界银行的决策规则，重要决议必须由85%以上表决权同意才能通过，美国在国际货币基金组织、世界银行的表决权份额分别为17.39%、15.85%，因此，美国一家就拥有否决权，其主导地位并未改变。② 发展中国家在国际金融治理结构中存在影响力与经济实力不匹配，国家软实力与主要发达经济体尚存差距。

（四）发达国家掌握技术、制定标准的格局未变

技术水平是决定发展阶段和发展质量的重要参考和依据。一个国家对关键技术的掌握程度，不仅体现其自身发展的先进水平，而且体现了对全球事务的辐射和影响水平。发达国家凭借先发优势，几乎是牢牢地控制了国际技术市场。1985~2006年，发达国家（OECD国家）占全球新增专利技术注册量的80%以上，2007年以来发展中国家专利注册量快速增长，2013年几乎与发达国家持平（见图7）。但从关键技术的应用和收益来看，发达国家仍然牢牢控制着国际技术市场的格局。图8显示了发达国家（OECD国家）和中低收入国家（主要是发展中国家）在国际技术市场获得收益的比例，可以看出即便是2013年发展中国家获得技术收益相对高的年份，发展中国家在国际技术市场所占的份额也仅为2.7%，发达国家则控制了90%以上的技术市场收益。发达国家所持有的那些高端的没有进入国际技术市场的先进技术，对发展中国家来讲更是遥不可及。尽管发展中国家通过中低端制造业

---

① 邵科：《从全球1000家大银行排名看近二十年来全球银行业格局的变迁》，《国际金融》2014年第11期。
② "中国发展对世界经济的影响"课题组：《中国发展对世界经济的影响》，《管理世界》2014年第10期，第1~16页。

的蓬勃发展，扩大了在世界经济中所占的份额，但发达国家对技术发展、国际技术市场的控制地位仍难以撼动。

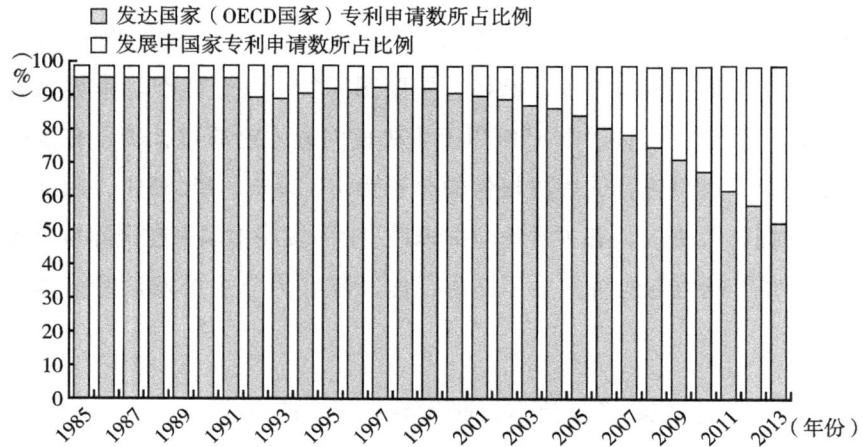

图7 发达国家（OECD国家）、发展中国家全球专利注册比例

资料来源：根据世界银行数据库数据编绘。

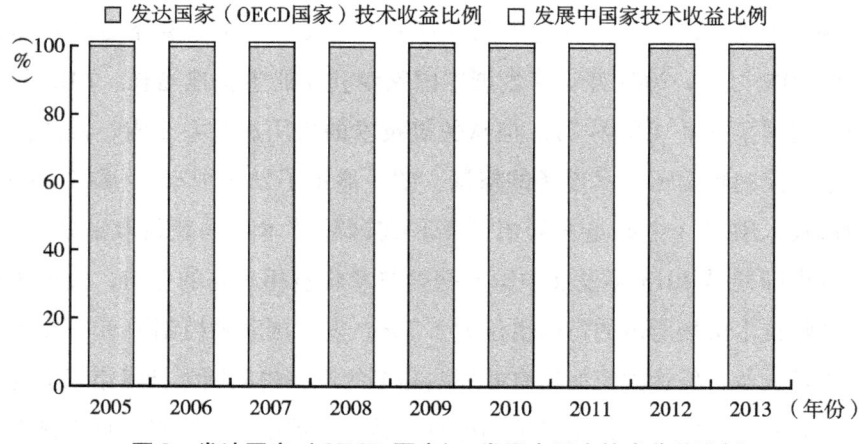

图8 发达国家（OECD国家）、发展中国家技术收益比例

资料来源：根据世界银行数据库数据编绘。

生产技术标准是控制生产方式甚至影响国际贸易的重要措施。在生产协作、产业分工越来越国际化的生产体系中，生产标准的意义更加凸显。制定

和掌握生产标准不仅可以体现相关生产领域的话语权、控制产能和技术升级等投资活动，而且可以通过特定的生产标准，设计市场准入标准，从而影响相关产品的国际贸易活动。生产技术标准的制定，必然以技术水平为基础，以发达国家在技术开发、控制方面的能力，无疑在制定生产技术标准方面具有天然优势。国际标准组织（ISO）是目前国际社会公认的制定生产技术标准的主要平台，其正式会员有119个国家（地区），发展中国家的数量也占据了相当的比例。但在具体参与标准制定的活动中，由于能力、经费所限，发展中国家还是处于绝对劣势。在国际标准组织近300个专业技术委员会中积极参与标准制定排名前20位的国家里，发展中国家仅占三席，分别是中国、印度和韩国。① 可以看出，尽管国际标准组织中发展中国家在会员数量上占有一定比例，但在具体标准制定过程中，仍然是发达国家占据主导和控制地位。

（五）减贫和发展乃是发展中国家的核心要务

气候公约重申减贫和发展是发展中国家的优先工作。对处于贫困中的人口和国家来讲，第一要务是实现温饱，保障人的基本生存权益，解决温饱问题。从历史发展经验数据来看，贫困人口、贫穷国家的排放水平也不高，也没有高的条件。图9显示了中低收入国家贫困人口的比例，可以看出20世纪80年代以来中低收入国家，尤其是中等收入国家贫困人口比例出现了显著的下降，但截至目前仍占有相当的比例。根据第六次人口普查结果，我国人口总量超过13.39亿，② 按2011年贫困标准，③ 尚有1.28亿贫困人口。④《2014年中华人民共和国国民经济和社会发展统计公报》数据显示，2014年农村贫困人口为7017万人。⑤ 按照联合国公布的贫困标准——日生活费

---

① 《排名前20位的参与ISO标准制定的国家中仅有三个发展中国家》，http://www.iso.org/iso/home/about/iso_members.htm?membertype=member-type_MB。
② http://money.163.com/1/0428/10/72NHUULC00253BCH.html。
③ 农村居民家庭人均纯收入2300元人民币/年。
④ http://www.chinanews.com/gn/2012/03-12/3737442.shtml。
⑤ 统计局：《2014农村贫困人口7017万 同比减1232万》。

用 1.25 美元以下,印度目前有 3.55 亿贫困人口,占全国总人口的 29.8%,① 尚有 3 亿人生活在没有电力供应的环境中,② 卫生间等基本公共设施也相当缺乏。因此,减少贫困人口、发展国内经济仍然是发展中国家包括新兴发展中国家的要务,发达国家有能力也有责任开展更加积极的减排行动,引领全球气候治理合作,并帮助发展中国家在减贫和发展的进程中避免落后技术的高碳锁定效应,实现低碳发展。

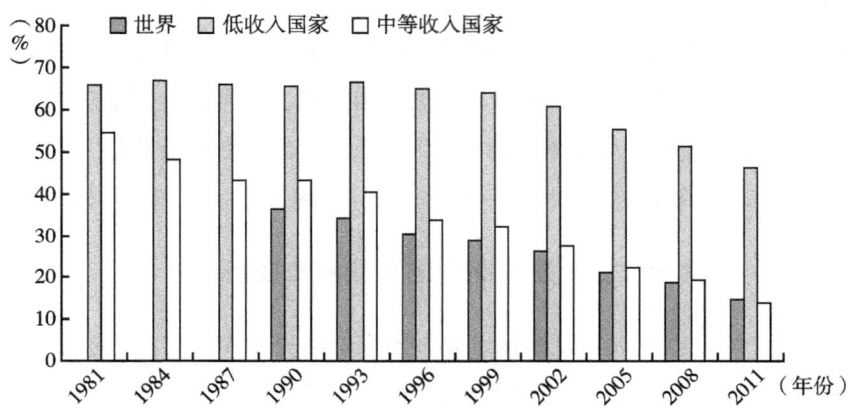

图 9　全球及不同收入国家贫困人口占比

资料来源：世界银行数据库。

三　协同构建公平高效的国际合作机制

随着应对气候变化国际进程的推进,全球保护气候环境的意识有了长足的发展。参与公约谈判的缔约方,更应展现积极姿态,在尊重公约原则、正视历史排放责任的基础上,建设性地进行巴黎协议的谈判,构建公平、高效的 2020 年后的国际气候制度。

---

① 《印度概况》,http://www.fmprc.gov.cn/ce/cein/chn/gyyd/ydgk/。
② 《印度3亿人的无电生活》,http://finance.sina.com.cn/zl/management/20140715/121419709049.shtml。

（一）坚持以公约作为国际气候治理的主渠道

公约和公约外机制构成了国际社会气候变化问题的治理体系。公约外机制如国际民航组织、国际航海组织等专业性组织，往往通过更加专业性和细节的磋商，推进各方在关键议题上达成理解，寻求共同可接受的方案，进而反馈公约下的进程，促进在公约下就相应议题达成共识。由于议题覆盖面窄，这些机制对公约的影响都是局部的，但这些机制的成果对公约下的进程将起到参考和促进作用。G20、APEC、MEF等公约外政治性的多边协商机制则为促进交流、逐渐聚拢立场提供了平台。通过高层的政治性决策，推动公约谈判中关键问题取得突破进展，从而促进公约谈判进程。公约外机制对公约下的谈判进展或多或少都有影响，但没有任何机制可以单独或联合取代公约在全球应对气候变化合作中的主导地位。公约是国际社会系统、全面、合作应对气候变化的主要平台，公约外机制可以作为对公约机制的补充，促进公约机制的合作进程，公约外机制在处理气候变化问题的进程中，也需要充分尊重气候公约的原则和各方达成的基本共识，从而起到促进公约而不是肢解公约的作用。

（二）发达国家继续承担应对气候变化的主要责任

在《公约》序言中明确指出："注意到历史上和目前全球温室气体排放的最大部分源自发达国家，发展中国家的人均排放仍相对较低，其在全球排放中所占的份额将会增加，以满足其社会和发展需要。"在公约原则部分也明确规定："各缔约方应当在公平的基础上，并根据它们共同但有区别的责任和各自的能力，为人类当代和后代的利益保护气候系统。"近年来发展中国家经济快速发展，的确引起世界经济、贸易、排放等格局发生了一些变化，但从导致气候变化的根本原因，即历史累积的温室气体排放角度来看，截至2011年发达国家仍然占据全球历史累积二氧化碳排放71%以上的份额。尽管随着发展中国家排放总量的增长，发达国家历史累积排放所占的比例会逐渐下降，但不会改变未来一段时期内发达国家历史累积排放远高于发展中国家的格局，更不会改变人均历史累积排放和人均排放巨大差异的格

局。从应对气候变化的经济实力、技术能力以及发展阶段来讲，发达国家仍然掌握着最先进的生产技术和全球的高端制造业，通过金融公司、跨国企业控制着全球大部分的资金流向，并主导全球生产技术标准的制定。因此，无论从排放公平的角度，还是从行动能力的角度，发达国家都应该继续承担全球应对气候变化的主要责任，引领国际气候治理进程。

（三）发展中国家加强应对气候变化的减缓和适应行动

面对气候变化，由于缺乏资金、技术和风险管控能力，发展中国家面临着更严峻的挑战，气候变化对发展中国家造成的影响往往更为严重。因此，尽管在国际气候治理的进程中，发展中国家担负的历史责任和减排义务相对较轻，但发展中国家在大力促进经济发展的过程中，应该将应对气候变化融入国家发展的顶层设计中，主动调整发展政策适应气候变化，并尽可能选择低排放发展的道路。发展中国家是未来全球排放增量的主要来源，发展中国家未来的发展模式将决定全球排放增加的速度和幅度，因此实现全球温室气体排放的有效控制，不仅需要降低发达国家的排放总量，而且需要积极开展国际合作，为发展中国家提供条件，帮助发展中国家以更加低碳、可持续的方式实现经济发展。由于基础设施建设不足，日益频发的气候极端事件对发展中国家社会经济的可持续发展提出了挑战，如何适应快速变化的气候对于发展中国家来讲现实而紧迫。发展中国家应该积极参与国际合作，主动学习国际先进经验，把适应气候变化的认知融入城乡建设规划和城市治理中，将适应气候变化和经济社会发展与低碳发展目标真正结合起来，探索可持续发展的道路。

（四）加快建立公平、高效的资金机制

资金问题是国际气候谈判的焦点问题之一，是国际合作开展应对气候变化行动的关键支撑，也是国际环境治理的重要议题。近年来全球极端气候事件快速增加，因气候灾害造成的损失日益增大，国际社会对开展应对气候变化行动的关注度上升，与全球应对气候变化合作行动相关的资金机制问题也

成为国际社会关注的焦点。气候公约明确规定发达国家缔约方应提供新的、额外的资金，用于支持发展中国家缔约方履约发生的全额或增量成本；发展中国家的履约力度取决于发达国家履行公约提供资金和技术支持义务的程度。这是发达国家应当承担的责任和义务，也是"共同但有区别的责任原则"的体现。但一直以来，公约资金议题的谈判困难重重，发达国家在谈判中很少提出明确的供资目标，也不愿意讨论气候合作治理进程中，在不同的阶段发达国家应该向发展中国家提供多少数额的履约资金，至于核实和评价资金履约情况的相关约束则更是缺乏。哥本哈根会议上，发达国家承诺在2010~2012年期间提供300亿美元快速启动资金以及到2020年动员1000亿美元的量化资金目标，是发达国家第一次做出具有明确出资规模的供资承诺，国际社会也在会后多方推动积极落实资金供给的规模和机制。减贫和国内基础设施建设、社会福利改进是发展中国家面临的最紧迫的任务，在没有外部资金支持的情况下，发展中国家没有条件，也很难做到主动开展应对气候变化的行动。因此，公约下高效的资金机制，不仅是发展中国家开展应对气候变化行动的基本保障，而且是调动其他方面资金支持和帮助发展中国家开展应对气候变化行动的前提。

（五）促进技术的推广普及，避免锁定效应

技术问题是国际气候谈判中的关键问题，也是全球能否实现低碳发展的核心问题。开发和利用低排放技术，不仅可以减少特定行业和国家碳排放总量，而且可以激励国际社会提出更具雄心的减排目标，保证气候公约目标的实现。技术进步能够从不同角度推动应对气候变化的进程，包括提高能源利用效率、改善能源结构、提升管理效率等。一般所说的气候友好技术主要针对电力、交通、建筑、冶金、化工、石化、汽车等重点能耗部门，既包括对现有技术的应用、近期可商业化的技术，也包括远期可能应用的技术。例如，从现阶段来看，能源部门的低碳技术涉及节能、煤的清洁高效利用、油气资源和煤层气的勘探开发、可再生能源及新能源利用技术、二氧化碳捕获与埋存（CCS）等领域的减排新技术。

知识产权问题是气候谈判中最富争议的问题之一。在《21世纪议程》中，知识产权在气候有益技术转让中的作用就已经得到强调。① 2001年COP7通过的《马拉喀什协议》敦促缔约方特别是发达国家缔约方为促进气候有益技术的转让而改善扶持型环境，包括"保护知识产权和促进获取公共资助技术"，以便通过商业和公共领域扩散技术。② 2007年COP13通过的《巴厘行动计划》中明确表述，"鼓励缔约方避免制定限制技术转让的贸易和知识产权政策，同时避免缺乏技术转让的贸易和知识产权政策的现象"。③ 然而，时至今日，各方尚未就知识产权问题达成共识，根本原因在于谈判背后的利益分歧，发达国家并不希望放弃在国际技术市场中的巨大经济利益，包括气候友好技术可能产生的经济利益。

发达国家对高端技术的封锁、对商业技术利益最大化的追求，使很多本应该尽早、尽快在全球范围推广和部署的气候友好型、环境友好型技术，无法实现效用最大化，无益于人类社会控制温室气体排放、维护全球气候安全的大局。国际社会应对气候变化的技术合作，应该在以实现公约目标的大背景下，识别和甄选对保护全球气候安全具有积极作用的关键技术，推进气候公约与世界知识产权组织、世界贸易组织等相关机构的合作，使那些对全球气候安全有益的技术得以快速、高效地在全球部署和应用，产生最大的环境效益，同时避免传统技术投资所带来的技术锁定效应。

（六）提高对发展中国家能力建设的支持

发达国家帮助发展中国家提高应对气候变化的能力，作为全球应对气候变化问题的重要手段，随着有关气候变化能力建设议题的国际谈判进程的不断深入而越来越受到重视。加强能力建设也是减弱气候变化对发展中国家不

---

① 《21世纪议程》第34章第10条。
② UNFCCC. Decision 4/CP. 7: Development and transfer of technologies [R/OL], 2001, http://unfccc.int/resource/docs/cop7/13a01.pdf#page=22.
③ 王灿、蒋佳妮：《联合国气候谈判中的技术转让问题谈判进展》，载王伟光、郑国光主编《应对气候变化报告（2014）——科学认知与政治争锋》，社会科学文献出版社，2014。

利影响的重要保障。全球变暖对人类生活的影响将是全方位的。发达国家因为在经济、技术及其他方面的优势，承受气候变化所带来的不利影响的能力要比发展中国家强得多。而少数发展中国家往往由于人口负担过重、经济欠发达、土地退化、基础设施薄弱、生态环境脆弱，自然和社会系统对气候变化十分敏感，自身调节和恢复能力差。通常而言，一旦发生大范围的气候灾害，发展中国家将首当其冲地受到侵害并承受最具灾难性的后果；但同时，它们又不具备应对这些不利影响的能力，所有这些因素将会给其社会、经济发展和自然环境带来灾难性的破坏。因此，应不断加强发展中国家在应对气候变化方面的能力建设，减少气候变化的不利影响，不断提高其应对气候变化的综合抵抗能力。

（七）建立开放合作的国际贸易体系

在国际气候治理合作进程中，由于各国发展阶段不同，各国实行的减排政策也各不相同。例如，在京都议定书下，发达国家承担量化减排目标，但不同的国家的减排力度存在差异；发展中国家以减贫和发展经济为主，没有承担具体的减排目标。一些国家主要是发达国家认为差异化减排政策实施，可能导致减排目标较高国家的相关产业，向目标较低尤其是没有明确减排目标的发展中国家转移，出现碳泄露的现象；即便这些产业不转移，也可能面临环境成本高于发展中国家，从而在国际市场上竞争力下降的问题。这些发达国家于是希望通过向发展中国家征收碳关税以避免碳泄露和保护本国企业的市场竞争力。世界贸易组织（WTO）和联合国规划环境署（UNEP）于2009年共同发布了《贸易与气候变化报告》，该报告将边境调节措施（统称碳关税）分为三种类型，一是关税，包括反补贴税或反倾销税等形式；二是边境调节税，该税是基于发达国家国内已经执行的国内碳税或能源税的税率，对进口产品进行关税调节，使进口产品承担与本国生产企业相同的税负；三是其他边境措施，如基于排放配额的边境调节措施，要求没有实行减排政策国家的出口产品购买发达国家碳市场中的排放配额，从而事实上承担减排的责任。可以看出，无论哪种形式，碳关税的执行事实上是让发展中国

家的出口商品承担相应的减排义务，分担发达国家应对气候变化的责任和义务。而碳关税的执行，对国际贸易必然产生阻碍，从而影响发展中国家的经济社会发展。统计显示，2014年货物和服务出口占东亚和太平洋地区发展中国家GDP的29.7%，欧洲和中亚发展中国家的35.3%，拉美及加勒比发展中国家的22.9%。① 如果贸易受阻，无疑会加重发展中国家减贫和发展的负担，并极大地损伤发展中国家参与国际气候治理的信心。2012年以来，美国、欧盟相继对来自中国的太阳能发电设备开展双反，不仅导致欧美和我国太阳能行业就业岗位的大量损失，而且导致蓬勃发展的太阳能行业极度受挫，后续投资意愿降低，无益于相关国家调整能源结构的计划，更无益于实现公约控制温室气体排放的目标。公约缔约方在气候合作进程中"应当合作促进有利的和开放的国际经济体系，这种体系将促成所有缔约方特别是发展中国家缔约方的可持续经济增长和发展，从而使它们有能力更好地应对气候变化问题"。②

（八）协同推进全球经济增长和气候治理

长期以来国际气候谈判的难度在于各国将应对气候变化视为经济发展的增量成本，是经济社会发展的负担。因此，在国际谈判中体现为讨价还价，能少做不多做；或者希望其他国家多行动，自己少做最好不做。这也符合早期应对气候变化技术成本高、认知水平有限的特点。以太阳能光伏发电为例，最早期的成本每度电约5美元，③ 逐渐下降至1美元、0.5美元以至如今的0.9元人民币左右。应该说早期的高昂生产成本，的确会对气候友好型技术的普及和应用产生阻力。但随着人类社会协同应对气候变化进程的深入，越来越多的环境友好技术，尤其是节能、提高能源利用效率等技术成本

---

① 世界银行：货物和服务出口数据库，http://data.worldbank.org/indicator/NE.EXP.GNFS.ZS/countries? display = graph。
② 《联合国气候变化框架公约》第3.5条，http://unfccc.int/resource/docs/convkp/convchin.pdf。
③ 2007~2008年中国光伏太阳能行业发展分析报告，http://www.chinabgao.com/report/26909.html。

的下降，开展应对气候变化的行动如果算上技术的远期收益，其成本可能已经可以接受，甚至在局部领域可能产生负的成本增量。这样来看对于短期资金积累比较丰富的国家，如大多数发达国家，推行具有经济、环境效益的气候友好技术，将可能产生大规模商业普及的模式，形成一些新的业态；对于资金技术都相对缺乏的发展中国家而言，相关技术的商业推广还需要借助国际社会的帮助，用少量的国际合作资金撬动新技术的推广和普及。

正是由于对全球应对气候变化认知度的提高、技术成本的下降以及国际合作机制的建立，越来越多的缔约方有信心开展应对气候变化的行动。发展中国家由在京都议定书下不承担减排义务，到德班平台下提出国家自主贡献目标，发达国家也纷纷提出较大幅度的总量减排目标。截至2015年10月初，已经有147个缔约方提出了"国家自主贡献"，开创了国际合作应对气候变化的新局面。应对气候变化工作，在包括欧盟、美国、中国等缔约方的国家（地区）发展议程中，已经开始实现由负担向机遇的转型。各国纷纷探索如何以应对气候变化工作促进经济发展，形成新的经济增长点，我国则积极实践应对气候变化工作与经济转型升级发展、生态环境治理等事务协同，以产生最大的经济、社会和环境效益。

国际气候治理进程是在学中做的过程，也是随着全球经济、认知水平发展动态变化的过程。各国的行动能力或有不同，国际合作的意义就是要平衡行动能力的差异，实现共同治理，共享成果。发达国家在资金、技术和综合能力上远高于发展中国家，历史排放责任也更重，有义务积极探索促进全球气候治理和经济增长的合作方式，并带领发展中国家一起行动，保障气候安全并推动实现全球社会、经济、环境的可持续发展。

国际气候谈判进程

United Nations Climate Change Negotiations Process

G.2

巴黎气候大会

——迈向新时期国际气候治理的新起点

郑国光 巢清尘 张永香*

摘 要： 毋庸置疑,全球气候系统变暖已经给全球经济社会可持续发展和自然生态环境造成了严重的威胁。科学证据表明,人类活动是当前气候变暖的主因。应对气候变化应当成为引导全社会低碳、绿色、循环发展的路径,以实现国际社会可持续发展。在国际社会期待的巴黎气候大会上,各国领导人将再

---

* 郑国光,研究员,博士研究生导师,中国气象局局长。现兼任国家气候委员会主任委员、全球气候观测系统中国委员会(CGOS)主席、国家应对气候变化及节能减排工作领导小组成员、国家应对气候变化领导小组办公室副主任,北京大学兼职教授,世界气象组织(WMO)执行理事会成员。巢清尘,国家气候中心副主任,正研级高工,研究领域为气候变化诊断分析及政策。张永香,博士,国家气候中心副研究员,研究领域为历史气候和气候变化政策。

次相聚共商应对气候变化的行动，以期构建2020年后国际气候治理制度。随着各国政府和国际社会在应对气候变化问题上逐步形成共识，主动作为的政治意愿和合作共赢的理念在不断增强。已有150多个国家提交了各自应对气候变化的国家自主决定贡献文件。中美高层互动将有助于巴黎气候大会成功达成国际气候协议，推进构建公平合理、合作共赢的全球气候治理体制。

关键词： 气候协议　国际制度　绿色发展　巴黎气候大会

　　《联合国气候变化框架公约》第二十一次缔约方大会（简称巴黎气候大会）的目标是达成2020年后国际应对气候变化的新协议。巴黎气候大会是继2009年哥本哈根气候大会后，全球应对气候变化的又一次重要的大会，将是国际气候进程中具有里程碑意义的会议。哥本哈根气候大会是公约成立以来层次、规模、受关注度最高的一次会议。"哥本哈根协议"明确了与工业化阶段相比全球地表温度升高不超过2℃的目标，为之后的应对气候变化谈判奠定了基础。自哥本哈根气候大会以来，国际科学、经济、政治形势发生了一系列变化。因此，作为面向新阶段的国际气候治理制度，国际社会对巴黎气候协议充满了期待。

一　科学认知：全球气候持续变暖，气候风险日益加剧

　　观测和研究表明，全球气候系统变暖毋庸置疑。联合国政府间气候变化专门委员会（IPCC）分别于1990年、1995年、2001年、2007年、2014年发布了五次气候变化科学评估报告，这些报告集中了全球顶尖科学家最新最

全的观测与研究成果。随着研究的深入，IPCC 对于全球气候变暖这一事实的态度，从可能到很可能再到毋庸置疑①。最新的观测分析表明，当前全球气候仍在持续变暖。2014 年全球气候系统在全球地表气温、海表面温度、海平面升高、海洋热容量、全球温室气体浓度、格陵兰冰盖反照率、南极海冰面积等 7 方面打破了历史纪录②。2014 年是有现代气象记录数据的 135 年来最为炎热的一年，是全球海表面气温最高的一年，是自 1993 年有卫星监测数据以来海平面最高的一年，也是 700 米深以上全球海洋热容量最高的一年。2015 年 1～6 月全球地表平均气温继续升高，为有气象纪录以来的最高值；2015 年上半年整个欧亚大陆、南美、非洲、北美洲西部与澳大利亚都异常偏暖，其中多个地区出现了持续的高温热浪。根据美国国家海洋和大气管理局（NOAA）8 月下旬新发布的报告，2015 年 7 月是自有记录以来全球气温最高的一个月，也可能是过去 4000 年中最热的一个月。

气候变暖给全球经济社会可持续发展和自然生态环境带来的损失和风险与日俱增。自 1960 年以来，随着增温幅度和速率的增加，全球气象灾害的发生频次上升了 4 倍，经济损失上升了 7 倍（见图 1）。2005 年卡特里娜飓风是美国历史上造成损失最大的自然灾害之一，受灾范围几乎与英国国土面积相当；2010 年破纪录的洪水导致巴基斯坦五分之一的国土面积被淹没，2000 万人受到不同程度的影响；2013 年海燕台风造成菲律宾 7 千多人死亡、1600 多万人受灾、400 万人流离失所，超过了卡特里娜飓风和印度洋海啸造成的无家可归的人数总和，是 2013 年全球遇难人数最多的一次自然灾害。近几十年来，中国区域性干旱增加、暴雨发生频次增多、高温热浪明显、登陆台风强度增强，中国粮食、水资源、生态、能源等方面的安全保障面临巨大风险③。

---

① IPCC，*Climate Change 2013*：*The Physical Science Basis. Contribution of Working Group I to the Fifth Assessment Report of the Intergovernmental Panel on Climate Change*（Cambridge University Press，Cambridge，United Kingdom and New York，NY，USA，2013）.

② Jessica Blunden and Derek S. Arndt，2015：State of the Climate in 2014. *Bull. Amer. Meteor. Soc.*，96，ES1 - ES32. doi：http：//dx. doi. org/10. 1175/2015BAMSStateoftheClimate.

③ 秦大河等编著《中国极端天气气候事件和灾害风险管理与适应国家评估报告》，科学出版社，2015。

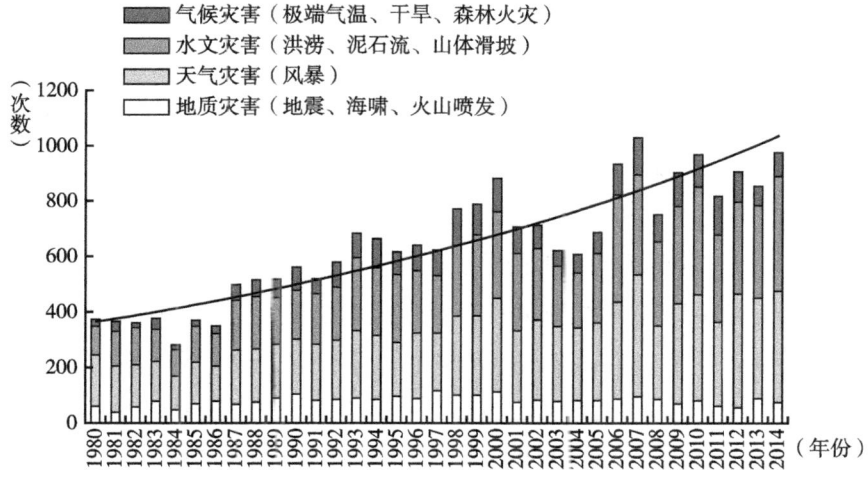

图1 1980~2014年全球重大自然灾害发生次数

资料来源：慕尼黑再保险公司和国家气候中心。

二 证据确凿：人类活动是变暖的主因，2℃温升目标渐成共识

IPCC第五次评估报告明确指出：1750年工业化以来，在经济和人口增长的驱动下，全球大气二氧化碳、甲烷和氧化亚氮等主要温室气体的浓度大幅增加，达到了过去80万年以来的最高水平。过去40年人为排放的温室气体总量约占工业化以来总排放量的一半，其中最近十年是历史上排放增长最多的十年。78%的二氧化碳排放增长来自化石燃料燃烧和工业过程。21世纪以来，人为温室气体排放平均每年增加100亿吨二氧化碳当量。排放增速从2000年前的1.3%增长到2.2%。更多的人类活动影响气候系统的证据，反映在大气和海洋变暖、水循环变化、冰雪消退、全球海平面上升等现象中。20世纪中叶以来观测到的全球气候变暖一半以上是由人类活动造成的，这一结论的可信度在95%以上。

1995年IPCC第二次评估报告提出：如果全球地表平均温度较工业化前增加2℃，气候变化产生严重影响的风险将显著增加。1996年欧盟第一次提

出了2℃阈值目标，主张把大气中二氧化碳浓度限定在550ppm以下，并于2004年提出"全球温室气体排放到2050年比1990年减少50%"这一长期目标。2007年IPCC第四次评估报告指出如果将未来升温控制在2℃以内，温室气体浓度应控制在450~550ppm之间。2009年底达成的"哥本哈根协议"明确了与工业化前相比全球温度升高不超过2℃的目标，但当时2℃目标曾引起了一些科学和政治上的争议。哥本哈根气候大会之后，随着一系列新的观测事实和研究成果的出现，2℃目标已逐渐成为国际社会的共识。IPCC第五次评估报告明确指出：人类对气候系统的影响是明显的且这种影响在不断增强；如果任其发展，气候变化将会对人类社会和自然系统造成严重的、普遍的和不可逆转的影响；减缓气候变化的行动可将气候变化的影响保持在可控制的范围内，从而创造更美好、更可持续的未来。未来数十年内大幅减少温室气体排放可以降低21世纪及以后的气候风险；2100年将温室气体浓度控制在450ppm二氧化碳当量，是最有可能将全球温升控制在工业化前2℃以下的排放情景。在这一情景下，2050年全球排放要在2010年基础上减少40%~70%，并到2100年实现零排放。这既是全球科学界在长期研究基础上形成的广泛共识，也是各国政府和国际社会在应对气候变化问题上的唯一正确道路。

应对气候变化应当成为引导全社会低碳、绿色、循环发展的路径，以实现国际社会可持续发展；延缓减排行动将大大增加2℃温升目标的实现难度，并大幅增加与其相关的技术、经济、社会和体制挑战。当前，国际社会已普遍认识到气候变化是经济社会发展面临的最大风险，对建立面向新时期的国际气候治理制度充满了期待，共同应对气候变化的决心越来越坚定。

三 主动作为：政治意愿和合作共赢理念不断增强

国际气候谈判本质上是一种认真而责任重大的全球性努力，目标在于建立合理的国际气候治理制度，引导全社会走向可持续发展的道路。气候谈判应该是一个促进各方建设性达成全球气候制度安排的过程,国际气候谈判的最终出路在于合作共赢。要实现将全球温升控制在2℃以下的目标,必须大规模改变能源体系和土地利用,从而在21世纪中期实现大幅减排。随着科学技术的不断突破、可再生能源技术的成熟、新材料的发展,世界各国已经意识到应对气候变化和实现经济增长并不矛盾,世界经济正进入结构性调整阶段,低碳技术的发展与应用取得了显著进展,全球能源格局出现了重大调整,国际社会均谋求更多的合作来共同应对全球气候变化,实现经济社会的可持续发展。各国也都高举保护气候这面旗帜,建立并借助各种机制和平台调动对己有利的民心和舆论,树立积极的国际形象,积聚主导国际事务的软实力,为推动巴黎气候大会达成2020年后应对气候变化一揽子行动计划的框架制度展开努力。

(一)各国提交的国家自主决定贡献

增强气候行动的雄心有助于各国改善健康、保护环境、实现永续发展的目标,以顺应公众的迫切呼声。不论是发达国家,还是发展中国家,加大气候行动力度的经济效益都很明显。各主要国家提出国家自主决定贡献为当前和今后一个时期国际社会应对气候变化迈出了关键一步。截至2015年10月初,欧盟(含28个成员)、美国、俄罗斯、加拿大、瑞士、挪威、新西兰、澳大利亚、巴西、印度、秘鲁和南非等在内的154个国家(地区)先后提交了国家(地区)自主决定贡献文件,已覆盖了全球温室气体排放的近80%。

中国提出的国家自主决定贡献具有重大国际影响,也是我国务实科学的重大战略。文件提出二氧化碳排放要在2030年左右达到峰值并争取尽早达峰、单位国内生产总值(GDP)二氧化碳排放比2005年下降60%~65%、非化石能源占一次能源消费比重达到20%、森林蓄积量比2005年增加45亿立方米左右等2020年后强化应对气候变化行动目标,向国内外宣示了中国应对气候变化行动的坚定决心和积极态度。中国的国家自主决定贡献目标无论从峰值的发展阶段、碳强度指标还是非化石能源的消费量上来说都是有

力度的。据测算,中国达峰时人均GDP只相当于美国和欧盟平均水平的30%~40%,人均排放只有美国达峰时的一半。实现我国国家自主决定贡献目标,将有望开创一条比欧美等发达国家和地区传统发展路径更为低碳、在较低收入水平上达到更低峰值的崭新的发展路径。2014年中国能源消费总量比2013年增长了2.2%,增速创新低;煤炭消费量比2013年下降了2.9%,煤炭消费总量峰值可能提前达到。随着中国可再生能源的快速发展,未来煤炭消费量下降的趋势不可逆转,这将带动中国温室气体排放量在2030年甚至更早达到峰值,为全球温室气体排放达到峰值、有效减缓气候变化、降低气候风险做出贡献。

2015年6月召开的七国集团峰会提出,到21世纪中叶,与2010年相比,全球的碳排放量应降低40%~70%,大力发展低碳经济,并在21世纪实现全球经济"去碳化"。越来越多的国家希望把握住低碳转型的先机,获得协同效益。越来越多国家提出了进取的气候行动方案,展现出从化石燃料时代向可再生能源时代过渡、消除极端贫困与不平等的政治意愿。当前大部分国家已经形成共识,即全球须尽快向可再生能源过渡,以实现将全球平均温升控制在2℃以内的目标。进取的气候承诺为巴黎气候大会达成一项公平有雄心的气候协议提供了政治意愿的基础。最新研究表明[1],截至目前的所有贡献方案可以帮助各国将全球平均温升在21世纪末控制在2.7℃以内,进而减少气候变化的不利影响。然而,若要将温升保持在2℃以内,仍旧需要各国具备展开气候行动的雄心。越来越多的领导人支持达成一份成功的巴黎协议,包括定期审议机制以不断增强国家行动力度。

(二)中美助力应对气候变化

中国本着对全人类高度负责的态度,从科学发展的内在要求出发,采取了积极的行动。2014年11月,发表的"中美应对气候变化联合声明"

---

[1] http://climateactiontracker.org/assets/publications/CAT_global_temperature_update_October_2015.pdf.

明确了中国2020年后应对气候变化的行动目标；2015年以来，中国与印度、巴西、欧盟分别联合发布了中印、中巴、中欧应对气候变化联合声明，类似的联合声明还会陆续发布。作为全球最大的两个经济体与碳排放国，中美于2015年9月再次发布联合声明为巴黎气候大会注入新的动力。这些联合声明标志着一些主要国家将从气候承诺转向务实的国内行动，推动全球向清洁能源转型。中国碳交易市场一旦在2017年建立，将成为全球最大的碳市场，并通过市场手段帮助中国尽早实现在其自主贡献文件中提出的煤炭总量控制及二氧化碳峰值目标。而限制公共资金对国内外高碳项目的投入以及激励可再生能源并网的"绿色调度"系统将为投资者释放一个明确、长期的政策信号，撬动更多私营部门的资金以推动中国实现能源革命。此外，美国清洁电力计划表示到2030年实现减排30%的目标。这些具体措施将极大提升其他国家对两国减排行动的信心，并推动全球实现向100%可再生能源的转型进程。另外，在发达国家迟迟兑现不了绿色气候基金承诺时，中国承诺提供200亿人民币的资金建立中国气候变化南南合作基金，这与此前美国向绿色气候基金承诺的30亿美元相当。这都将共同帮助发展中国家实现兼顾低碳、气候适应型的减贫与发展，增强发展中国家采取气候行动的信心，加强发达国家与发展中国家之间的互信。此次声明也是继去年中美气候变化联合声明以来，两国再次清晰地表明推动全球向低碳经济转型的政治意愿。

四 积极行动：巴黎气候大会将引导
绿色发展，保障气候安全

巴黎气候变化大会面临的形势与哥本哈根大会不可同日而语，各方的期待更为理性，态度更为务实，同时全球经济的发展、技术的进步、低碳发展的推进和国际社会对气候变化的认知和重视程度都出现了重要变化。哥本哈根大会之前，全球只有不到40部与清洁能源或气候变化相关的法律或法规，但目前据不完全统计相关的法律法规已达到800部，应对气候变化已成为世

界各国的自觉行动。很多国家在巴黎气候大会前纷纷积极开展各类外交活动，希望能在会议开幕之前达成最大限度的共识，为大会顺利达成最终协议奠定基础。作为欧盟成员的东道国，法国也在积极与各方接触，充分体现了各国应对气候变化的强烈政治意愿。

（一）求同存异，促成巴黎大会达成共识是国际社会的共同期望

推动各方在巴黎气候大会形成一个全面、平衡、包容性的协议，为全球应对气候变化提供真正有效的解决方案，这既是全球的期望，也是中国的愿望。应将巴黎气候大会作为促进各国进入绿色低碳发展、变挑战为发展机遇的里程碑。在国际气候治理制度构建过程中，不论是公约机制还是非公约机制，主要经济体的国际地位在客观上起着主导和决定性的作用。欧盟认为排放大国都应为减排做出努力，并力推在巴黎气候大会之前对各国减排承诺进行审评，以防止一些国家给出过低的目标。美国在2014年底的利马大会上表示用立法的方式来强制减排不太可行，但巴黎协议的其他内容可以被赋予法律效力，并向《联合国气候变化框架公约》提交了有关透明度机制安排的提案。中国可积极引导各方务实看待分歧，求同存异、寻求共识，力求将一些谈判难点去政治化并从政治层面转移至技术合作层面。就巴黎大会的最终预期成果来看，由于各缔约方立场差异较大，恐难以"一揽子"方式解决2020年后应对气候变化的所有问题，可谋求达成一个有限目标的由核心决议加若干决定组成的框架性协议，对减缓、适应、资金、技术、能力建设等各要素均有涉及，就2020年后应对气候变化的国际治理制度作出原则性、框架性的规定，以适当方式反映各国的"贡献"，而将各要素的细节内容留待进一步磋商。巴黎气候大会最终协议的达成取决于届时各方的政治互信和共同努力，是一个通过谈判达成共识的过程，受到科学认知、经济利益和政治意愿多方面的综合影响。

（二）推进构建公平合理、合作共赢的全球气候治理体制

公约原则的维护和自主决定的贡献是巴黎谈判的焦点问题。从哥本哈根

气候大会到巴黎气候大会，谈判框架出现了从强化国家历史责任的"京都议定书"到2020年后所有国家具有法律约束力的新国际制度的转型。未来全球气候治理应强调要继续遵循"共同但有区别的责任"原则、公平原则和各自能力原则，体现公约指导的长期性和持续性，巴黎协议是公约下加强行动的文件，在各国提交的自主贡献基础上，通过某种机制如审评使其不断完善和提高力度。应对气候变化的长期目标可包括2℃温升、提高各国特别是发展中国家抵御极端风险的能力，以及实现绿色低碳发展的能力。资金问题是很多小岛国和最不发达国家的关注点，巴黎大会应对如何实现2020年1000亿美元气候融资承诺有明确路线图，并对2020年后的资金数额有所安排。最新的草案文件由各缔约方共同磋商产生。在核心协议的草案文件中，除资金外其它各要素基本反映了各方立场。各方关切均以不同选项的形式给出但选项间差异较大，分歧仍需要进一步弥合。在巴黎协议的构架上，各方应尊重发展中国家的基本主张，推进构建公平合理、合作共赢的全球气候治理体制。

（三）中美携手，共同推动应对气候变化行动取得进展

中美两国的行动将对全球共同应对气候变化的努力产生巨大的影响，没有中国与美国的贡献，其他国家所作出的努力和效果都是有限的。中美两国达成的《中美气候变化联合声明》将气候变化视为"人类面临的最大威胁"，应对气候变化成为构建中美新型大国关系的一大亮点，也向国际社会传达了清晰的信号。近年来中国通过中美战略与经济对话、中美首脑峰会及其他双边外交活动发起了多个清洁能源项目。未来中美两国在清洁能源领域仍然存在很大的合作空间，一方面将促进中国发展模式向绿色低碳发展方向转变，另一方面这也将给美国带来直接经济利益。中美的积极合作将大力推动两国国内向绿色经济和低碳发展转型的进程，也有利于展现两国的大国责任担当及全球领导力，有利于巴黎气候大会的成功和全球气候治理的良性发展。中美携手加强应对气候变化合作将更好解决能源和环境问题、推动迈向气候安全下的可持续发展。

G.3
国家自主决定贡献对全球气候治理机制的影响[*]

高翔 邓梁春[**]

摘　要： 国家自主决定贡献（Intended Nationally Determined Contributions，本文以下简称INDC）进程是具有代表性的以"自下而上"方式推进全球气候治理制度构建的方式，也是当前围绕巴黎协议谈判以及2020年后国际气候制度的核心热点问题。与在《联合国气候变化框架公约》及其《京都议定书》框架下，发达国家和发展中国家依据"共同但有区别的责任和各自能力原则"，承担具有显著"二分法"性质的承诺与行动不同，INDC进程体现了发达国家与发展中国家共同承担，并依据各自能力与责任自我区别的性质，对于全球气候治理制度构建的影响深远。INDC内容本身所涉及的范围、力度、法律效力及其实施保障等，对于达成全面、平衡、可持续实施和有力度的全球气候治理制度也形成诸多挑战。

关键词： 气候变化　国家自主决定贡献　全球治理　减缓　巴黎气候协议

---

[*] 本文受中国清洁发展机制基金赠款项目"气候公约外减缓合作机制对德班平台谈判的影响研究"（2013020）的资助。
[**] 高翔，博士，国家发展和改革委员会能源研究所副研究员，主要研究领域为能源、环境与气候变化政策，国际气候政治问题；邓梁春，世界自然基金会（瑞士）北京代表处，研究员，主要研究领域为能源、环境与气候变化政策，国际气候治理制度。

自《联合国气候变化框架公约》(本文以下简称公约)达成以来,国际社会一直在探索和持续构建有效的减缓气候变化国际合作模式。然而对发展模式是否能实现低碳转型的信心缺乏,决定了国际社会在谁应该承担多大的减缓责任方面进行了持久的斗争,即便《京都议定书》(本文以下简称"议定书")建立起了"自上而下"为发达国家确定减排目标的模式,但其实施效果也未能尽如人意。① 在 2013 年底波兰华沙举行的公约暨议定书缔约方会议上,各国同意启动"拟提出的国家自主决定贡献"的准备工作,② 基本确认了各国"自下而上"自主提出应对气候变化目标的新规则。从科学的角度看,这一规则不利于实现政府间气候变化专门委员会最新评估报告对全球减缓提出的要求,但从政治上看,这一规则有利于吸引全球各国的广泛、平等参与。③ 根据这一要求,欧盟、美国、中国等公约的主要缔约方陆续在 2015 年上半年提出了 INDC。本文按照覆盖领域、减缓力度、描述指标和法律属性等不同的要素解构这些 INDC,分析了"自下而上"这种规则和 INDC 进程对全球气候治理机制的影响,并指出其面临的问题和挑战。

一 全球气候治理制度的发展

自气候变化作为全球环境治理制度构建的议题纳入国际谈判以来,历经

---

① IPCC, Introductory Chapter. In: *Climate Change 2014: Mitigation of Climate Change, Contribution of Working Group III to the Fifth Assessment Report of the Intergovernmental Panel on Climate Change*, (Victor D., Zhou D., Mohamed Ahmed E. H., Dadhich P. D., Olivier J., Rogner H., Sheikho K., and Yamaguchi M. (eds.). IPCC, Geneva, Switzerland. 2014), pp. 33; IPCC, International Cooperation: Agreements and Instruments. In: *Climate Change 2014: Mitigation of Climate Change. Contribution of Working Group III to the Fifth Assessment Report of the Intergovernmental Panel on Climate Change*, (Stavins R., Zou J., Brewer T., Grand M. C., den Elzen M., Finus M., Gupta J., Höhne N., Lee M., Michaelowa A., Paterson M., Ramakrishna K., Wen G., Wiener J., Winkler H. (eds.). IPCC, Geneva, Switzerland. 2014), pp. 6, 59 – 62.
② UNFCCC, Further advancing the Durban Platform, Decision 1/CP. 19., 2013.
③ 高翔:《联合国气候谈判中的减缓问题谈判进展》载王伟光、郑国光主编《应对气候变化报告(2014):科学认知与政治交锋》,社会科学文献出版社,2014,第 20~31 页。

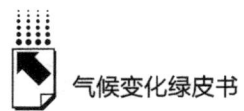

公约及其议定书的达成与签署生效，全球气候治理制度在曲折中有所发展。在 2009 年哥本哈根大会记录下不具有法律效力的《哥本哈根协议》之后，在 2011 年又设立"德班加强行动平台问题特别工作组"（以下简称德班平台）并开启了相关谈判，特别是在 2013 年华沙大会启动了各国 2020 年后"拟提出的国家自主决定贡献"的准备进程，全球气候治理制度的进一步发展呈现显著不同的新趋势，其主要特点在于公约下各缔约方的权利义务划分，从主要以"自上而下"的模式推进转向主要以"自下而上"的模式推进。

1. "自上而下"的模式

国际气候治理制度构建始于气候变化议题被纳入国际合作和制度谈判的进程。公约以防止气候系统受到危险的人为干扰的水平为目标，根据"共同但有区别的责任原则"和公平原则，把缔约方所应承担的责任分为两类：发达国家需要承担量化减排承诺并支持发展中国家的行动，发展中国家根据自身国情，并在得到发达国家的相关支持下采取积极行动。在此基础之上，议定书进一步为发达国家提出了强制性的量化减排目标。这种国际气候制度构建的模式，以共同目标为出发点，根据达成共识的原则和规则，如责任分担（Burden-sharing）方法等，将目标分解到各国实施，成为一种典型的"自上而下"（Top-down）模式。

公约及其议定书以"自上而下"的方法确定了相关缔约方权利义务，尤其确立了发达国家在气候变化问题上的历史责任，[1] 以及发展中国家在气候变化背景之下的发展权利。这种模式往往法律约束力强，伴有严格的遵约机制，核算规则统一，设有严格的测量、报告、核实规则以确保透明度，但各方达成行动共识的难度大、进度慢。

"自上而下"模式贯穿于整个国际气候治理制度构建的早期，在国家或者国家集团的减缓行动中也经常被采用。2007 年，缔约方根据巴厘会议授

---

[1] UNFCCC, The Cancun Agreements: Outcome of the Work of the Ad Hoc Working Group on Long-term Cooperative Action under the Convention. Decision 1/CP. 16, 2010, 第Ⅲ. A 章。

权而开启的"双轨"谈判，也是该模式的进一步延续，2012 年多哈会议终结"双轨"谈判之后，"自上而下"模式不再作为主要的气候制度推进方式。

2. "自下而上"的模式

早在 1990 年，William Nitze①就曾指出，国际条约一般而言是一种"自上而下"的行为，但人们在制定政策时往往倾向于采用"自下而上"（Bottom-up）的模式。

《哥本哈根协议》和《坎昆协议》开启了公约缔约方共同以"自下而上"方式做出减缓许诺的新规则。而自德班大会形成新的谈判授权后，经过两年的酝酿与试探，各方关于"德班平台"谈判两个工作流程的设计、主张和立场已基本成形，对于"承诺加审评"的国际合作模式有了一定的共识。随着 2013 年华沙大会启动了各国 2020 年后"拟提出的国家自主决定贡献"的准备进程，"德班平台"谈判迈出了关键性一步，向国际社会发出了确保于 2015 年达成协议的积极信号，这同时也进一步确定了主要以"自下而上"模式推进国际气候治理制度建设的新趋势。

"自下而上"模式主要依靠全球各国自愿提出应对气候变化的国别行动或目标，再汇总形成全球共同行动或目标，并有可能伴随着对于目标及其执行的评估和力度提升的相关机制与进程，由此确立各国应对气候变化的权利、责任和义务，进而推进应对气候变化的国际合作，最终实现公约目标。这种模式往往具有机制非强迫和非侵入的特征，各国所提出的行动和目标往往多元化，更易于吸引各方积极参与；但由于缺乏统一核算规则，缺乏对目标力度的指导和强制性要求，因此难以保证行动的整体力度，各国间的政治互信与积极互动也有待进一步增强。②

---

① William. Nitze, "A Proposed Structure for an International Convention on Climate Change", *Science* 249 (4969), 1990, pp. 607 – 608.
② Dai Xinyuan, "Global regime and national change", *Climate Policy* (10), 2010, pp. 622 – 637; Olmstead Sheila, and Stavins Robert "Three Key Elements of a Post – 2012 International Climate Policy Architecture", *Review of Environmental Economics and Policy* 6 (1), 2012, pp. 65 – 85.

表1 各国提出的国家自主决定贡献（INDC）内容

缔约方	缔约方属性	减缓目标形式	覆盖范围①	温室气体②	基准年线	目标年/时间段	减排目标值	国际碳单位	林业和土地部门排放核算	其他要素③
加拿大	附件一	绝对量减排	所有部门	七种	2005	2030	30%	计入	"净净法"和基于木材产品的方式	无
欧盟	附件一	绝对量减排	所有部门	七种	1990	2030	至少40%	不计入	待国际谈判确定，但不晚于2020年	无
冰岛	附件一	绝对量减排	所有部门	七种	1990	2021~2030	40%	计入欧盟碳市场单位	待国际谈判确定	无
列支敦士登	附件一	绝对量减排	所有清单部门	七种	1990	2021~2030	40%	计入	IPCC清单方法	无
新西兰	附件一	绝对量减排	所有清单部门	七种	2005	2021~2030	30%	待定	待定	无
挪威	附件一	绝对量减排	所有部门	七种	1990	2021~2030	至少40%	联合欧盟就不计，否则计入	待国际谈判确定	其第六次国家通讯谈及适应
俄罗斯	附件一	绝对量减排	所有部门	七种	1990	2020~2030	25%~30%	不计入	IPCC清单方法	无
瑞士	附件一	绝对量减排	所有清单部门	七种	1990	预期2025 2030 2021~2030	35% 50% 年均35%	计入	IPCC清单方法	无
美国	附件一	绝对量减排	所有清单部门	七种	2005	2025	26%~28%, 且尽力多减至28%	不计入	"净净法"和基于木材产品的方式	无

续表

缔约方	缔约方属性	减缓目标形式	覆盖范围①	温室气体②	基准年/线	目标年/时间段	减排目标值	国际碳单位	林业和土地部门排放核算	其他要素③
日本	附件一	绝对量减排	所有部门	七种	2013	2021~2030	26%	计入	待国际谈判确定	无
澳大利亚	附件一	绝对量减排	所有部门	七种	2005	2030	25.4% 26%~28%	可能计入	IPCC清单方法	无
安道尔	非附件一	相对于BAU	能源和废弃物	三种+SF_6	BAU	2030	37%	不计入	IPCC清单方法	包括适应内容
中国	非附件一	碳强度 峰值	不明	二氧化碳	2005 —	2030 2030年左右，尽可能更早达峰	60%~65% —	不明	不明	包括适应内容
南非	非附件一	峰值	所有清单部门	六种	—	2020~2025年达峰；2025~2030年排放量为3.98亿~6.14亿吨	—	不明	IPCC清单方法	包括适应及实施方式的内容，并列出部分减缓行动的增量成本
埃塞俄比亚	非附件一	相对于BAU	所有清单部门	三种	BAU	2030	64%	计入	待国际谈判确定	包括适应及实施方式的内容，有条件目标需要得到国际支持
加蓬	非附件一	相对于BAU	所有清单部门	三种	2000/BAU	2025	50%	不计入	IPCC清单方法	包括适应内容

039

续表

缔约方	缔约方属性	减缓目标形式	覆盖范围①	温室气体②	基准年/线	目标年/时间段	减排目标值	国际碳单位	林业和土地部门排放核算	其他要素③
韩国	非附件一	相对于BAU	所有清单部门，LUCF待定	六种	BAU	2030	37%	计入	待定	包括适应内容
墨西哥	非附件一	相对于BAU 碳强度 峰值年	所有清单部门	六种+黑碳	2013/BAU 2013 —	2030 2030 2026	25%④ 40% —	无条件目标不计入；有条件目标计入	IPCC清单方法	包括适应，能力建设，技术转让和资金内容
摩洛哥	非附件一	相对于BAU	所有清单部门	三种	BAU	2030	32%，有条件 13%，无条件	计入	IPCC清单方法	有条件得到国际支持（约需350亿美元）
塞尔维亚	非附件一	绝对量减排	所有清单部门	六种	1990	2021~2030	9.8%	不明	不明	包括适应、损失损害内容
新加坡	非附件一	碳强度 峰值年	所有清单部门	六种	2005 —	2030 2030年左右	36% —	不计入，但有可能	量少可忽略	包括适应内容
马歇尔群岛	非附件一	绝对量减排	能源、废弃物，其余可忽略	三种，其余可忽略	2010	2025 2030 2050年，可能更早	32% 45% 净零排放	不计入	量少可忽略	包括适应内容。未提及目标是否是有条件的，但指出部门提出的目标需要得到国际支持

续表

缔约方	缔约方附属性	减缓目标形式	覆盖范围①	温室气体②	基准年线	目标年/时间段	减排目标值	国际碳单位	林业和土地部门排放核算	其他要素③
肯尼亚	非附件一	相对于BAU	所有清单部门	三种	BAU	2030	30%，有条件	可能计入	IPCC清单方法，BAU待研究	包括适应内容，有条件目标需要得到国际支持
摩纳哥	非附件一	绝对量减排	所有部门	七种	1990	2030	50%	可能的话不计入，但不排除	绿地都记作公园和花园	包括适应内容
马其顿	非附件一	相对于BAU	能源部门	CO_2	BAU	2030	30%，无条件	可能计入	不包括	有条件目标需要得到国际支持（额外投资3亿美元）
							36%，有条件			
特立尼达和多巴哥共和国	非附件一	相对于BAU	电力、交通、工业	三种	BAU	2030	15%，有条件	不计入	尚不包括	完成目标的资金需求约20亿美元，部分需要得到国际支持
			公共交通		2013	2030	30%，无条件			
贝宁	非附件一	相对于BAU的减排数量目标	能源、土地利用、林业	三种	BAU	2020~2030	累计减排1.2亿~1.6亿吨	不计入	IPCC清单方法	包括适应内容，需要资金、技术和能力建设等支持，约3000万美元
吉布提	非附件一	相对于BAU	能源、农业、废弃物、工业	三种	BAU	2030	40%，无条件	不计入	不明	包括适应内容，有条件目标需要得到国际支持
							60%，有条件			

续表

缔约方	缔约方属性	减缓目标形式	覆盖范围①	温室气体②	基准年/线	目标年/时间段	减排目标值	国际碳单位	林业和土地部门排放核算	其他要素③
刚果民主共和国	非附件一	相对于BAU	能源、农业、LULUCF	三种	2000	2021~2030	17%,有条件	可能计入	IPCC清单方法	包括适应内容,有条件目标需约125.4亿美元的国际支持
多米尼加	非附件一	绝对量减排	所有清单部门	三种	2010	2030	25%,有条件	可能计入	IPCC清单方法	包括适应内容,损失损害、资金、技术、能力建设内容,有条件目标需要得到国际支持
阿尔及利亚	非附件一	相对于BAU	所有清单部门	三种	BAU	2030	7%,无条件 22%,有条件	不明	IPCC清单方法	有条件目标需要得到国际支持
哥伦比亚	非附件一	相对于BAU	所有清单部门	六种	BAU	2030	20%,无条件 30%,有条件	计入	IPCC清单方法	有条件目标需要得到国际支持
科摩罗	非附件一	相对于BAU	能源、农业、UT-CAF、废弃物	三种	BAU	2030	84%	不明	IPCC清单方法	包括适应内容,有条件目标需要充分的国际支持
约旦	非附件一	相对于BAU	所有清单部门	六种	BAU	2030	1.5%,无条件 14%,有条件	计入	IPCC清单方法	包括适应内容,有条件目标约需51.6亿美元的国际支持

续表

缔约方	缔约方属性	减缓目标形式	覆盖范围①	温室气体②	基准年/线	目标年/时间段	减排目标值	国际碳单位	林业和土地部门排放核算	其他要素③
孟加拉国	非附件一	相对于 BAU	电力、交通、工业，其余部门非量化	六种	BAU	2030	5%，无条件；15%，有条件	可能计入	不含 LULUCF	包含适应、资金内容，有条件目标需得到国际支持
马达加斯加	非附件一	相对于 BAU	所有清单部门	三种	BAU	2030	14%，有条件	小计	IPCC 清单方法	包含适应、实施方式等内容，有条件目标约需 60 亿美元的国际支持
蒙古国	非附件一	相对于 BAU	能源、工业、农业、废弃物	三种	BAU	2030	14%	不明	不含 LULUCF	包含适应、实施方式等内容
印度尼西亚	非附件一	相对于 BAU	所有清单部门	三种	BAU	2030	29%，无条件；41%，有条件	可能计入	IPCC 清单方法	有条件目标需得到技术开发及转让、资金等国际支持

资料来源：各国提交的国家自主决定贡献。UNFCCC，2015，INDCs as communicated by Parties，http：//www4.unfccc.int/submissions/indc/Submission%20Pages/submissions.aspx，2015 年 9 月 15 日上网获取。

①各国的贡献覆盖范围有两种表述，一种是按经济部门，另一种是按温室气体清单编制部门。表中"所有部门"是指两种表述都有体现。

②三种是指二氧化碳、甲烷和氧化亚氮，六种是指前三种加上氢氟碳化物、全氟碳化物、六氟化硫，七种是指前六种加上三氟化氮。

③指根据公约缔约方会议第 1/CP. 17 号决议确定的"德班平台"谈判要素，除了减缓外，还有适应、资金、技术开发与转让、能力建设和透明度。

④此为无条件目标，具体内涵是温室气体减排 22%，黑碳减排 51%；墨西哥还提出有条件减排承诺 40%，包括温室气体减排 36%、黑碳减排 70%。

二 国家自主决定贡献的内容

由于各缔约方没有就贡献应该包括的内容达成一致,因此缔约方会议决议并未就此做出规定,这导致已经提交的这些贡献包括的内容各异。总的来说,发达国家的贡献只包括了减缓的内容,而发展中国家普遍还包括了适应、资金、技术与能力建设支持需求等信息。

在减缓领域,各国贡献的形式不同。发达国家都采用了绝对量减排目标的形式,而墨西哥和加蓬则采用了相对"照常发展情景"(BAU)减排的形式,墨西哥还确定了峰值年、碳强度等目标,如表1所示。从与议定书核算规则衔接的角度看,瑞士明确提出了2021~2030年时间段的减排目标,这与议定书的规定类似,新西兰、挪威也在贡献中提出将进一步制定2021~2030年时间段的排放控制目标,而根据欧盟排放目标的内部落实执行机制,欧盟也将制定类似的时间段目标。

多数国家采用了2030年作为贡献目标年,但由于美国采用了2025年作为目标年,并且这一信号已经在2014年放出,因此一些国家也采取了灵活的方式设定减排目标。例如,瑞士以2030年作为减排目标年的同时,也提出了2025年减排预期。一些国家还提出了2050年的远期目标,例如,欧盟提出2050年比1990年减排80%~95%,美国提出2050年减排80%或者更多,瑞士提出2050年比1990年减排70%~85%,挪威提出2050年实现碳中性,墨西哥提出2050年比2000年减排50%等。

在目标涵盖部门方面,几乎所有缔约方的减缓目标均涵盖所有经济部门。在目标涵盖的温室气体种类方面,附件一缔约方的减排目标都包括了议定书规定的六种[不包括三氟化氮(NF_3)]或所有七种温室气体(含NF3)。非附件一缔约方涵盖的温室气体种类有所差异,如中国的量化承诺目标中仅涉及二氧化碳;非洲的加蓬、摩洛哥、埃塞俄比亚和肯尼亚只承诺了常用的三种温室气体(二氧化碳、甲烷、氧化亚氮)减排目标;墨西哥不仅涉及了除三氟化氮之外的六种受控温室气体，而且还提出了黑碳这一短寿命气候污染物的减排目标。

三 国家自主决定贡献减缓目标的核算规则

核算是建立在测量、报告、核实基础上的对目标是否完成的技术性评估。核算针对的对象是承诺的行动目标，并且可用于各种可量化目标的评估，如减缓和资金承诺。

温室气体清单总量的变化，可以表征减缓行动的成果，但是否能够充分反映减缓目标的实现与否，还需要结合减缓目标承诺所覆盖的范围，即将哪些活动计入所承诺的减缓目标，例如，在海外通过国际碳市场机制进行的减排活动、土地利用和林业部门人为活动导致的排放净变化量等。减缓目标核算与温室气体清单的关系如式1所示。

$$f = G_t - \Delta C + L + x - G_T \tag{1}$$

式中，f是核算函数；G_t是目标年（或承诺期）温室气体实际总净排放量；G_T是承诺目标年（或承诺期）温室气体总净排放量，G_T的数值取决于对减排目标的政治承诺和核算规则（Accounting Rules），可根据不同类型的减排目标和承诺数值折算而来；ΔC是净买入国际碳市场机制单位，即买入减排量减去卖出减排量；L是土地利用和林业部门人为活动导致的排放净变化量；x是其他被允许计入核算的活动导致的排放量净变化。如果核算规则确定可以使用国际碳市场单位，可以计入土地利用和林业部门人为活动导致的排放净变化量，可以计入其他活动x，则这三项计入核算公式，否则就不计入。核算结果如果$f>0$，则减缓目标没有实现，$f \leq 0$，则减缓目标实现。

在议定书下，所有的附件B缔约方都采用统一核算规则，即都采用议定书第3.7条规定的目标设定方式，①都采用第5条规定的IPCC清单编制

---

① 议定书第4条专门规定了按照第3.1条采取共同履行承诺的国家集团，如欧盟的额外核算要求。

方法，都计入通过议定书第 6、第 12、第 17 条所认可的联合履行机制（JI）、清洁发展机制（CDM）和排放交易机制（ET）净买入的国际碳市场机制单位，并按照议定书第 3.3 条和第 3.4 条计入土地利用和林业部门人为活动导致的排放净变化量。

在"巴黎气候协议"中，尽管目前尚不明确是否像议定书一样建立统一核算规则，但从 INDC 关于减缓承诺目标的设定，以及各国在 INDC 中提出的与碳市场、土地利用和林业部门人为活动相关的信息看，新协议几乎不可能有统一核算规则。这为衡量各国减缓目标的力度、减缓目标的实现进展都带来了很大的困难，更难以汇总得出全球的减缓目标和进展。

INDC 中目标设定方式的不统一，已在前文进行了分析。各国拟采用的清单编制方法大同小异，附件一缔约方均在采用《2006 年 IPCC 国家温室气体清单指南》及最新修订的优良做法指南，以及 IPCC 第四次评估报告中的全球增温潜势值（GWP）；包括中国在内的非附件一缔约方则采用 IPCC 第二次评估报告中的 GWP 值和修订的 1996 年 IPCC 国家温室气体清单指南。在土地利用和林业部门活动核算这一块，各方难以达成共识。欧盟将在 2020 年前最终确定这一部门核算方法学，美国和加拿大在其 INDC 中澄清了土地利用部门排放的具体核算方法，新西兰则指出最终确定的土地利用部门核算方法应考虑土地利用的多重目标等因素。针对是否利用国际碳交易市场来实现减排目标，目前欧盟、美国、俄罗斯和加蓬等明确表示不打算利用国际碳市场交易机制实现其自主承诺的减排目标，挪威提出除开展国内减排行动之外，将仅利用欧盟排放贸易机制（EU ETS）。同时，瑞士、加拿大等国表示希望利用国际碳减排额度来实现其 INDC 所提出的减排目标。

四 国家自主决定贡献减缓目标的法律效力

对于"巴黎气候协议"以及各国拟做出的气候贡献，INDC 减缓目标的法律效力具有重要意义。为了实现公约目标，法律形式及其效力应当确保所有的缔约方明确承担其减排目标，并且确保这一目标能够兑现。法律形式及其效力的安排还应当为各个缔约方所接受,一定的灵活性将有助于在今后不断提升各国减排贡献的力度。

尽管 INDC 是各缔约方的国家自主行为,目前尚没有确定的国际法律属性,但就目前已经提交的贡献看,其减缓目标的法律属性有所不同,所依据的法律法规也有很大差异,如表 2 所示。

表 2 已提交国家自主决定贡献中减缓目标的性质

缔约方	缔约方属性	法律属性	法律依据
加拿大	附件一	行政目标	《加拿大环境保护法 1999》(Canadian Environmental Protection Act, 1999)
欧盟	附件一	待定	①INDC 称"欧盟及其成员国承诺采取有约束力的目标";②欧盟 2020 年法定目标记载于 Decision No 406/2009/EC 和 Directive 2009/29/EC①
冰岛	附件一	待定	①INDC 称"冰岛旨在与欧洲国家一道实现目标";②冰岛 2020 年法定目标记载于 Act No. 70/2012 on Climate Change
列支敦士登	附件一	法定目标	2015/2016 年将修订对各行业起指引作用的国家气候战略,2016/2017 年将会修订二氧化碳相关法案,此外,欧盟目标也对国家的长期能源目标产生影响
新西兰	附件一	法定目标	2002 年颁布气候变化响应法案且于 2008 年修订
挪威	附件一	法定目标	INDC 目标,以及与欧盟联合实施减排目标的方案,将得到挪威议会的批准
俄罗斯	附件一	法定目标	基于俄罗斯的气候法则和能源战略,俄罗斯将会在已有的全经济范围和各行业控制温室气体相关法案的基础上进一步推出法律法规
瑞士	附件一	法定目标	瑞士自 2000 年颁布了二氧化碳法案,会在未来数年且得到议会批准的情况下将 INDC 的目标修订为 2021~2030 年的减排目标
美国	附件一	行政目标	美国政府将会在相关法案(主要是《清洁空气法案》,以及《能源政策法案》和《能源独立和安全法案》)的基础上,推出包括新老电厂碳减排法规、重型汽车燃油经济性标准等行政措施
日本	附件一	法定目标	日本预防全球暖化总部负责制定和提出国家贡献,且将会在《全球气候变暖对策基本法》的基础上制定对策方案措施

续表

缔约方	缔约方属性	法律属性	法律依据
中国	非附件一	不明确	将研究制定国家长期低碳发展战略和路线图,并根据主体功能区划完善应对气候变化的区域战略
埃塞俄比亚	非附件一	不明确	所提出的贡献与国家发展计划相协调,植根于埃塞俄比亚的气候韧性绿色经济愿景和战略
韩国	非附件一	行政目标	韩国首相办公室牵头建立了多个相关部委参与的专门的工作组来准备其自主决定贡献,并由不同的多个利益相关方(企业、公民社会组织等)参与,也得到国家相关授权程序的批准
墨西哥	非附件一	不明确	2012年颁布《气候变化法》并生效,制定了2050年相对于2000年减排50%的目标,INDC提出的目标符合这一减排路径;2013年制定的国家气候变化战略,制定了墨西哥在未来10年、20年和40年内应对气候变化的愿景
新加坡	非附件一	不明确	新加坡跨部门的气候变化委员会负责制定减缓措施与目标,也反映在国家的整体战略中,如《国家气候变化战略2012》和《新加坡的可持续蓝图2015》等,同时还对相关法律法规持续开展评估并更新相应的进展与目标
肯尼亚	非附件一	不明确	肯尼亚制定了《国家气候变化响应战略2010》和《国家气候变化行动方案2013》,并正在制定《国家适应方案》,并即将推出《国家应对气候变化框架政策和法案》,每五年对上述文件进行评估,在准备贡献的过程中也考虑对《气候变化法2014》进行评估
印度尼西亚	非附件一	行政目标	印度尼西亚政府非常重视应对气候变化的体制建设,也推出众多与环境保护、空间规划、可再生能源发展、沿海和岛屿管理相关的法律,还专门制定了减缓气候变化的法规,以及国家气候变化适应行动方案
南非	非附件一	不明确	南非的自主决定贡献基于其国家气候政策和国家发展规划,并将通过能源、工业和其他相关的规划和立法来实施
孟加拉国	非附件一	行政目标	国家贡献将会通过对孟加拉国气候变化战略和行动计划(BCCSAP)的不断更新和有力实施来落实,BCCSAP是一项2009~2018年的十年项目,孟加拉国计划于2016年推出国家贡献的实施路线图

续表

缔约方	缔约方属性	法律属性	法律依据
蒙古国	非附件一	法定目标	蒙古国目前已有多项与应对气候变化相关且具有国内法律约束力的法律措施，拟于 2016～2020 对这些法律进行评估和修订，使其在 2021～2030 年能够保障国家自定贡献得到落实，并对其实施情况进行年度评估

资料来源：各国提交的国家自主决定贡献。UNFCCC, 2015, INDCs as communicated by Parties, http://www4.unfccc.int/submissions/indc/Submission%20Pages/submissions.aspx, 2015 年 9 月 15 日上网获取; The European Parliament and the Council of the European Union; 2009 (a); Decision No 406/2009/EC of The European Parliament and of the Council of 23 April 2009 on the effort of Member States to reduce their greenhouse gas emissions to meet the Community's greenhouse gas emission reduction commitments up to 2020, http://eur-lex.europa.eu/legal-content/EN/TXT/?uri=CELEX:32009D0406; The European Parliament and the Council of the European Union. 2009 (b); Directive 2009/29/EC of The European Parliament and of the Council of 23 April 2009 amending Directive 2003/87/EC so as to improve and extend the greenhouse gas emission allowance trading scheme of the Community, http://eur-lex.europa.eu/legal-content/EN/TXT/?uri=CELEX:32009L0029

在法律属性方面，欧洲理事会（首脑会议）已于 2014 年 10 月就此问题达成一致，① 欧盟委员会计划在 2015～2016 年将法案提交欧盟理事会和欧洲议会进行表决，因此欧盟提出的贡献有望得到法律的批准。瑞士和挪威也已经将贡献目标提交议会，有望得到批准。俄罗斯表示现行 2020 年减排目标是国内法案予以确认的，2030 年贡献也将拥有相同的法律属性。美国、墨西哥和加蓬贡献的法律形式不明。在提交的贡献信息中，三国都指出有多项国内法律和相应的规定，能够保证其减排行动的落实和目标的实现。但根据既往经验，美国国会不太可能通过一部法律来认可这一贡献目标；而墨西哥已经于 2012 年通过了《气候变化原则法》，有望对其做出必要的修订，认可贡献目标。

由于各国 INDC 减缓目标的法律属性不同，因此各国是否能够有效执行这一减缓承诺也具有不确定性。一般而言，法定目标具有较强的保障力，而行政目标有可能随着政府执政党的更迭、一段时期内国家发展优先事项的变

---

① European Council, Conclusions on 2030 Climate and Energy Policy Framework, SN 79/14, Brussels, 23 October 2014.

化等而改变。当然这也并不绝对，立法也可以被修改甚至推翻，行政目标也有可能得到严格执行。

但INDC的不同法律属性给"巴黎气候协议"的减缓行动法律属性带来严重影响则是必然的。由于有些国家无法将本国的减缓目标法定化，更无法将其在国际层面法定化，因此"巴黎气候协议"不可能对减缓行动的具体目标进行法律约束，这在很大程度上削弱了"巴黎气候协议"作为公约进一步实施机制的效力。

五　全球气候治理机制面临的问题和挑战

INDC进程对于全球气候治理制度的影响无疑是深远的，尤其体现在对于国家承诺与行动的性质改变上。综观各国提交的INDC内容，具有多样性的、主要根据自身对于其责任与能力判断而自主提出的INDC，实际上已经打破了发达国家和发展中国家在公约及其议定书框架下关于各国责任、与责任相对应的承诺和行动的"二分法"规则。INDC内容本身所涉及的范围、力度、实施保障等，对于达成全面、平衡、可持续实施和有力度的全球气候治理制度也形成诸多挑战。

1. 国家承诺与行动的本质变化

共同但有区别的责任原则和公平原则是国际气候治理制度的核心原则。将发达国家历史上的排放责任和应尽义务，与发展中国家未来的发展诉求与排放空间需要协调起来，将发达国家的技术、资金优势，与发展中国家亟待提高的能力以及全球应对气候变化的整体需要联系起来，最终以附件一与非附件一区别发达国家与发展中国家共同但有区别地承担应对气候变化的承诺与行动，是公约体系下"不对称承诺"的典型规则，也符合共同但有区别的责任原则和公平原则。[①]

---

① 薄燕、高翔：《原则与规则：全球气候变化治理机制的变迁》，《世界经济与政治》2014年第2期，第48~65页。

公约及其议定书，以及在"双轨谈判"时期的全球气候治理制度，要求发达国家缔约方率先采取行动，承担量化减排承诺或行动，并且公约附件二的发达国家还需要向发展中国家提供其开展行动所需的支持（资金、技术和能力建设等）；发展中国家缔约方在得到发达国家支持的情况下，采取适当的减缓行动；发达国家和发展中国家所需做出的承诺和开展的行动，本身还具有不同的法律性质和约束力。

然而在以 INDC 进程为代表的"自下而上"模式中，《哥本哈根协议》虽然不具有法律效力，但最先提出了发达国家和发展中国家共同做出减缓许诺的规定，并在 2010 年达成的《坎昆协议》中得到了确认。"二分法"下发达国家和发展中国家"有所区别的责任"及其相对应的不对称承诺和行动，已经趋同为在"自下而上"模式下，发达国家与发展中国家自主地、共同地、不分先后地，甚至是在不论是否得到理应获得支持的情况下，在同一个谈判授权的轨道中提出，极大地削弱了与"共同但有区别的责任和各自能力原则"相对应的"不对称的承诺"。

2. 减排目标形成机制改变

公约及其议定书，包括议定书第二承诺期以及与之平行的公约下长期合作行动的"双轨谈判"，主要都是以"自上而下"模式推进国际气候制度构建的进程。公约及其议定书的核心，在于确立和实践了"共同但有区别的责任原则"和公平原则。根据这一原则，公约缔约方及其所应承担的责任被划分为两类：发达国家需要率先承担减排义务，并在议定书中明确为量化减排承诺目标；发展中国家根据自身国情，并在得到发达国家相关支持的情况下采取积极行动。这种主要以"自上而下"模式确定相关缔约方权利义务的方法，界定了发达国家在气候变化问题上的历史责任，以及发展中国家在气候变化背景之下的发展权利。这一模式贯穿于整个国际气候治理制度构建的早期，在 2007 年根据巴厘会议授权而进行的"双轨谈判"，也是该模式的进一步延续，并一直持续到 2012 年多哈会议才正式终结，不再作为最主要的气候制度推进模式。

然而自2009年哥本哈根大会以来，尤其是在2013年华沙大会启动了各国"拟提出的国家自主决定贡献"的准备进程后，"德班平台"的谈判迈出了关键性的一步，确定了"巴黎气候协议"将以"自下而上"模式出现。这是国际气候治理制度建设的新趋势。

在INDC的进程中，各国之间"共同但有区别的责任"以及与责任相称的各种应当开展的承诺与行动，在事实上均以"差异各表"的方式来体现，这与"二分法"的规则形成了很大的反差。INDC进程在实质上变更了各国所应采取气候行动的法律基础，从各国对于气候责任的承担，转向了国家自身能力和气候行动意愿的体现，模糊了公约的"共同但有区别的责任原则"，容易成为众多的，尤其是以附件一国家为主的发达国家逃避自身责任与义务的平台。

3. INDC内容本身的全面与平衡存在问题

公约及其议定书是全球气候治理制度早期构建过程中，缔约方妥协和平衡的框架性结果，界定了发达国家和发展中国家所需开展气候行动的类型与性质。气候制度随后的发展历程也是以全面且平衡的方式展开的，逐步确立起减缓、适应、资金、技术、能力建设，以及行动与支持的透明度等核心要素。

然而，作为发达国家应对气候变化行动的重要组成部分，发达国家需要向发展中国家提供的资金、技术转让和能力建设等众多一揽子支持，但这些并未在发达国家提交的INDC中得到体现。适应问题由于极大程度上与资金、技术和能力建设等实施方式挂钩，因此也几乎没有在发达国家的INDC中体现。发达国家以减缓为基本内容的INDC，本质上是对其公约下所需承担义务的规避，实质上打破了各国自主提出气候贡献的全面性与平衡性，也偏离了公约对于缔约方权利、义务、责任的划分。这一趋势不利于公约的可持续实施和构建国际气候制度的公平正义，也很难真正提升全球应对气候变化的行动力度。

4. 减缓力度难以得到保障

应对气候变化的行动力度事关公约最终目标能否实现，也即能否将大气中温室气体的浓度稳定在防止气候系统受到危险的人为干扰的水平上。2010年，缔约方进一步将这一长期目标解读为"与工业化前水平相比的全球平均气温上升幅度维持在 2℃ 以下"，甚至要求审评考虑加强该目标至控制在 1.5℃ 以内。①

实现公约目标意味着需要大幅度削减全球温室气体排放量。根据联合国环境署（UNEP）于 2014 年更新的《排放差距报告 2014》（The Emissions Gap Report 2014），② 以及 IPCC 第五次评估报告的相关情景结论，要实现温升控制在 2℃ 之内的目标，全球的二氧化碳需要在 2055~2070 年实现净零排放，且在 2080~2100 年实现全球温室气体的净零排放。与此同时，如果能够在近期内，尤其是 2020 年前有力控制住排放，也相应能够缓解未来采取极端减排措施以实现 2℃ 目标的压力。与这一情景路径相对应的是，2050年全球需要比 2010 年减排约 55%，且全球排放必须在 2030 年前达到排放峰值，至 2030 年时需要比 2010 年减排 10% 以上，如表 3 所示。

表 3 将全球平均温升幅度控制在 2℃ 之内可能需要的全球减排力度

年份	排放中值（10 亿吨 CO_2 当量）	相对于 1990 年的排放水平	相对于 2010 年的排放水平	排放范围（10 亿吨 CO_2 当量）	相对于 1990 年的排放水平	相对于 2010 年的排放水平
2025	47	+27%	-4%	40 至 48	+8 至 +30%	-2 至 -18%
2030	42	+14%	-14%	30 至 44	-19 至 +19%	-10 至 -39%
2050	22	-40%	-55%	18 至 25	-32 至 -51%	-49 至 -63%

资料来源：联合国环境规划署，《2014 年排放差距报告》，2014。

《排放差距报告 2014》根据各国按《坎昆协议》做出的 2020 年减排承诺进行外推，预测 2030 年全球减排努力与科学所要求减排力度的差距约为

---

① UNFCCC, The Cancun Agreements: Outcome of the Work of the Ad Hoc Working Group on Long-term Cooperative Action under the Convention, Decision 1/CF.16, 第 I 章, 2010。
② UNEP, The Emissions Gap Report 2014, United Nations Environment Programme (UNEP), Nairobi, viewed on Sep 1, 2015, at: http://www.unep.org/publications/ebooks/emissionsgapreport2014/.

140亿~170亿吨CO_2当量。根据公约秘书处关于各国INDC的综合分析,预计到2015年底巴黎气候大会前,将有超过半数的国家提出其INDC。这些国家所排放的温室气体占全球绝大部分份额,但是这些INDC所提出的努力减排数量之和,预计仍然与实现2℃温升控制目标下的减排路径有较大的差距。

5. 减排努力难以得到国际法律约束力的保障

INDC进程自开启之始就非常强调不预判"巴黎气候协议"的法律属性和约束效力,而是给出了议定书、另一法律文书或某种有法律约束力的议定结果这三种形式。"德班平台"谈判进程中关于INDC的地位和法律性质也存在不同争论。从各国所提交的INDC来看,各国承诺采取的气候行动的法律属性和约束效力有所不同,所依据的法律法规将会呈现较大差异。

由于关键国家,尤其是美国,国内政治因素极大地影响其所能够做出的国际承诺所可能具有的国际约束力,因此,当前INDC进程所逐步提出的各国减缓行动目标,不大可能以具有严格法律约束力的方式被载入巴黎气候协议的核心文件并要求各国签署以生效。相对应地,巴黎气候协议以及国际气候制度的一个重要发展方向,是将各国减排努力的进程法律化,即各国需要根据特定的时间阶段和提交方式提出其应对气候变化的贡献与目标,而贡献与目标的具体内容则以直接关联的方式载于巴黎气候协议之外,如缔约方大会的决议,从而以妥协的方式解决关键缔约方国内国情与各国自主贡献及其法律约束力的平衡,也为以后持续性地谈判和提升各国行动和支持的力度埋下伏笔。

G.4
巴黎协议适应和损失损害议题的谈判进展及展望

陈敏鹏 李玉娥*

摘　要： 本文总结了"德班加强行动平台问题特别工作组"（本文以下简称德班平台）自2014年10月以来的最新谈判进展，分析了各缔约方在谈判中关注的焦点问题和各大集团的主要立场和观点，总结了各缔约方提交的国家自主决定贡献中适应要素的准备情况，识别了年底缔约方大会巴黎协议适应和损失损害议题相关谈判的主要形势，分析了巴黎协议的谈判策略。

关键词： 德班平台　适应　损失损害　气候谈判　巴黎协议

2011年底《联合国气候变化框架公约》（本文以下简称《公约》）第17次缔约方大会（Conference of Parties，COP17）在南非德班举行，会议第1/CP.17号设立了"德班加强行动平台问题特别工作组"（Ad Hoc Working Group on the Durban Platform for Enhanced Action，ADP）（本文以下简称德班平台），以拟定一项适用所有缔约方的议定书（Protocol）、法律文书（Legal Instrument）或者某种有法律约束力的议定结果（Agreed Outcome with Legal Force），于2015年底在法国巴黎举行的COP21上通过，并使之从2020年开始生效和付诸执行，以实现"与工业化前水平相比的全球平均温升幅度维

---

* 陈敏鹏，研究员，中国农业科学院农业环境与可持续发展研究所，研究领域为农业环境政策模拟和评估；李玉娥，研究员，中国农业科学院农业环境与可持续发展研究所，研究领域为气候变化影响与适应。

持在2℃或1.5℃以下可能性的总和排放路径"。① 2013年波兰华沙COP19的相关决议，邀请各缔约方开始准备和提交国家自主确定的贡献（Intended Nationally Determined Contribution，INDC），启动了新协定最为关键的一步。2014年底，在秘鲁利马COP 20上形成了各方认可、相对平衡的巴黎协议的要素文件，并将其作为"利马气候行动倡议"（1/CP. 20决定）的附件。② 该文件中的适应和损失损害部分基本涵盖了各方关切，从形式上和内容上都为新协定的谈判奠定了基础。③ 同时，利马会议也进一步明确了适应是INDC可选项，"邀请"各缔约方在其中提交适应相关的信息。2015年2月8~13日，在日内瓦举行的ADP 2-8轮谈判中形成了具有法律效力的"日内瓦案文"（Geneva Negotiating Text），更加全面地囊括了各集团和国家对适应和损失损害问题的观点，也为接下来的谈判奠定了文本基础。2015年7月德国波恩ADP 2-9会议后，联合主席又发布了主席工具（Co-chair's Tool），将日内瓦案文划分为核心协定、决定要素和待澄清案文三个部分。虽然联合主席反复强调三个部分的法律地位相同，但是目前核心协定中适应只包括集体努力（Collective Efforts）、各自努力（Individual Efforts）、减缓和适应联合行动（Joint Mitigation and Adaptation）和信息交流（Communication）四个部分的内容。

一 德班平台适应和损失损害谈判的焦点问题和各方立场

自设立以来至2015年9月，德班平台共召开了两个阶段共十三次会议，

---

① UNFCCC, Establishment of an Ad Hoc Working Group on the Durban Platform for Enhanced Action (Decision1/CP. 17) (FCCC/CP/2011/9/Add. 1), United Nations Framework Convention on Climate Change (UNFCCC), 2011 [2015-07-15], http://unfccc.int/resource/docs/2011/cop17/eng/09a01.pdf#page=2.
② UNFCCC, Lima Call for Climate Change (Decision1/CP. 20) (FCCC/CP/2014/10/Add. 1). United Nations Framework Convention on Climate Change (UNFCCC), 2014 [2015-07-15] http://unfccc.int/resource/docs/2014/cop20/eng/10a01.pdf#page=2.
③ 张晓华、祁悦：《"利马会议"成果评述》国家应对气候变化战略研究和国际合作中心分析观察，2015 [2015-07-15]. http://www.ncsc.org.cn/article/yxcg/yjgd/201506/20150600001478.shtml。

各方对巴黎协议以及INDCs的内容和形式进行了全方位的交锋和充分阐述。经过多轮谈判和发展中国家的坚持，各缔约方基本同意应该将适应放在巴黎协议的核心协定中，①但是对巴黎协议中适应和损失损害的关系、适应目标和长期愿景、适应的承诺和贡献、机构设置、监测和评估以及损失损害等一系列问题都有不同的甚至针锋相对的意见和立场（见表1和表2）。其中最大的分歧在于，发达国家在谈判中回避历史责任问题，试图淡化"共同但有区别的责任"，强调适应是一个国家驱动（Country-driven）的过程，是全球面对的共同挑战，因此应该通过加强国际合作和信息交流构建一个促进所有缔约方增强适应行动的长期愿景；而发展中国家则认为巴黎协议应该遵循《公约》的原则，尤其是"共同但有区别的责任"和"各自能力"原则，增强发达国家对发展中国家适应行动的支持（包括资金、技术和能力建设），以提高发展中国家的适应能力并实现《公约》第4条为发达国家规定的义务和责任。

（一）全球适应目标和长期愿景

发达国家认为适应可以构建一个类似"所有缔约方增强适应行动、增加恢复力"无区分的长期愿景，但是适应目标，尤其是定量目标，不确定性大而且难以实施。以"77国加中国集团"为首的发展中国家则认为适应的长期愿景应体现发达国家支持发展中国家开展适应行动和提高适应能力（见表1）。非洲集团和非洲国家积极推动基于历史累积排放、温升目标和减排努力的全球适应目标，并提出该目标应该定量定性结合，识别各国的适应需求和损失损害成本；另外发展中国家的适应需求应该与发达国家的支持目标（尤其是资金支持目标）挂钩，以确保长期的减缓和适应雄心。立场相近

---

① UNFCCC, Parties' Views and Proposals on the Elements for a Draft negotiating Text, Non – paper (ADP. 2014. 6. NonPaper), United Nations Framework Convention on Climate Change UNFCCC, Ad Hoc Working Group on the Durban Platform for Enhanced Action. July 7 2014 ［2015 – 07 – 15］, http：//Unfccc. Int/resource/docs/2014/adp2/eng/6nonpap. pdf. UNFCCC, Negotiating text（FCCC/ADP/2015/1）, United Nations Framework Convention on Climate Change（UNFCCC）, Ad Hoc Working Group on the Durban Platform for Enhanced Action, February 25 2015 ［2015 – 07 – 15］, http：//Unfccc. Int/resource/docs/2015/adp2/eng/01. pdf.

表 1 主要集团对《巴黎协议》适应要素的观点和立场[①]

集团或国家	全球适应目标和长期愿景	适应集体协定承诺和贡献	国家适应计划	国家自主贡献（INDCs）	机构安排	报告、监测和评估
伞形集团	没有全球适应目标	共同承诺，在影响和脆弱性评估、优先性评估、良治和有利环境，以及经验分享四个方面增强行动	所有缔约方制定和执行国家适应计划，以增强对中长期气候变化影响的抵御力		所有缔约方增强合作来加强机构安排	通过国家信息通报和双年报加强合作和经验交流
欧盟	全球适应目标缺乏方法学基础	共同承诺		不需要适应内容，利用《公约》机构进行交流	增强与《公约》外机构的联系	
非洲集团	基于历史累积排放和今后的排放与减排水平，建立与减缓行动相联系的全球适应目标，确保发达国家对发展中国家的适应支持可以弥补其适应成本	发达国家发挥主导作用，实现《公约》第4条的承诺支持发展中国家的适应行动。发达国家在2020年之前弥补发展中国家的适应资金差距，为发展中国家提供可预测、充足和可获得的适应资金		发达国家对发展中国家的适应支持		评估发达国家的适应支持对发展中国家发展需求，不给发展中国家增加额外压力

续表

集团或国家	全球适应目标和长期愿景	适应集体协定承诺和贡献	国家适应计划	国家自主贡献（INDCs）	机构安排	报告、监测和评估
立场相近国家集团	遵循《公约》"共同但有区别的责任"和"各自能力"原则，制定基于历史累积排放，发达国家支持发展中国家可持续发展需求的全球目标	发达国家发挥主导作用，实现《公约》第4条的承诺。支持发展中国家获得行动。发达国家支持发展中国内适应行动视为对气候变化的贡献	以现有社区驱动的传统适应努力为基础，采用参与性和包容性的方式	发达国家交流对《公约》第4条义务的履行情况；发展中国家交流发达国家支持下的适应行动	建立全球气候基金及其他资金之间的联系；将适应基金作为全球气候基金的适应窗口	增强发达国家对支持的报告、监测评估避免给发展中国家带来额外负担并得到发达国家支持
小拉美集团	全球目标与《公约》目标一致，采取必要实施手段提高对气候变化影响的恢复力，识别所有缔约方与减排努力联系的适应目标	集体承诺：所有缔约方制定和实施适应战略；所有缔约方加强合作和知识经验共享	所有缔约方制定和执行国家适应计划	必须考虑适应要素，评估不适应的风险并识别前瞻性的优先行动措施		建立脆弱性评估的方法学以反风险评估的非经济损失评估的度量衡
最不发达国家集团		发达国家和有能力的国家承诺给最不发达国家支持	附件二国家有能力的国家支持发达国家制定和实施国家适应计划		建立国际信息中心、区域适应中心和国家适应中心	建立对适应支持的MRV体系
小岛国联盟	在全球目标中建立减缓、适应和损失损害支持的关系，构建评估适应需求的定量目标	发达国家缔约方和附件二中的其他发达国家帮对气候变化负面影响，尤其是脆弱的发展中国家开展适应行动，弥补其适应成本	国家适应计划是国家驱动的过程，其制定和执行必须反映不同国家的情况		适应委员会作为主导机构，增强现有机构的授权；建立新的区域和国家适应中心	缔约方向秘书处交流国家适应利用报告用需求；发达国家信息公报支持

续表

集团或国家	全球适应目标和长期愿景	适应集体协定承诺和贡献	国家适应计划	国家自主贡献（INDCs）	机构安排	报告、监测和评估
中国	基于"共同但有区别的责任"，构建与发达国家支持挂钩的适应目标	发达国家和附件一国家给发展中国家适应气候变化提供新的额外的资金、技术和能力建设的支持		须考虑适应要素	加强现有适应相关机制和进程间的协调	发达国家支持发展中国家评估适应需求，监测评估和发达国家的支持行动

注：伞形集团（Umbrella Group）包括美国、日本、加拿大、澳大利亚、新西兰、挪威、俄罗斯和乌克兰。非洲集团（African Group）共包括54个国家，占联合国成员国总数的28%，因此在数量上是最大的国家集团，其成员国包括阿尔及利亚、安哥拉、贝宁、博茨瓦纳、布基纳法索、布隆迪、喀麦隆、佛得角、中非、乍得、科摩罗、刚果（金）、刚果（布）、吉布提、埃及、赤道几内亚、埃塞俄比亚、加蓬、冈比亚、加纳、几内亚、几内亚比绍、肯尼亚、利比里亚、利比亚、马达加斯加、马拉维、马里、毛里塔尼亚、毛里求斯、摩洛哥、莫桑比克、纳米比亚、尼日尔、尼日利亚、卢旺达、圣多美和普林西比、塞内加尔、塞舌尔、塞拉利昂、索马里、南非、苏丹、南苏丹、斯威士兰、多哥、突尼斯、坦桑尼亚、乌干达、包括25个国家和利比里亚、赞比亚、津巴布韦。立场相近发展中国家集团（Like-minded Developing Countries, LMDC），简称为"立场相近国家集团"，包括阿尔及利亚、玻利维亚、中国、古巴、厄瓜多尔、埃及、印度、约旦、伊拉克、伊朗、马来西亚、马里、尼加拉瓜、沙特阿拉伯、斯里兰卡、苏丹、叙利亚、委内瑞拉和越南。小岛国集团，全称为拉丁美洲和加勒比独立联盟（Independent Alliance of Latin America and the Caribbean，AILAC是其西班牙语全称的简称），包括6个国家，即智利、哥伦比亚、哥斯达黎加、危地马拉、巴拿马和秘鲁，有时AILAC也会与墨西哥联合提议案。最不发达国家集团（Least Developed Countries, LDCs）目前共包括48个国家，包括阿富汗、安哥拉、孟加拉国、贝宁、不丹、布基纳法索、布隆迪、柬埔寨、中非、乍得、科摩罗、刚果（金）、吉布提、厄立特里亚、埃塞俄比亚、冈比亚、几内亚、几内亚比绍、海地、基里巴斯、老挝、莱索托、利比里亚、马达加斯加、马拉维、马里、毛里塔尼亚、莫桑比克、缅甸、尼泊尔、尼日尔、卢旺达、圣多美和普林西比、塞内加尔、塞拉利昂、所罗门群岛、索马里、南苏丹、苏丹、东帝汶、多哥、图瓦卢、坦桑尼亚、乌干达、也门和赞比亚。小岛国联盟（Alliance of Small Island States, AOSIS）包括39个小岛国和地势低洼的沿海国家，包括安提瓜和巴布达、巴哈马、巴巴多斯、伯利兹、佛得角、科摩罗、库克群岛、古巴、多米尼克、多米尼加、斐济、密克罗尼西亚、格林纳达、几内亚比绍、圭亚那、海地、牙买加、基里巴斯、马尔代夫、马绍尔群岛、毛里求斯、瑙鲁、纽埃、帕劳、巴布亚新几内亚、萨摩亚、新加坡、塞舌尔、圣多美和普林西比、所罗门群岛、圣基茨和尼维斯、圣卢西亚、圣文森特和格林纳丁斯、苏里南、汤加、特立尼达和多巴哥、图瓦卢、瓦努阿图。

①UNFCCC, Negotiating Text (FCCC/ADP/2015/1), United Nations Framework Convention on Climate Change (UNFCCC), Ad Hoc Working Group on the Durban Platform for Enhanced Action. February 25 2015 [2015-07-15], http://unfccc.Int/Resource/Docs/2015/adp2/eng/01.pdf; Third World Network (TWN), Durban Platform: Addressing Adaptation and loss and Damage in New Agreement, TWN Bonn News Update, March 12 2014.

巴黎协议适应和损失损害议题的谈判进展及展望

表2 主要国家和集团对《巴黎协议》损失损害部分的观点和立场[①]

	是否支持损失损害与适应并列	是否支持建立损失损害的新机制	是否支持锁定华沙损失损害国际机制*	是否要求对损失损害进行支持	是否要求建立补偿机制	其他
发达国家	否	否	否	否	否	可利用华沙机制
非洲集团	中立	中立	中立	是,二分法,发达国家对发展中国家提供支持	否	否
小拉美集团	中立	是	中立	是	中立	否
立场相近国家集团	内部分歧较大	内部分歧较大	内部分歧较大	未提及	是,建立发达国家对发展中国家的补偿机制	否
最不发达国家集团	是	是	是,锁定华沙机制	是,建立专门的资金和科技委员会,并要求所有发达国家和有能力的国家注资	是,建立发达国家和有能力国家对发展中国家,尤其是LDCs、小岛国和非洲国家的补偿机制	建立气候变化移民协调机构和风险转移信息交换库
小岛国联盟	是	是	是,锁定华沙机制	否	否	希望华沙机制评估的主要结论可以加入巴黎协议中
巴西、印度	否	否	否	否	否	主张利用华沙机制

注：*华沙损失损害国际机制，简称"华沙机制"。

① UNFCCC, Negotiating text (FCCC/ADP/2015/1), United Nations Framework Convention on Climate Change (UNFCCC), Ad Hoc Working Group on the Durban Platform for Enhanced Action, February 25 2015 [2015-07-15], http://unfccc.int/resource/docs/2015/adp2/eng/01.pdf; Third World Network (TWN), Durban Platform: Addressing adaptation and loss and damage in new agreement, TWN Bonn News Update, March 12 2014.

国家集团以及中国、印度等发展中大国更强调全球适应目标应该是一个与发达国家对发展中国家适应支持挂钩、体现适应实施手段的目标，它可以定性也可以定量。"小拉美集团"还提议构建适应和脆弱性评估的方法学和度量衡（Metrics）以评估各国的脆弱性和适应成本，以解决量化目标的方法学问题。但是最不发达国家和小岛国联盟担忧适应和脆弱性评估会给发展中国家带来额外负担，反对"小拉美集团"的提议。美国、欧盟、澳大利亚和挪威认为，目前很难进行全球的适应成本评估，且在科学上难以区分气候变化影响和其他人为驱动因素的影响，因此定量全球适应目标在方法学上具有巨大的不确定性。欧盟可以接受全球适应目标与减排和温升目标挂钩，但是反对将适应目标与发达国家的出资挂钩。美国不仅反对适应目标与发达国家的支持挂钩，而且认为如果要建立与温升目标和减缓行动相联系的全球适应目标，必须对全球温度升高和排放的贡献或责任进行动态的评估，识别未来温度升高主要贡献者，试图将矛盾引向发展中大国。

（二）适应集体行动、承诺和贡献

在历次的适应谈判中，包括伞形集团、环境完整性集团（Environmental Integrity Group，EIG）[①] 和欧盟在内的发达国家集团都试图在适应问题上模糊历史责任和混淆《公约》语境下发达国家和发展中国家的区别，对《公约》"共同但有区别的责任"和规定发达国家义务的第4条避而不谈，却大谈《公约》的最终目标（第2条）。他们提出，巴黎协议应将适应变成所有缔约方的共同承诺，即所有缔约方都承诺制定国家适应计划和战略，并使适应成为各国国家战略和政策的主流化（Mainstreaming）战略。但同时欧盟表示，可以关注和支持最不发达国家和最脆弱人群的适应需求。非洲集团、立场相近国家集团、中国、沙特阿拉伯等发展中国家和集团则认为，《公约》"共同但有区别的责任"等原则和条款应该贯穿到新协定各个要素的谈判中。适应虽然是全球挑战，但是发达国家还是应承担工业革命以来累积温室

---

① 环境完整性集团成立于2000年，包括墨西哥、列支敦士登、摩纳哥、韩国和瑞士。

气体排放造成全球气候变化的历史责任,因此在巴黎协议应该区分发达国家和发展中国家的适应的承诺和贡献,即发达国家依据《公约》第4条具有为发展中国家,尤其是对气候变化脆弱的小岛国、最不发达国家和非洲国家,开展适应行动提供资金、技术和能力建设等支持的义务;发展中国家在发达国家资金、技术和能力建设的支持下开展适应行动,为全球适应气候变化做出贡献。最不发达国家强调适应的关键在于实施手段(Means of Implementation,MOI),发达国家必须确保最脆弱发展中国家的适应行动得到充足、可测量、可预计的资金,技术和能力建设的支持。

(三)适应的机构安排

在适应的机构安排方面,各缔约方都同意协调和增强《公约》现有的适应机制和机构的授权,包括适应委员会(Adaptation Committee,AC)、国家适应计划(National Adaptation Plans,NAPs)、内罗毕工作计划(Nairobi Work Programme,NWP)、坎昆适应框架(Cancun Adaptation Framework,CAF)等,也同意增强适应机制与现有资金和技术机制之间的联系,如全球气候基金(Global Climate Fund,GCF)、技术执行委员会(Technology Executive Committee,TEC)、资金执行委员会(Standing Committee on Finance,SCF)、最不发达国家专家委员会(Least Developed Countries Expert Group,LEG)等。大多数国家同意增强适应委员会的授权,使其成为巴黎协议适应相关进程的主导机构。此外,发展中国家也提出了一些新机制的设计。例如,最不发达国家集团提出建立区域适应中心和国家信息中心,在不同层次强化适应技术、知识和研究成果的共享和交流,该提议得到了非洲集团、小岛国集团等在内的广大发展中国家的支持。立场相近国家集团和沙特提出要建立适应登记簿,以匹配发展中国家的适应需求和发达国家的支持,强化全球适应行动。墨西哥要求建立技术和知识平台,增强内罗毕工作计划的作用。

(四)适应的报告、监测和评估

发达国家和发展中国家在适应行动的报告、监测和评估问题上观点大相径庭。发达国家认为适应是一个国家驱动的过程,适应行动经验、知识和教训的交流可以促进适应的集体行动,因此可以充分利用现有途径,即国家信息通报和两年更新报进行适应的信息共享。发展中国家却希望创造一种途径识别发展中国家的适应需求,并将其与现有和未来可能的支持进行匹配。因此发展中国家一方面希望开创一些新的报告渠道来识别自身的适应需求,另一方面又强调适应的监测评估不能给发展中国家造成额外负担,提出发达国家应该对发展中国家的监测和评估活动进行支持。

(五)损失损害问题

自2008年以来,小岛国联盟和最不发达国家集团一直积极推动《公约》下损失损害的相关进程,以考虑气候变化导致的不可逆和永久的损失损害问题。在新协定相关的谈判中,它们强调气候变化是生存问题,损失损害应作为与减缓和适应相独立的第三要素,成为新协定的第三大支柱,并建立包括风险转移、移民、补偿等要素的新机制。① 小岛国联盟还在其提案中提出,② 全球温升目标和各国的减排努力应该与适应目标和损失损害之间建立联系,即如果世界各国的减排努力无法实现温度升高不超过1.5℃的目标,排放大国就应给予受气候变化影响极其脆弱的国家相应的适应和损失损害支持,以弥补它们的适应成本和损害成本。

2015年2月在日内瓦召开的ADP 2-8轮谈判上,小岛国联盟和最不发达国家集团将损失损害独立的提案得到了发展中国家的支持,但遭到发达国

---

① 马欣、李玉娥、何霄嘉、王文涛、刘硕、高清竹:《〈联合国气候变化框架公约〉应对气候变化损失与危害问题谈判分析》,《气候变化研究进展》2013年第9(5)期,第357~361页。
② UNFCCC, Submission of Nauru on Behalf of the Alliance of Small Island States (AOSIS) on Its Views on loss and Damage in the 2015 Agreement, United Nations Framework Convention on Climate Change (UNFCCC), November 4 2014 [2015 - 07 - 15], http: //aosis. org/wp - content/uploads/2014/11/UNFCCC - Loss - and - Damage - Submission - Nov. - 2014. pdf UNFCCC, Submission of Nauru on Behalf of the Alliance of Small Island States (AOSIS) on Its Views on Adaptation in the 2015 Agreement. United Nations Framework Convention on Climate Change (UNFCCC), November 30 2014 [2015 - 07 - 15], http: //www4. unfccc. int/submissions/Lists/OSPSubmissionUpload/106 _ 99 _ 130619188071708224 - AOSIS%20Adaptation%20Submission. pdf.

家的强烈反对。发达国家认为，目前华沙损失损害国际机制（Warsaw International Mechanism on Loss and Damage，WIM）仍处于起步时期，其有效性有待进一步评估，任何新机制的建立或者 WIM 的加强都应该基于 2016 年评估的主要结论，因此损失损害问题不应该成为巴黎协议的核心内容。在日内瓦案文中，各缔约方提出了六套方案处理损失损害问题（见表 2）。伞形集团、欧盟、环境完整性集团等发达国家和集团不主张在核心协定中包括损失损害内容，也不支持利用相关决定锁定 WIM。非洲集团和"小拉美集团"对此问题持中立态度，认为应在核心协定或决定中提及损失损害问题。立场相近国家集团内部立场不太一致，沙特、印度、中国等发展中大国对损失损害问题持保留态度，但也没有进行明确反对。小岛国联盟和最不发达国家集团各自提出了一套损失损害制度设计方案。其中小岛国联盟的方案主要目的在于通过新协定锁定一个处理损失损害问题的国际机制（新机制或者延续 WIM 的授权）。最不发达国家集团的方案则包括了很多新的制度设计理念，例如，损失损害的补偿机制、气候变化移民协调机构（Climate Change Displacement Coordination Facility）和风险转移信息交换库（Clearing House for Risk Transfer）、气候风险管理综合方法的指南、资金和技术专门委员会（Financial and Technical Panel）等等，并要求发达国家和有能力的国家为小岛国和最不发达国家提供处理损失损害问题的资金和技术支持。

2015 年 9 月在德国波恩召开的 ADP 2-10 轮谈判中，小岛国联盟和最不发达国家集团将各自建议合并形成了一个更折中温和的新提案，更强调处理损失损害问题必须遵循《公约》的原则和条款，建立气候变化移民协调机构、技术和资金机构以及处理不可逆和永久损失损害的机制。

（六）国家自主决定贡献中的适应要素

根据 COP 20 利马气候行动倡议的要求，各缔约方须在 2015 年 6 月 30 日之前制定并提交 2020 年后的国家自主决定贡献，其基本信息必须包括减排内容但邀请各方提交适应的相关内容。截至 2015 年 9 月 8 日，包括美国、日本、欧盟、墨西哥、中国在内的 31 个国家（地区）提交了 INDC。但是

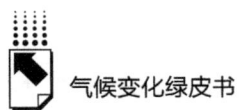

附件一国家都仅仅报告了减排部分，新加坡、塞尔维亚、摩洛哥、墨西哥、埃塞俄比亚、韩国、中国、多米尼加、刚果、贝宁、吉布提、摩纳哥、哥伦比亚、阿尔及利亚14个国家（地区）包括了适应的内容，其中多米尼加和塞尔维亚2个国家（地区）还提及了损失损害问题。[1] 各国INDCs的适应要

---

[1] UNFCCC, Singapore's Intended Nationally Determined Contribution (INDC) and Accompanying Information, United Nations Framework Convention on Climate Change (UNFCCC), July 3 2015 [2015 - 07 - 19], http：//www4. unfccc. int/submissions/INDC/Published% 20Documents/Singapore/1/Singapore% 20INDC. pdf; UNFCCC, Intended Nationally Determined Contribution (INDC) of the Republic of Serbia, United Nations Framework Convention on Climate Change (UNFCCC), June 30 2015 [2015 - 07 - 19], http：//www4. unfccc. int/submissions/INDC/Published% 20Documents/Serbia/1/Republic _ of _ Serbia. pdf; UNFCCC, Morocco Intended Nationally Determined Contribution (INDC), under the UNFCCC, United Nations Framework Convention on Climate Change (UNFCCC), June 5 2015 [2015 - 07 - 19], http：//www4. unfccc. int/submissions/INDC/Published% 20Documents/Morocco/1/Morocco% 20INDC% 20submitted% 20to% 20UNFCCC% 20 -% 205% 20june% 202015. pdf; UNFCCC, Mexico Intended Nationally Determined Contribution (INDC), United Nations Framework Convention on Climate Change (UNFCCC), March 30 2015 [2015 - 07 - 19], http：//www4. unfccc. int/submissions/INDC/Published%20Documents/Mexico/1/MEXICO%20INDC%2003. 30. 2015. pdf; UNFCCC, Intended Nationally Determined Contribution (INDC) of the Federal Democratic Republic of Ethiopia, United Nations Framework Convention on Climate Change (UNFCCC), June 10 2015 [2015 - 07 - 19], http：//www4. unfccc. int/submissions/INDC/Published% 20Documents/Ethiopia/1/INDC - Ethiopia - 100615. pdf; UNFCCC, Submission by the Republic of Korea：Intended Nationally Determined Contribution (INDC), United Nations Framework Convention on Climate Change (UNFCCC), June 30 2015 [2015 - 07 - 19], http：//www4. unfccc. int/submissions/INDC/Published% 20Documents/Republic% 20of% 20Korea/1/INDC% 20Submission% 20by% 20the% 20Republic% 20of% 20Korea% 20on% 20June% 2030. pdf; UNFCCC, China's Intended Nationally Determined Contribution (INDC)：Enhanced Actions on Climate Change, United Nations Framework Convention on Climate Change (UNFCCC), June 30 2015 [2015 - 07 - 19], http：//www4. unfccc. int/submissions/INDC/Published % 20 Documents/China/1/China's% 20INDC% 20 -% 20on% 2030% 20June% 202015. pdf; UNFCCC, Republic of the Marshall Islands Intended Nationally Determined Contribution (INDC), United Nations Framework Convention on Climate Change (UNFCCC), July 21 2015 [2015 - 09 - 06], http：//www4. unfccc. int/submissions/INDC/Published% 20Documents/Marshall% 20Islands/1/150721% 20RMI% 20INDC% 20JULY% 202015% 20FINAL% 20SUBMITTED. pdf; UNFCCC, Dominican Republic Intended Nationally Determined Contribution (INDC), United Nations Framework Convention on Climate Change (UNFCCC), August 18 2015 [2015 - 09 - 06], http：//www4. unfccc. int/submissions/INDC/Published% 20Documents/Dominican% 20Republic/1/INDC - DR%20August%202015%20 (unofficial%20translation) . pdf; UNFCCC, Principality (转下页注)

素基本都分析了本国的脆弱性并识别了优先部门和行动,但是各国汇报的内容和详略程度大相径庭,脆弱性评估的方法学、基准年、未来行动的目标年(主要是2020年、2030年和2050年)也千差万别,行动和脆弱性之间也没有必然联系。例如,新加坡作为开放经济体,识别的优先部门包括粮食安全、海岸带保护、饮用水等,其脆弱性评估有1901年、1951年和1980年三个基准年。摩洛哥和中国则只是简单列出了未来的行动目标和领域。

二 巴黎协议适应和损失损害议题谈判形势分析

巴黎协议将是一项具有法律约束力的公约实施协定,会采用核心协定加缔约方会议决定的形式。截至2015年9月,各次谈判还未进入案文的实质性讨论,但是多数发达国家倾向于在核心协定中尽可能简化适应要素,并希望能够打破《公约》建立的"共同但有区别的责任"的双轨制,将中国、印度等发展中大国拉入全球气候变化的责任体系中。

(接上页注①) of Monaco National Contribution. United Nations Framework Convention on Climate Change (UNFCCC), July 29 2015 [2015 - 09 - 08], http://www4.unfccc.int/submissions/INDC/Published%20Documents/Monaco/1/Monaco_INDC.pdf; UNFCCC, Kenya's Intended Nationally Determined Contribution (INDC), United Nations Framework Convention on Climate Change (UNFCCC), July 23 2015 [2015 - 09 - 08], http://www4.unfccc.int/submissions/INDC/Published%20Documents/Kenya/1/Kenya_INDC_20150723.pdf. UNFCCC, Singapore's Intended Nationally Determined Contribution (INDC) and Accompanying Information, United Nations Framework Convention on Climate Change (UNFCCC), July 3 2015 [2015 - 07 - 19], http://www4.unfccc.int/submissions/INDC/Published%20Documents/Singapore/1/Singapore%20INDC.pdf. UNFCCC, Morocco Intended Nationally Determined Contribution (INDC) under the UNFCCC, United Nations Framework Convention on Climate Change (UNFCCC), June 5 2015 [2015 - 07 - 19], http://www4.unfccc.int/submissions/INDC/Published%20Documents/Morocco/1/Morocco%20INDC%20submitted%20to%20UNFCCC%20-%205%20june%202015.pdf; UNFCCC, China's Intended Nationally Determined Contribution (INDC): Enhanced Actions on Climate Change, United Nations Framework Convention on Climate Change (UNFCCC), June 30 2015 [2015 - 07 - 19], http://www4.unfccc.int/submissions/INDC/Published%20Documents/China/1/China's%20INDC%20-%20on%2030%20June%202015.pdf.

中国作为发展中大国，目前在适应议题相关谈判中的立场取决于新协定能否坚持《公约》的"双轨制"。如果能够坚持《公约》"共同但有区别的责任原则"和附件发达国家的历史责任，那么中国无论是在全球适应目标、机构设置、支持等，还是在损失损害等方面的立场都相对灵活；如果不能坚持《公约》原则或者发达国家成功重新划分国家和集团，那么中国可能会面临着额外的出资义务。

从整体谈判战略看，为了维持发展中国家对发达国家的持续压力，必须维护发展中国家的团结。从道义上看，气候变化关系到小岛国和最不发达国家的生存和基本人权问题，要求发达国家承担历史责任、为最脆弱国家和人群提供损失损害的资金和支持也是国际正义的重要体现。然而，小岛国联盟和最不发达国家在损失损害问题的谈判上已经抛弃了历史责任问题，而将一些发展中大国放在了与发达国家同样地位，甚至处处要求"有能力的缔约方"承担出资义务，这给中国的谈判带来巨大的压力。因此，在谈判策略上，中国必须强调历史责任问题，坚持《公约》"共同但有区别的责任"原则，支持发展中国家要求构建全球适应目标的合理诉求，要求发达国家履行《公约》第 4 条定义的责任，为发展中国家的适应行动提供资金、技术和能力建设的支持。

G.5 中美气候变化合作的战略意义及对国际谈判的影响

张晓华 祁 悦*

摘 要: 中国和美国是最大的发展中国家和发达国家,是最大的经济体和温室气体排放国,在全球应对气候变化国际合作进程中举足轻重。2014年11月,两国发布了《中美气候变化联合声明》,提出积极推动巴黎协议的谈判进程,共同宣布了各自2020年后应对气候变化的行动目标,并进一步加强两国应对气候变化领域的务实合作。2015年9月,第一届中美气候智慧型/低碳城市峰会在洛杉矶成功举行,随后两国又发布了《中美元首气候变化联合声明》,进一步扩大两国在巴黎协议关键问题上的共识,积极推动国内政策和行动,并继续加强双边和多边合作,加强对发展中国家的气候资金支持。中美所展现的合作意愿和领导力,对于提振应对气候变化的信心、推进国际气候合作以及开展务实行动都有重要的战略意义。气候变化合作也是中美两国构建新型大国关系的亮点,对于区域乃至全球发展都有着积极的影响。特别是在巴黎协议谈判的关键时期,中美两国就谈判焦点问题的沟通和谅解,对于新协议的达成将起到重要的推动作用。

---

* 张晓华,男,博士,国家应对气候变化战略研究和国际合作中心国际合作部负责人,主要从事应对气候变化国际合作机制、气候友好技术国际转让、气候变化南南合作等领域的研究;祁悦,女,博士,国家应对气候变化战略研究和国际合作中心国际合作部助理研究员,从事气候变化国际气候合作下报告与审评机制、中美气候变化合作等领域的研究。

关键词: 中美合作 气候变化 巴黎协议 共区原则

作为全球最大的两个经济体和温室气体排放国,中美就应对气候变化达成战略性共识必然会给应对气候变化国际合作进程带来深远和重大的影响。近年来,中美在应对全球气候变化领域开展了密切的交流和对话,取得了丰硕的成果,有广泛的共同利益和巨大的合作潜力。气候变化已经成为中美关系中的新亮点,也为巴黎气候大会的成功提供了重要的推动力。本文梳理了中美气候变化合作的相关进展并分析总结其战略意义及其对国际气候谈判的影响,以期为进一步加强中美气候变化双边合作并推动多边进程提供建议和支持。

一 中美气候变化合作的进展

中美在气候变化和能源领域对话合作有良好的基础,2013年4月发布《中美气候变化联合声明》并建立中美气候变化工作组后,两国在气候变化政策对话和务实合作领域都得到了拓宽和深化,随着巴黎气候大会的临近,中美气候变化合作在过去一年中取得了更丰硕的成果。

(一)2014年《中美气候变化联合声明》

2014年11月中美两国政府发布了《中美气候变化联合声明》(本文以下简称《联合声明》),共同宣布了各自2020年后应对气候变化行动目标,表达了积极推动《联合国气候变化框架公约》(本文以下简称《公约》)谈判进程的意愿和决心,并进一步明确了两国应对气候变化务实合作的重点领域。

作为全球应对气候变化国际合作的重要里程碑之一,巴黎协议谈判受到了广泛的关注,是2015年气候变化全球议程的重中之重。一直以来,发达国家和发展中国家在落实"共同但有区别的责任原则"问题上都存在分歧,这也是新协议谈判中最难以解决的困难之一。此次，中美两国领导人在《联合声明》中倡议各匡一道努力，提出"双方致力于达成富有雄心的2015年协议，体现共同但有区别的责任和各自能力原则，考虑到各国不同国情"，积极促进各方凝聚共识。

《联合声明》的亮点之一是中美两国2020年后应对气候变化目标，体现了两国加强合作努力应对气候变化的信心和决心。美国计划"于2025年实现在2005年基础上减排26%~28%的全经济范围减排目标并将努力减排28%"，为实现目标，相比于2005年到2020年，美国在2020年到2025年的年均温室气体排放下降速率将翻一番，从1.2%到2.3%~2.8%。中国计划"到2030年左右二氧化碳排放达到峰值且将努力早日达峰，并计划到2030年非化石能源占一次能源消费比重提高到20%"，发展非化石能源是中国实现峰值的重要保障，它将确保中国经济增长和碳排放的进一步"脱钩"，到2030年实现20%左右的非化石能源发展目标，意味着中国非化石能源需以年均6%左右的速度增长，需新增8亿~10亿千瓦装机，相当于中国当前的煤电装机总和。中美两国还表示将随着时间提高减排的力度。

中美两国在《联合声明》中指出"采取应对气候变化的智慧行动可以推动创新、提高经济增长并带来诸如可持续发展、增强能源安全、改善公共健康和提高生活质量等广泛效益"，也将"增强国家安全和国际安全"，中美也计划进一步加强能源技术和其他相关领域的合作，包括汽车、智能电网、碳捕集、利用和封存、能效、温室气体数据管理、林业、工业锅炉、削减氢氟碳化物、清洁能源、气候智慧型城市、绿色产品贸易等领域的合作。务实合作不仅是双方实现各自目标的重要基础，也向两国乃至全球传递了积极的信号，为清洁能源技术开发、绿色投资等提供了新的动力。

（二）2015年中美战略和经济对话气候变化和能源领域成果

2015年6月，中美第七轮战略和经济对话在美国举行，达成了127项成果，其中包括 30 项气候变化与能源领域的成果。①

关于推动达成有力度的 2015 年协议，双方表示将在《联合声明》的基础上继续紧密合作并与其他国家一道"解决妨碍 12 月巴黎气候大会达成一项成功的全球气候协议的重大问题"，并决定就国际气候变化谈判相关问题保持和加强定期的高级别对话。

在务实合作领域，《联合声明》下启动的新的、拓展性的双边行动和倡议都取得了积极的进展，包括清洁能源研究中心（CERC）续约 5 年，进一步推进中国大型碳捕集、利用和封存项目的开展，召开了管控氢氟碳化物的政策对话，加强了在温室气体数据收集和管理、智能电网、载重汽车排放标准、锅炉效率和燃料转换等领域的合作，并决定于 2015 年秋季召开气候智慧型/低碳城市峰会。双方还决定在 2015 年秋季启动新的中美零排放巴士倡议，并在 2015 年 9 月习主席访美之前探索新的合作领域。

（三）第一届中美气候智慧型/低碳城市峰会

2015 年 9 月 15~16 日，第一届中美气候智慧型/低碳城市峰会在美国洛杉矶举行，峰会将作为中美气候合作的固定机制，每年在双方城市轮流举办。峰会通过了《中美气候领导宣言》（本文以下简称《领导宣言》），提出中美愿意并决心引领各自国内应对气候变化行动，并推动各自的城市和地区采取包括提出有力度的目标、报告温室气体排放清单、制定气候行动方案和加强双边伙伴关系在内的四项行动。为落实《领导宣言》，中国 11 个省市和美国 18 个州市宣布了未来的减排行动计划，其中北京、广州、深圳、镇江等提出将在 2020 年左右达到二氧化碳排放峰值（本文以下简称达峰），贵阳、吉林、金昌等在 2025 年达峰，延安、海南、四川等在 2030 年达峰；加州、康涅狄格州等提出了到 2020 年的减排目标，洛杉矶、西雅图、波特兰等则提出了中远期的减排目标，同时，两国地方政府也提出了实现各自目标的计划和措施。

---

① http：//news.xinhuanet.com/world/2015-06/26/c_1115727263.htm.

（四）《中美元首气候变化联合声明》

2015年9月习近平主席在对美国进行国事访问期间，与奥巴马总统发布了《中美元首气候变化联合声明》（本文以下简称《元首声明》），就巴黎气候大会、国内气候行动和双边及多边气候合作三个方面阐明了共同立场，并宣布了一系列相关政策行动。

巴黎气候大会在即，各方就新协议谈判的诸多重要问题仍未达成共识，特别是发达国家和发展中国家立场分歧依旧严重，中美在一定程度上代表发展中国家和发达国家的利益和关切，双方在声明中对落实"共同但有区别的责任原则"、透明度机制、进一步提高目标和行动力度、全球长期目标以及气候资金等焦点问题阐述了共同的看法，将在国际气候谈判中释放积极的信号，对于弥合各方分歧起到重要的推动作用。

在国内政策行动方面，美方重申了《清洁电力计划》、载重汽车燃油效率标准、控制甲烷排放、削减氢氟碳化物等几项重要政策和行动；中国结合国内加快推进生态文明建设相关工作，提出了落实国家自主决定贡献相关目标的具体措施，包括推动绿色电力调度，优先调用可再生能源和高能效、低排放化石能源发电等措施，还宣布将在2017年启动全国碳排放交易体系。中美将以实际的行动和成效进一步推动各自绿色低碳发展，并积极引领全球低碳转型。

在双边和多边合作领域，中美在此前确定的优先领域中合作成果丰硕，《元首声明》积极肯定了第一届中美气候智慧型/低碳城市峰会的成果，并进一步鼓励地方政府和企业积极参与应对气候变化合作。两国还宣布将积极推动海外投资低碳化，并在其他国际多边机制中加强合作推动气候变化相关问题的解决。在本次的《元首声明》中，两国还特别提到了帮助发展中国家应对气候变化，美国重申了其向绿色气候基金注资30亿美元的承诺，中国宣布了"中国气候变化南南合作基金"的初始规模为200亿元人民币，这些资金支持将给全球气候变化合作注入新的动力，有效地支撑发展中国家向绿色低碳转型并提高对气候风险的抵御力。

二 中美气候变化合作的国际背景

(一) 气候变化风险加剧,需及时采取有效的应对行动

工业革命以来,化石能源大量消耗,排放的以二氧化碳为主的温室气体在大气中的浓度显著增加,所引起的温室效应导致全球表面温度上升,并带来海平面升高、降水模式改变、极端气候频率增加等风险,已给人类生存和社会经济发展带来严峻的挑战。政府间气候变化专门委员会(IPCC)第五次评估报告明确指出:气候系统的变暖是毋庸置疑的;1880年到2012年,全球表面平均温升达到0.85℃;过去20年,格陵兰冰盖和南极冰盖的冰量一直在减少,几乎所有的冰川都在持续退缩;1901年到2010年,全球平均海平面上升了0.19米。① 按照目前的趋势,到2100年全球平均表面温度将升高约4℃,这将给全球带来巨大的系统性风险,包括大量物种的灭绝、全球和地区的粮食安全问题、高温和潮湿对人类正常活动的严重影响等,以及由此带来的局部冲突等社会问题。② 尽管全球各国在过去的20年中已经采取了减缓气候变化的措施,但温室气体排放量快速增长的趋势依然没有得到有效的遏制,按照实现2℃温控目标的要求,所剩余的排放空间已十分有限,气候变化已经成为全球可持续发展的重要威胁,需要各国共同努力合作应对。

(二) 各方推动达成公平、有效、共赢的新协议,亟须大国积极作为

《公约》的国际合作机制是全球应对气候变化的主渠道,在公平原则、共同但有区别的责任和各自能力原则等的指导下,明确了各缔约方在应对气

---

① IPCC, Climate Change 2013: The Physical Science.
② IPCC, Climate Change 2014: Impacts, Adaptation and Vulnerability.

候变化国际合作中的义务，达成了包括《京都议定书》及其《多哈修正案》、"巴厘路线图"和《坎昆协议》等在内的一系列重要成果；2011年开启的德班平台的工作也将于2015年底的巴黎缔约方大会结束，各方将达成一个2020年开始生效的新协议。近20年来，全球气候变化的影响愈加显著，各界对气候变化问题的认识进一步统一，技术进步有力地推动了全球低碳发展，各国在实践中找到了多种有效的政策工具，越来越多的国家积极参与到应对气候变化全球行动中。与此同时，世界各国也更清楚地意识到应对气候变化行动对促进经济增长、扩大就业和保护生态环境的协同效应，低碳政策和气候友好技术相互促进，双边和区域气候合作蓬勃发展，有效应对气候变化实现全球共赢成为越来越广泛的共识，"绿色低碳"成为引领全球发展与合作的新亮点，争夺排放空间已不再是各国最核心的关注，在合作中谋求共赢、低碳转型已经是全球发展潮流。

与此同时，世界经济和温室气体排放格局也出现了变化，20世纪90年代，在历史责任和能力上，发达国家与发展中国家有着显著的区别，仅占全球人口20%的发达国家排放了70%以上的温室气体，南北划分泾渭分明。但随后发展中国家，特别是新兴经济体，温室气体排放量快速增长，发达国家承诺的减排量不足以遏制全球温室气体排放增长的大趋势，国际气候合作也呈现从"南北之争"到"大小之争"过渡的趋势，国际社会要求排放大国，既包括发达国家也包括发展中国家，采取有力度行动的呼声越来越高。也只有大国的积极推动，才有望推动国际气候合作进程走出哥本哈根会议之后的低潮。

（三）气候变化合作是中美构建新型大国关系的助推剂

中美是目前最大的经济体和温室气体排放国，排放量占全球的40%，国际社会对两国采取有力度的应对气候变化行动有很高的期待，中美也肩负着引领国际气候合作的责任。中美在气候变化领域的合作关系到全球应对气候变化行动的效果，对国际气候多边机制的发展、减缓行动的力度、适应行动的有效性、相关科学技术的开发和应用都产生了深远的影响。对于中美两

国来说，气候变化领域合作是新型大国关系的亮点，与南中国海、网络安全等其他很多问题不同，中美在气候变化问题上有共同的关切和广阔的合作前景，两国面临的压力和挑战又在很大程度上非常相似，因此在应对气候变化领域有广泛的合作潜力。

过去几十年，中美在能源和气候变化领域已经开展了卓有成效的合作，建立了以科技合作为基础的合作框架和政策交流平台，签订了《中美化石能源技术开发与利用合作议定书》（1985年、2000年、2005～2010年）、《加强气候变化、能源和环境合作的谅解备忘录》（2009年）等，在中美战略与经济对话（SE&D）中设置了能源和气候变化专题，并一直不懈地在《公约》进程和经济大国论坛等多边渠道以及相关的双边渠道内开展富有建设性的讨论，为中美在气候变化领域的合作奠定了良好的基础。

未来，中美在气候变化领域的合作前景广阔。中国目前正处于"转方式、调结构"，加强生态文明建设，推动绿色可持续发展的关键阶段，面临国际减排预期和国内资源约束的双重压力，将进一步深化能源革命，在能源消费、生产、技术和相关体制改革方面都将采取更加务实的行动。美国近年来在提高能效和利用可再生能源方面取得了很多成就，在页岩气开发技术上实现了技术突破，应对气候变化也是奥巴马政府积极推动的重要领域。中美能源和气候变化合作潜力进一步显现。在务实合作走上良好轨道的基础上，中美两国在国际应对气候变化多边机制下也将发挥更积极的、建设性的作用，推动国际谈判进程，达成公平、有效、共赢的新协议，促进全球应对气候变化的合作与行动。

三　中美气候变化合作的战略意义

（一）重塑全球领导力，为气候变化国际合作提供了新动力

《公约》及其《京都议定书》为应对气候变化国际合作打下了良好的

基础。但进入21世纪以来，由于美国宣布拒绝核准《京都议定书》，很长一段时间以来，应对气候变化的国际合作进程进入了低潮期。尽管欧盟一直致力于扮演应对气候变化领导者的角色，但受限于其自身的影响力和国家集团的性质，欧盟的领导力并未达到预期的效果。从"巴厘路线图"、《哥本哈根协定》到《坎昆协议》，应对气候变化的国际合作进程一直处于坎坷前行的状态。

哥本哈根会议以后，国际社会越来越明确地意识到，中国和美国在应对气候变化国际合作上起着举足轻重的作用，中美气候变化合作进一步强化了中美两国应对气候变化的决心和目标，重塑了应对气候变化的全球领导力，为深化应对气候变化国际合作提供了新的推动力。

（二）开创了南北合作的新范例，影响国际气候合作利益格局

在诸多国际问题上，"南北矛盾"一直是利益格局的决定因素。在气候变化问题上，也存在发展中国家和发达国家两大阵营以及77国集团加中国、以美国为首的伞形集团和欧盟这三股力量。各方对气候变化国际合作中的很多原则问题都存在分歧，包括发达国家和发展中国家的历史责任和应负义务等。

随着以中国为代表的新兴经济体的快速发展，排放大国和小国之间的矛盾开始逐渐显现，气候变化问题上利益诉求和格局开始产生演化。发达国家和发展中国家，特别是排放大国之间如何展开务实合作，探求绿色低碳发展之路成为解决气候变化问题的关键。中美之间近年来气候变化合作不断加强，不仅树立了在气候变化问题上南北合作的新典范，而且为在"共区原则"指导下开展应对气候变化国际合作实现共赢打下了良好的基础。

（三）注重务实合作，进一步深入探求低碳发展之路

应对气候变化是一个长期复杂的系统性工程，解决气候变化问题、实现低碳发展需要提高能源使用效率，尽快实现能源系统的转型，减少化石

能源的消费。各国在技术资源方面有各自的优势,只有目标明确、优势互补的战略合作才能最大限度地挖掘全球应对气候变化的潜力。中美两国都意识到技术创新和务实合作是全球应对气候变化的根本出路,在中长期尺度上进一步明确了低碳转型的趋势,相关务实合作领域对双方各界近期的应对气候变化行动提供了明确的指引,也将有力推动更为广泛和深入的国际务实合作。

(四)助力中美新型大国关系建设,构建和平发展合作共赢的新秩序

加强中美的战略互信是中美构建新型大国关系最重要的基础。现阶段,从传统的贸易问题到近来不断升温的南海问题和网络安全问题,中美之间各种摩擦不断出现,对中美关系健康发展造成了不小的负面影响。中美亟须在更多的领域内寻求共识,而应对气候变化正提供了这样的契机。中美作为排放大国,在应对气候变化问题上都有着不可推卸的责任,也有共同的关切和挑战,中美在气候变化问题上达成共识有助于建立长期稳定的中美关系,进而推动国际秩序向和平发展和合作共赢的方向发展。

四 对气候变化国际谈判的影响

(一)凝聚共识,有助于推动2015年协议成功达成

在气候变化国际谈判中,中美一直处于不同的阵营,代表不同的力量,虽然同是排放大国和经济大国,但在很多重要问题上特别是应对气候变化的历史责任上存在原则性的分歧。一直以来,美国要求在减缓行动上"绑定"中国,要求中国承担更多的义务,并以此作为其消极应对气候变化的借口,而也正因为美国的消极态度,气候变化国际进程一直处于低潮,无法达成有力度的新协议。近年来,中国在气候变化问题上积极建设性的态度以及美国页岩气革命成功,使美国的立场有所转变,

美国开始更积极主动地参与气候变化国际进程，在一定程度上确保了新协议的如期达成。

（二）探索了落实"共区原则"的途径和方式

工业革命以来，人类累积排放的温室气体是造成人为气候变化的原因，发达国家在此问题上负有不可推卸的历史责任，应该率先采取减排行动，为发展中国家应对气候变化提供资金和技术支持，发展中国家应该在可持续发展的框架内采取应对气候变化的行动。发达国家和发展中国家在应对气候变化问题上负有"共同但有区别的责任"是《公约》最基本的原则之一。然而，美国、欧盟等发达国家或集团试图在新协议中淡化这一原则，单纯强调共同行动，推卸和转嫁其在气候变化问题上的历史责任。落实"共区原则"这一问题成为发达国家和发展中国家在谈判中争论的焦点，《联合声明》中双方就共区原则达成了来之不易的共识，为新协议中体现和落实"共区原则"建立了共识，打下了重要的基础。

（三）促进了各国"国家自主决定贡献"

2013年，华沙会议邀请各国开始启动国内相关进程，准备提交"预期的国家自主决定的贡献"（Intended Nationally Determined Contribution），并在第21次缔约方大会之前通报各方。各国2020年后的行动目标是2015年巴黎协议谈判的核心内容之一，对于新协议的成功具有关键意义。2014年，各国都开始准备工作，2014年1月22日，欧盟委员会发布了《2030气候和能源政策框架》，率先提出了欧盟2020年后的行动目标，即到2030年温室气体在1990年的基础上减少40%，这一目标也在2014年10月24日的欧盟领导人峰会上最终获得通过。继欧盟之后，中美两国明确各自贡献，为他国制定国家自主决定贡献树立了样板，也宣誓了主要经济体扭转全球排放从1970年持续增长的趋势的信心，为实现2℃温控目标奠定了基础，将为全球应对气候变化和低碳发展提供更强劲的领导力。

五 结束语

中美在气候变化领域的密切合作体现了高瞻远瞩的战略眼光。两国对于气候变化问题的关注将有力地推动国际多边机制进程,在全球低碳发展的过程中发挥重要的引领作用。在双边关系中,应对气候变化也是促进中美交流与合作、推动构建新型大国关系的重要抓手,应对气候变化合作也将继续深入挖掘两国在清洁能源及相关技术开发和转让方面的合作潜力。

G.6
世界减灾行动与应对气候变化

宋连春 董思言 翟建青 姜彤*

摘 要： 在日本仙台举行的第三届联合国世界减灾大会于2015年3月18日落下帷幕。来自世界187个国家和地区的代表通过了《仙台减灾框架（2015～2030）》。这个新减灾框架强调要想真正减轻灾害风险的负面影响，需要长久而持续地关注人们的健康和生计。这是全球第一个与2015年后发展议程相关的重要协议，它也在减灾方面设立七大目标和四大优先行动事项，其中多次强调应对气候变化问题对减灾的重要作用，以及二者之间的协同效应。减灾防灾与应对气候变化关系密切，应对气候变化有利于减灾防灾，减少灾害风险是应对气候变化影响的第一道防线，想要积极适应气候变化，加强气象灾害风险管理必不可少。

关键词： 防灾减灾 应对气候变化 仙台减灾框架 气候变化风险

第一届世界减灾大会于1994年在日本横滨召开，会上呼吁各国加强协作，共同对付危及人类生命和财产的自然灾害。21年后，第三届世界减灾大会于2015年3月在日本仙台召开。21年来世界各国减少灾害风险工作在

---

* 宋连春，国家气候中心主任、研究员，研究领域为气候变化及其影响；董思言，国家气候中心副研级高工，研究领域为气候变化及气候模拟研究；翟建青，国家气候中心副研究员，研究领域为气候变化影响、灾害风险评估与管理；姜彤，国家气候中心研究员，研究领域为气候变化影响与灾害风险管理。

深度和广度上均取得了重大进展，减轻灾害风险的理念也深入人心。① 作为最大的发展中国家，相对于减缓措施，中国的适应气候变化问题显得更为现实和紧迫，需要从多层面加强灾害风险管理，尽早制定适应气候变化和防灾减灾规划，将灾害风险管理纳入国家应对气候变化整体战略规划中。另外，暴露度和脆弱性本身在很大程度上是由社会经济发展水平决定的，尤其是在中国的欠发达地区，经济条件的改善能够快速、有效地减少灾害风险、提高气候适应能力。

中国政府高度重视应对气候变化和防灾减灾工作，把防灾减灾作为应对气候变化的重要内容，初步形成了中国特色灾害风险管理体系，防灾减灾能力全面提升，气象灾害监测预警水平不断提高，形成了"政府主导、部门联动、社会参与"的气象防灾减灾机制，气象灾害监测预警服务已覆盖了国民经济、社会发展与国家安全各个领域。未来中国极端天气气候事件和灾害将更加复杂多变，气候风险不断加大，抵御巨灾的形势不容乐观。目前，中国应对极端天气气候事件和管理灾害风险的总体意识有待提高，管理新风险和巨灾风险的能力亟待加强，在综合风险管理体系构建、部门分工和协作、基础性能力建设、资金保障机制和风险转移机制等方面仍面临诸多挑战，公众参与意识和自救互救能力仍需进一步提升。

一 第三届世界减灾大会概况

减灾与气候变化关系越来越密切，气候变化导致厄尔尼诺、干旱、洪涝、风暴、高温天气和沙尘暴等各种自然灾害发生。过去 10 年，联合国报告显示，有 87% 的灾害与气候变化有关，因此努力和成功找出全球解决气候变化的方案极其重要。为减轻气候变化给人类造成的影响，1992 年 5 月 22 日联合国政府间谈判委员会就气候变化问题达成《联合国气候变化框架公约》，这对世界减灾具有促进作用。

---

① 李素菊：《世界减灾大会：从横滨到仙台》，《中国减灾》2015 年第 4 期。

在日本横滨召开的首届世界减灾大会,提出"走向更安全世界的横滨战略",通过了《横滨战略及其行动计划》、《横滨宣言》和《建立更安全世界的横滨战略》。第二届世界减灾大会于2005年在日本神户召开,会议审视和回顾了《横滨战略及其行动计划》的进展,通过了《兵库宣言》和《兵库行动纲领:加强国家和社区的抗灾能力(2005~2015年)》(本文以下简称《兵库行动框架》)。从第一届世界减灾大会到现在,经过20多年的努力,包括中国在内的世界许多国家已经逐步建立起适合各自发展状况和现实需求的防灾、减灾、救灾模式。但伴随着全球气候变化影响日趋严重,区域性和全球性巨灾发生频率加大,由经济全球化和高新技术的快速发展所导致的全球互联性和系统复杂性的增加,以及全球人口总量持续增长,老龄化现象在许多国家日益凸显,使得自然灾害风险及其影响的时空演变规律将发生重大变化。①

在此背景下,第三届联合国世界减灾大会于2015年3月14~18日在仙台召开,来自187个国家的4000余名代表参加了此次大会。开幕式上联合国秘书长潘基文特别指出,减少灾害危险有助于推动在可持续发展和气候变化方面取得进步。气候变化加剧了成千上万人所面临的危险,特别是小岛屿发展中国家和海岸地区,而实现真正的恢复力需要加强国家间和社区间的纽带作用。他呼吁国际社会本着团结的精神,为使世界走向更加安全和繁荣的未来而采取行动。

经过5天的激烈讨论,第三届世界减灾大会最终就全球今后15年的减灾框架达成一致,会议最终通过了《仙台减灾框架(2015~2030)》(本文以下简称《仙台框架》),这是联合国首次提出具体项目和期限的全球性防灾减灾目标,确定了全球性七大目标和四项优先行动事项,包括到2030年大幅降低灾害死亡率、减少全球受灾人数及直接经济损失等,呼吁全球各国加大减灾投入力度,加强能力建设,减少自然灾害带来的损失。此外,本次

---

① 叶谦:《展望2015:综合风险防范、绿色发展与应对气候变化》,《中国政府网》2015年3月5日。

大会还通过了《仙台宣言》和《利益攸关方自愿承诺》两项文件。《仙台框架》对实现可持续发展和抗击气候变化起着举足轻重的作用，其中多次提及应对气候变化。

此次会议取得的成果，预计将推动全球走向可持续发展议程的新阶段，包括一套可持续发展目标、具有意义的气候变化协议以及将计划变成行动的融资机制，并对7月在亚的斯亚贝巴举行的融资会议、9月在纽约举行的可持续发展特别峰会以及巴黎气候峰会产生重要影响，可持续道路从仙台起步。①

二 《仙台框架》与应对气候变化

《仙台框架》对实现可持续发展和应对气候变化起着举足轻重的作用。联合国秘书长减少灾害危险问题特别代表瓦尔斯特伦指出，此项新减灾框架的通过，翻开了可持续发展的新篇章。她表示，减灾在可持续发展和应对气候变化之间起着重要的桥梁作用，因为减灾提供了切实的行动和方向，是许多气候变化适应行动的关键。没有减灾，发展的可持续性就无从谈起，因为人们在极端事件冲击中无法得到保护，他们的生计会受到破坏，富裕国家保持经济发展的能力也会受到影响。

从《仙台框架》表述中可以看到，应对气候变化对防灾减灾具有重要意义。《仙台框架》强调社区的重要作用，并致力于将减少生命损失、保护灾害中的卫生系统和人民生计放在首位。只有不断践行《仙台框架》中提出的四个优先领域，不断深入了解灾害风险、加强灾害风险管理、以可恢复力为目的投资减轻灾害风险、提升对灾害的有效应对能力，才能恢复和重建更美好的未来。《仙台框架》包括六个部分，共50条，其中与气候变化有关的表述内容如下。

---

① 联合国：《第三次世界减灾大会在日本仙台开幕：潘基文强调减灾将推进可持续发展并有助减缓气候变化》，《联合国新闻》2015年3月14日。

序言中第 4 条指出，2005～2014 年灾害不断造成严重损失，使个人、社区以及整个国家的安全和福祉都受到影响，其中许多灾害都因气候变化而变得更为严重，其频率和强度越来越高，这些严重阻碍了可持续发展的进程。第 6 条，需要在各级进一步努力降低暴露度和脆弱性，从而防止形成新的灾害风险，指出气候变化和其他因素成为灾害风险产生的潜在因素。第 10～15 条中呼吁制定新的减轻灾害风险框架的重要性与必要性，并明确了这一框架与联合国已制定的有关应对气候变化的目标和行动具有密切联系，从而为实现联合国制定的千年发展目标形成全世界和全人类共同的合力，即凝聚力。①第 11 条，关于 2015 年后发展议程、发展筹资、气候变化和减少灾害风险的政府间谈判，为国际社会增强政策、机构、目标、指标和执行情况计量系统的一致性提供了特别的机会。第 13 条，强调气候变化是催生灾害风险的因素之一，同时尊重《联合国气候变化框架公约》规定的任务，根据《联合国气候变化框架公约》缔约方的职权范围，《仙台框架》提及的气候变化问题及其减灾任务仍由《联合国气候变化框架公约》及其政府间行动来实施。

在指导原则中，四个优先领域中有三个领域提及气候变化内容，其中在第 4 个领域，在制定、审查和定期更新有关备灾和应急的政策、计划和方案的同时，协助所有部门和相关利益攸关方充分考虑气候变化的未来趋势及其对灾害风险的影响。根据《全球气候服务框架》，拟推动建立并投资高效的、符合国情的区域多灾种预警机制，并协助各国分享和交流信息；《仙台框架》也强调了提升天气气候灾害的防灾、减灾、救灾能力，以及准确及时的数据支撑系统对决策者具有同等重要的意义。

减灾框架用专门篇幅论述了如何构建国际合作与全球伙伴关系，其中尤其指出灾害影响会阻碍小岛屿发展中国家实现可持续发展，而一些灾害的强度越来越大并因气候变化而更加严重。鉴于小岛屿发展中国家的特殊情况，迫切需要在减少灾害风险领域落实《小岛屿发展中国家快速行动方式》。特

---

① 史培军：《仙台框架：未来 5 年世界减灾指导性文件》，《中国减灾》2015 年第 4 期。

别指出的是联合国减少灾害风险办公室要支持执行、贯彻和审查本框架,与联合国后续进程一起,尤其是全球减少灾害风险平台的进展情况,酌情与其他相关可持续发展和气候变化机制协调,支持制定统一的全球和区域后续行动和指标,并相应更新现有的《兵库行动框架》网络监测系统,同时积极参与可持续发展目标各项指标机构间专家组的工作。

三 中国防灾减灾成果及其在应对气候变化方面的贡献

中国是世界上气象灾害最严重的国家之一,灾害种类多、分布地域广、发生频率高、造成损失重。每年中国由气象灾害造成的死亡人数约3600人,直接经济损失约2300亿元,占所有自然灾害总损失的70%以上,相当于GDP的2.13%。① 中国也是受气候变化影响最大的国家之一,适应和减缓气候变化,减轻天气气候灾害风险,是保障国家经济、社会发展和人民生活的基本选择,中国一直非常关注应对气候变化与防灾减灾方面的工作。

在第三届世界减灾大会期间,中国政府代表团和专家代表团成员结合中国减灾、救灾工作的实际经验和做法,分别在全体大会、部长级圆桌会谈和高级别伙伴对话会上进行了发言。在以"全球灾害风险评估与制图"为主题的科技边会上,中国政府组织边会发布了《中国极端天气气候事件和灾害风险管理与适应国家评估报告》(本文以下简称《中国气候灾害报告》),这是第一届减灾大会以来中国首次在世界减灾大会的舞台上介绍中国在防御和减轻极端天气气候事件和灾害方面取得的重要成果。《中国气候灾害报告》基于当前最新科学研究成果,全面系统地分析了中国极端天气气候事件的变化、成因及未来趋势,评估了天气气候灾害对不同领域和区域的影响与风险,总结了中国在极端天气气候事件的风险管理、实践及适应措施方面的进展,提出了中国应对极端天气气候

---

① 见中国气象局1990~2013年《中国气象灾害年鉴》,气象出版社。

事件和适应气候变化的策略选择与行动措施。《中国气候灾害报告》的相关结论对中国政府与社会各界在气候变化背景下更好地应对极端天气气候事件与灾害、提高综合风险管理水平具有重要的参考价值和指导作用，对其他国家也具有借鉴意义。与会人员对中国在防灾、减灾方面采取的措施和行动是极为感兴趣的。

中国在《兵库行动框架》下开展了一系列重要减灾行动，加强了极端天气气候事件和灾害风险管理的体制、机制和法制建设。通过持续地开展综合减灾能力建设，中国应对极端天气气候事件和天气气候灾害的能力显著增强。

首先，中国在预警服务方面做出了很大贡献。随着中国监测预报预警技术水平的不断提高、灾害预警信息覆盖面与服务面的不断拓宽、多部门联动气象灾害防御机制的进一步建设以及应急避险科普宣传的不断深入，中国对极端天气气候事件和灾害风险防御的经济社会效益日益显著。社会公众已充分认识到监测预警信息的重要作用，可以根据不同预警信息、不同预警级别，采取积极有效的应对措施，达到减少人员伤亡和财产损失的效果。由于近年来社会经济的发展和防灾减灾水平的提高，中国天气气候灾害造成的人口死亡数迅速下降，由1990年的每年近7000人下降到2013年的1500人，气象灾害直接经济损失与国内生产总值（GDP）的比值，由20世纪90年代的4%~5%下降到2013年的0.84%。近年来，中国有效应对了2006年"桑美"等一系列超强台风、2007年淮河流域特大暴雨洪涝、2008年南方低温雨雪冰冻、2009年冬麦区特大干旱和初冬北方大范围暴雪、2010年西南地区特大干旱等重大极端天气气候事件和灾害，在应对极端天气气候事件和灾害方面所形成的准确、及时的监测预报预警服务在防范暴雨、洪水、干旱等方面发挥了重要作用。2013年，生成和登陆中国的台风异常偏多，东北地区春季低温多雨和夏秋季暴雨洪涝异常偏强，中东部夏季高温干旱范围广、持续时间长，在复杂多变的天气气候灾害形势下，全国各级气象部门加强监测预报预警及信息发布，全国共发布各类气象灾害预警11.75万次，因气象灾害造成的人员伤亡较过去5年平均减少20%，为保障经济社会发展

和人民生产生活、保障粮食多年连续增产做出了重要贡献。①

其次,中国已经更新早期预警系统。当前中国气象局通过暴雨洪涝风险普查项目结合日常灾情直报系统,搜集和整理大量灾害数据,做到对灾害的认识和了解,然后通过科学获取中小河流洪水和山洪致灾临界(面)雨量,对风险或灾害进行确定及预报,在此基础上通过中国气象局建立的预警信息发布系统(包括电视、广播、网络、手机短信、大喇叭和显示屏等手段)发布预警信息,供防灾减灾部门和救灾部门应用,做好灾害的有效应对准备。而最近开展的台风灾害风险区划项目,可被认为是进行灾害风险管理的手段之一。中国为了实现国际减灾战略的目标,有效降低灾害风险,提出了传统天气气候要素预报到灾害风险预警转变的发展趋势,预警系统将不仅关注极端天气等致灾因子,而且更加关注基于承灾体暴露度和脆弱性的灾害风险。中国气象局改变早期预警系统从传统的方式到风险和影响预警,需要大量的关于社会经济和人文财富方面的相关暴露度和脆弱度方面的信息。中国已经成功建立了基于固定阈值(例如,日降水量≥50mm为暴雨)的传统的天气预警系统,未来该系统将考虑灾害的影响范围和程度,以及当地人口和社会经济的差异。自2011年以来,中国已经投入资金并更新系统,从以前传统早期预警系统到覆盖全国的基于影响预警/基于风险预警。

最后,中国还设立了城乡基层灾害监测和信息报告制度。建立健全社区灾害日常监测预警制度,社区工作人员和灾害信息员要及时报告灾害隐患和相关灾害信息。建立完善社区灾害预警信息通报与发布制度,充分利用社区广播、电视、互联网、手机短信等手段,及时准确地向社区居民发布灾害预警信息,提高了预警信息发布能力。随着国家突发公共事件预警信息发布系统的进一步完善,中国极端天气气候事件和灾害风险的预警信息发布能力得到拓展,气象频道、气象手机短信预警发布系统、数字卫星广播系统和专业信息网站功能得到进一步加强,扩大了预警信息的覆盖面。

---

① 秦大河:《中国极端天气气候事件和灾害风险管理与适应国家评估报告》,科学出版社,2015。

世界气象组织（WMO）组织的多灾种早期预警系统和服务分发国际研讨会一再邀请中国代表宣传《中国气候灾害报告》和"中国灾害风险影响和早期预警"等相关工作。这说明中国减轻灾害风险的许多经验对世界各国都具有一定的借鉴意义，其中某些工作领域已经走在世界前列，尤其是在防灾减灾、灾害风险管理和应急响应方面具有一些独特的实践经验。虽然如此，还是需要看到中国同世界先进国家之间存在着一定的差距，例如，在灾害性天气预报的精细化和准确性方面、在灾害预报模式的开发水平方面、在预警信息发布的自动化程度方面及普通公众应对灾害的知识和演练方面。目前，美国和欧洲的气象灾害损失一般不超过当年度 GDP 的 0.2%，中国因气象灾害所造成的经济损失比重仍然相当高（0.84%[①]），今后还需要付出艰巨的努力以继续减少气象灾害造成的人员伤亡和经济损失。

四 从减灾大会看中国应对气候变化的未来行动

气候变化及由此带来的极端天气气候事件和灾害已成为全球可持续发展的重要威胁。适应和减缓气候变化，减轻天气气候灾害风险，是保障国家经济社会发展和人民生活的基本选择。中国未来应该高度重视气候变化对国家安全的影响，将灾害风险管理、适应和减缓气候变化置于国家安全体系框架下统筹考虑。也应当重点加强气候安全机制建设、信息共享和决策协调，协同考虑上述领域的气候变化风险和防灾减灾需求。提高国家气象水文服务能力，有利于获取更好的天气、气候、水文及相关的环境信息，能够改进早期预警，从战略层面上减少灾害风险，并能增强各级对气候变化减缓和适应的能力。具体建议包括以下三个方面。

（一）加强气象灾害监测预警服务

加强气象灾害监测预警及信息发布是防灾减灾工作的关键环节，是防御

[①] 见中国气象局 1990～2013 年《中国气象灾害年鉴》，气象出版社。

和减轻灾害损失的重要基础。经过多年的不懈努力，中国气象灾害监测预警及信息发布能力大幅提升，但局地性和突发性气象灾害监测预警能力不够强、信息快速发布传播机制不完善、预警信息覆盖存在"盲区"等问题在一些地方仍然比较突出。

中国风险预警服务应进一步延伸到基层乡镇、村屯和重点受影响地区，将重点地区所在地政府、职能部门、乡镇村社三个层面的应急责任人纳入气象风险预警服务体系，一旦监测到灾害可能发生，及时通过农村气象预警信息发布手段提供风险预警服务，在政府主导机制下通过基层气象灾害防御组织体系及时转移人员，最大限度地减少灾害损失。

未来加强研究全球气候变暖背景下极端天气气候事件的发生及变化规律；提高易发频发灾害预警预报能力；加强气象灾害风险评估，严格实施气象灾害风险论证制度；建立气象灾害风险转移机制，发展天气指数保险，合理利用社会资源和市场机制减轻气象灾害损失；加强科普宣传，提升社会公众气象防灾减灾和应对气候变化的意识和能力。建设气象灾害及其次生灾害的定时、定点、定量预警预报系统，实现对气象灾害的准确及时预警预报；建成气候变化与极端气候事件的预测预估系统，为防灾减灾提供科技、信息和服务支撑；发展和建设经济社会系统防灾避灾模式，科学指导居民疏散、设施加固和物资储备；建设气象灾害信息搜集、传输和服务系统，发展各类传播和通信气象灾害服务平台。

（二）实施恢复力策略

时至今日，恢复力（Resilience）概念已经应用于多个领域，特别是在灾害管理方面。过去《兵库行动框架》达成就是一个积极的行动，人们越来越多地关注受灾对象的自救能力，以及如何增强这些能力。恢复力是指人类社会或自然系统预防、承受和适应不利影响并得以复原的属性。本届世界减灾大会多次强调建设有恢复力的国家或社区。恢复力一是指能够从变化和不利影响中反弹的能力，二是指对于困难情境的预防、响应及恢复能力。在今后中国的防灾减灾战略中，需要高度重视"恢复力"战略，也就是重视对灾害的预防和防范，强调"在实践中学习"，要求加强适应性管理。提升恢复力不仅能够减小或避免未来可能的极端灾害损失，而且从风险治理的视角提升社会经济系统的整本竞争力，将危机转化为机遇，实现可持续发展。发达国家由于具备详尽的适应方案，加之有相关的技术、政策、资金和机构的支持，能更积极主动地进行应对和行动，因此相对发展中国家而言，发达国家的适应能力更强，可持续发展的气候恢复力更大。

中国根据实践经验，特别强调恢复力策略。加强适应规划、应急管理及防范天气气候灾害风险的基础设施建设，增强经济社会系统应对极端天气气候事件的恢复能力。重点加强适应气候变化与防灾减灾领域的决策协调，制定国家和部门的适应规划，完善减灾与应急管理机制，加强监测、预警、预测能力，开展风险评估与区划，加强天气气候灾害风险防范基础设施建设。面向恢复力的能力建设战略重视学习、创新的能力，同时也需要政府转变角色，充分利用市场资源和社会力量提升风险治理的领导力。

未来要软适应与硬适应并重，因地制宜实施发展型适应、增量型适应和转型适应，具体途径包括：加强适应气候变化与防灾减灾领域的决策协调，从机构设置、决策协调、政策立法、资金保障、科技研发等方面推动风险治理机制创新；制定国家和部门的适应规划，提升政府应对极端天气气候事件和灾害风险的处置能力；完善减灾与应急管理机制，加强天气气候灾害的监测、预警及预测能力；开展天气气候灾害风险评估与区划，实现应急管理向风险管理的转变等；为了从根本上提升系统应对灾害风险的能力、增强适应性和恢复能力，还需要辅之以社会结构的调整和变革，逐渐摒弃资源消耗和环境污染的陈旧发展模式，实践绿色发展模式，构建安全文化，从而实现防灾减灾和适应气候变化的双重目标，促进经济和社会的可持续发展。

（三）强化气候风险管理理念

综合防灾减灾工作是积极应对极端天气气候事件和灾害风险管理的重要内容。通过建设极端天气气候事件监测预警体系，中国应对极端天气气候事件和灾害的预警预报能力、信息发布水平逐步增强。防灾减灾信息管

理的会商、上报、共享、发布等制度机制建设，采集、分析、交换、共享和服务等标准规范制定，以及共享信息库、行业业务系统的建设，使得中国具备了更有效预防和应对各类灾害的能力。与城镇化相伴随的土地利用、人口及社会经济结构变化，在改变其自身对天气气候灾害的暴露度和脆弱性的同时，也影响区域气候的演变。而随着中国城镇化率的快速提升以及老龄化人口的增加，城市对气候灾害的暴露度和脆弱性不断增加。提出减缓气候变化，促进经济转型是降低中国灾害风险的根本途径。深入分析研究城镇化和气候变化这一对跨社会科学与自然科学领域的问题，构建融合城镇化规律与气候变化规律的理论模型，为合理规划中国城镇化提供科学决策依据。①

中国要认真总结自"国际减灾十年"启动以来中国灾害管理工作的主要经验和教训，结合灾害管理工作的实际情况，借鉴国际灾害风险管理的先进经验。未来行动要用气候风险的理念来管理、应对气候变化，一方面要加强风险管理，降低气候变化风险；另一方面对已经和即将发生的影响，我们要积极适应。

未来通过实施综合防灾减灾战略，从国家、区域和城乡基层尺度，在防灾抗灾能力建设、备灾能力建设、减灾能力建设和救灾救助能力建设方面实施一系列应对极端天气气候事件和灾害风险管理的有效措施，同时通过把防灾减灾教育纳入国民教育体系、强化防灾减灾文化场所建设、推进全国综合减灾示范社区和安全社区建设、设立全国"防灾减灾日"等重大主题宣传日（周、月）的措施，提高公众应对极端天气气候事件的风险意识，形成全社会防灾减灾氛围。应对极端气候灾害作为中国适应气候变化的核心内容，强化极端气候灾害风险防范措施，着力健全"政府主导、部门联动、社会参与"的防灾减灾机制，同时积极推进气象灾害防御立法。②

---

① 叶谦：《展望2015：综合风险防范、绿色发展与应对气候变化》，《中国政府网》2015年3月5日。
② 秦大河：《中国极端天气气候事件和灾害风险管理与适应国家评估报告》，科学出版社，2015。

G.7 欧洲适应气候变化十年（2005～2014）

——欧盟 CIRCLE 项目信息对我国适应研究的启示

姜 彤 曹丽格 翟建青 李修仓*

摘　要： 欧盟在气候变化问题中的"急先锋"角色一直未变，在适应气候变化行动上，欧盟采取了分阶段推进的方式，欧盟委员会和各成员国向全社会提供最新政策措施和经验案例，科技界和工业界则提供最新的技术方案和创新成果，积极促进欧盟及全社会适应气候变化的协同行动。其中 CIRCLE 项目就是欧盟从政策、技术、不同层面开展成果分享，通过知识和经验分享，来推动欧洲的适应工作的具体案例。本文通过对 CIRCLE-2 项目收集的 1412 项研究项目进行分析，总结欧洲近 10 年适应气候变化方面的经验和启示，为我国适应气候变化行动提供参考借鉴。

关键词： 适应　气候变化　欧洲

---

* 姜彤，国家气候中心，研究员，南京信息工程大学气象灾害预报预警与评估协同创新中心风险管理团队首席，研究领域为气候变化与灾害风险管理。曹丽格，中国气象局办公室，硕士，研究领域为气候变化和风险管理政策措施。翟建青，国家气候中心副研究员，南京信息工程大学气象灾害预报预警与评估协同创新中心风险管理团队骨干专家，研究领域为灾害社会经济影响。李修仓，国家气候中心，工程师，南京信息工程大学气象灾害预报预警与评估协同创新中心风险管理团队骨干专家，研究领域为气候变化影响和风险管理。

一 欧洲适应气候变化政策措施与进展

在应对气候变化问题上,欧盟一直以来努力采取减排行动,同时鼓励其他国家和地区采取减排行动。同时,欧盟制定了适应气候变化战略,以适应气候变化带来的不利影响。适应行动的主要领域包括对人、建筑、基础设施、企业和生态系统等。考虑到适应气候变化影响的不同程度和范围,欧盟行动集中在国家、地区和地方三个不同层面上。

欧盟的适应气候变化行动采取分阶段推进的方式,可以分为三个主要阶段。2005~2008年为准备阶段,2005年欧盟启动适应行动,2007年6月发布的《欧洲适应气候变化绿皮书:欧盟行动选择》明确了欧盟适应行动的框架,提出尽早在欧盟开展适应行动,包括将适应纳入欧盟法律和资助计划的制定和执行过程中;将适应纳入欧盟的外部行动中,特别是加强与发展中国家的合作;通过集成气候研究扩大知识基础,从而减少不确定性;欧洲社会、经济和公共部门共同准备协调、全面的适应战略。[①] 2009年初,欧盟在已建立较完备的气候变化减缓制度的基础上,将应对全球气候变化的重点转移到适应上来,提出在采取措施减缓气候变化强度和速度的同时,对当前经济与社会生活进行必要调整以适应气候变化的影响。

第二阶段(2009~2012年)以2009年4月发布的《适应气候变化白皮书:面向一个欧洲的行动框架》为标志,启动第二阶段工作,目标在于提高欧盟应对气候变化影响的应变能力。将气候变化适应聚焦到四大支柱行动:一是建立起气候变化对欧盟影响及后果的知识基础;二是将"适应"战略融入欧盟主要的政策领域;三是综合运用各种政策工具解决资金问题;四是开展国际适应合作。为此,欧盟先后启动了"欧洲气候适应平台"

---

① 曾静静、曲建升:《欧盟气候变化适应政策行动及其启示》,《世界地理研究》2014年第4期,第117~121页。http://climate-adapt.eea.europa.eu/home。

(European Climate Adaptation Platform，Climate – ADAPT)① 和"欧洲气候影响研究和响应合作网络"（Climate Impact Research and Response Coordination for a Larger Europe，CIRCLE）等的建设。通过建立庞大的数据库，将气候变化对成员国的影响、各国的脆弱性以及最佳适应性实践等方面的信息和研究成果整合，为欧盟应对气候变化决策提供依据。鉴于气候适应行动需要全欧范围内的协调和部署才能充分发挥效果，欧盟委员会成立了"影响和适应领导小组"，由各成员国负责国内和地区适应行动的代表组成，并组织一个专门的技术团队为关键领域的决策提供支持，同时吸收来自市民社会和科学团体的各种建议。

第三阶段（从 2013 年开始）为实施全面的适应战略阶段，以 2013 年 4 月发布的《欧盟适应气候变化战略》为标志，建立欧盟适应气候变化框架和机制，将欧盟预防当前和未来气候变化影响提升到一个新的水平。聚焦的三大关键目标包括：提升成员国的气候变化适应行动，在欧盟层面实行"气候论证"行动，为决策制定提供更好的信息参考。在此基础上，欧洲环境署于 2013 年发布了欧洲适应年度报告，总结了欧洲环境署 32 个成员（包括 27 个欧盟成员国以及冰岛、挪威、列支敦士登、土耳其、瑞士）在国家层面适应气候变化战略方面的进展，以及部分国家已经采取的适应行动。

根据欧盟应对气候变化挑战的任务目标，欧盟委员会和成员国提供最新的政策举措和经验做法，科技界和工业界提供最新的技术进步和创新成果，积极促进欧盟及全社会适应气候变化的协同行动，而大量的气候变化适应项目的研究，涉及科技、工业、生活等诸多方面。欧洲国家对气候变化研究的重点正在从 20 世纪 80 年代后期的气候系统研究，转向影响与减缓，近年更是关注脆弱性和适应的研究。②（见图 1）

---

① http：//climate – adapt.eea.europa.eu/home.
② Biesbroek et al.，"Europe Adapts to Climate Change：Comparing National Adaptation Strategies"，*Global Environmental Change* 20（3），2010，pp. 440 – 450.

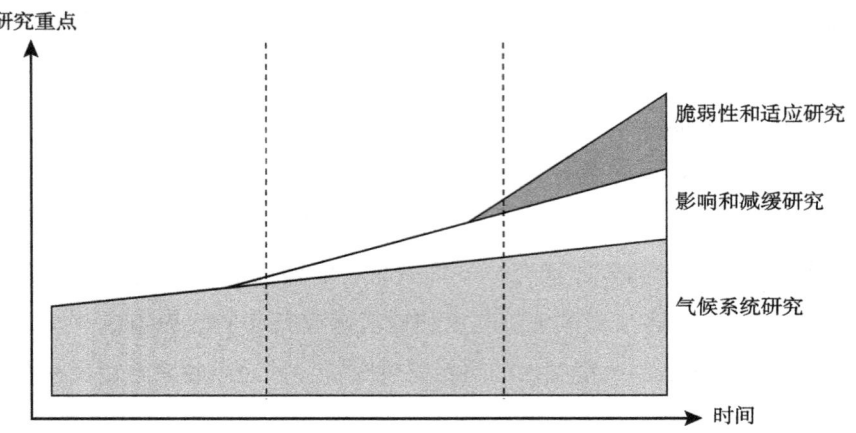

图1　20世纪80年代以来欧洲国家关于气候变化研究焦点的演变

二　CIRCLE-2收集的气候变化适应研究成果

CIRCLE 是来自欧盟的 23 个国家的 34 个研究机构组成的网络，致力于支持和分享有关气候变化适应的研究成果和知识分享，促进国家和区域内气候变化研究长期合作。[①] CIRCLE CA（2005~2009）和 CIRCLE-2（2010~2014）中涉及的研究项目集中反映 2004~2014 年欧洲在气候变化影响、脆弱性和适应研究方面的进展。CIRCLE-2 建立了专门的"气候变化项目数据库"（INFOBASE），[②] 完整收录了 10 年中在欧洲实施的 1412 个气候变化适应项目的信息，将研究项目按照不同领域划分为十多个类别，包括农林业、水资源管理、基础设施、生物多样性与自然保护、海岸带、人类健康、防灾减灾、海洋多样性、金融工具等。通过对 1412 个项目的分析，可以看

[①] Sousa, G. A., Avelar, D., Venturini, S., Ferrada Gomes, A., Capela Lourenco, T., (Eds.) Climate Adaptation Research in a Larger Europe Report: An Analysis at Local and National Scales, CIRCLE-2 Report, 2014, Foundation of the Faculty of Sciences, University of Lisbon, Portugal.

[②] http://infobase.circle-era.eu/.

到欧盟在过去10年间的适应行动进展,具体如下。

1. 欧盟各国实施适应项目的总体情况

欧盟各国气候变化适应项目的数量差异较大,已经实施了适应气候变化战略的国家的相关项目相对较多。截至2013年10月,CIRCLE-2数据库收集的资助适应气候变化项目数量超过100个的有西班牙、瑞典、法国、奥地利、德国、葡萄牙和芬兰,实施的项目以国家级项目为主,包括少量的跨国合作项目。意大利、土耳其、希腊、捷克、卢森堡等国此类项目较少(见图2),该数据统计未包含那些非政府和非官方资助的项目。从2005年开始,欧盟各成员国开始制定和采取全面的国家适应战略,以进一步鼓励、促进和协调国家间的适应行动,以上21国中已经有15国实施了气候变化国家战略。

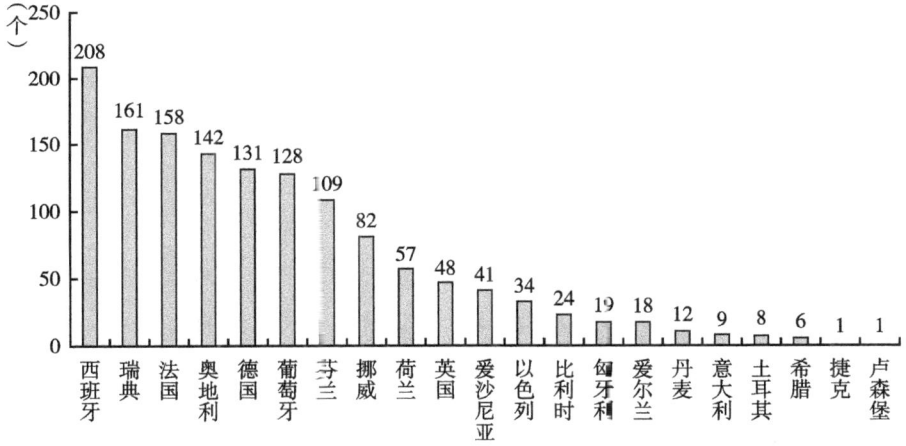

图2 欧洲适应气候变化项目分布(按经费资助国家排序)

2. 适应项目的研究重点

通过将1412个适应项目按照观测与情景、脆弱性评估、适应措施、国家适应规划与战略、欧盟/国家/国内部门政策进行分类(个别项目包含两个及以上分类标签)显示,在研究项目上,观测与情景、脆弱性评估、适应措施研究项目所占比重较大,包括观测与情景内容的项目占48%,脆弱性评估和适应措施类项目所占比重均为30%左右(见图3)。

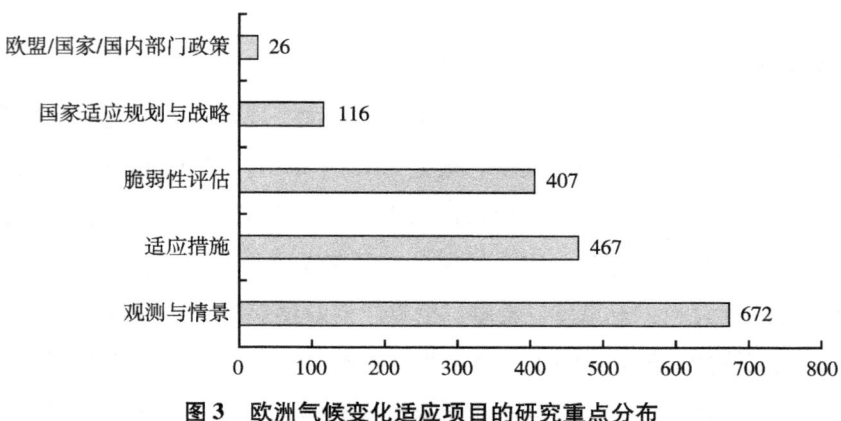

图3 欧洲气候变化适应项目的研究重点分布

从时间角度来看，2005年以来，各个方面的研究项目数量迅速增长，特别是适应措施研究和观测与情景研究项目数量上升很快。具体到各个国家，大部分国家开展了观测与情景、脆弱性评估、适应措施的研究项目，进行国家适应规划与战略研究的国家也较多，开展欧盟/国家/国内部门政策的主要有德国、法国、荷兰、瑞典和比利时。

3. 项目在不同领域的分布

气候变化适应将使欧盟所有经济领域都面临挑战，并对欧盟的主要领域政策产生影响。欧盟适应气候变化战略重点领域如农业与林业、生物多样性与自然保护、水资源管理、基础设施等比例较高，在200个项目以上，海岸带、人类健康、防灾减灾、海洋（生物）多样性研究项目均在100个以上，金融工具相关项目有78个（见图4）。多个项目都是涉及两个及以上的经济部门，如86个项目同时涉及水资源管理和基础设施，82个项目同时涉及农业与林业和水资源管理，73个项目涉及水资源管理和防灾减灾。

4. 欧盟在主要领域的气候变化政策措施

欧洲的气候变化适应针对不同的人群、经济部门和地区采取不同的措施。CIRCLE研究项目中有一批与这些政策行动相关，下面对这些重点领域的适应政策行动进行分析。

在农林业方面，欧盟采取所谓的"无悔"措施加强欧盟成员国之间的

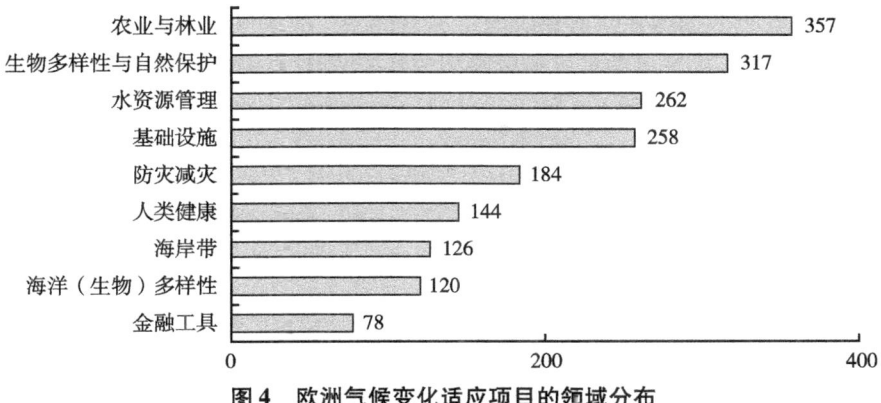

图 4 欧洲气候变化适应项目的领域分布

合作,增加气候与农业方面的研究。通过《欧盟共同农业政策》和《欧盟共同农业政策 2014~2020 法规》,并发布《欧盟林业战略》、《欧盟森林行动计划》和《欧盟森林应对气候变化绿皮书》。

在水资源领域,推动实现长期的、可持续的水资源管理。主要围绕 2000 年发布的《水框架指令》进行。2007 年 7 月,欧盟委员会发布《解决欧盟水资源紧缺与干旱的挑战》通报,2012 年 11 月发布的《欧洲水资源保护蓝图》则针对水资源的演变问题。

在人类健康领域,欧盟拥有完善的解决传染病的政策与法律框架,各成员国有义务公布传染病的暴发,所有成员国实时共享传染病信息,并在欧盟层面上协调解决传染病的措施。通过《在气候变化挑战下的环境下保护健康:欧盟区域行动框架》,世界卫生组织欧洲区域办事处和欧盟委员会于 2008 年设立"气候、环境与健康行动计划与信息系统"项目,研究项目中包括了气候变化对粮食、水和虫媒疾病影响的风险评估,支持相关气候变化适应活动。

在生物多样性方面,研究侧重生物多样性、生态系统、生态系统服务和气候变化之间的联系与相互依赖。2012 年,欧盟通过《欧盟 2020 年生物多样性战略》。

在海岸带领域,欧盟的政策工具涉及《海岸带综合管理》和《海洋空间规划》。针对海洋与渔业的相关政策工具包括《欧盟综合海洋政策》和《共同渔业政策》。

在减灾防灾领域,欧盟委员会于2010年12月发布《风险评估与灾害管理实施指南》,基于多灾害、多风险的方法,原则上覆盖了所有的自然灾害与人为灾害。欧盟要求成员国在2011年开展评估,确定流域和相关沿海地区的洪水风险,在2013年绘制洪水风险图,在2015年建立关注预防、保护和防备的洪水风险管理计划。欧盟要求气候变化必须被整合到欧盟《洪水指令》的实施过程中。

金融工具方面主要侧重金融服务,防止重大损失与金融灾难,包括自然事件带来的风险。保险业涵盖了相当一部分的天气风险,例如,通过财产保险提供应对风暴和降雨的危害,再保险或者替代风险转移产品,包括对冲资本市场风险(通过巨灾债券和天气衍生产品)。

三 典型案例:法国适应气候变化行动

法国是全球应对气候变化问题的积极支持和推动者,是世界上最早推动和减排温室气体的国家之一。在法国、西班牙、荷兰3国的倡议下,1989年3月在海牙召开了有80个国家参加的第一次关于全球气候变化的大型国际会议。1995年2月法国政府制定了"减缓气候变化第一个国家计划",1997年11月又制定了"减缓气候变化第二个国家计划"。

法国在适应气候变化方面也走在欧盟乃至世界的前列。2005年,法国发布《适应气候变化战略》,将气候变化风险的科学评估与实施适应行动计划有机地结合起来。《法国适应气候变化战略》的4个总体目标为:优先考虑公共安全与健康,保护人员和物品;考虑社会各方面问题,在风险到来之前缓和不平等现象;降低成本并使收益最大化;保护自然环境。该战略确定了9项主要行动:增加认识、强化观测措施、公众宣传、促进各地区制定相应的措施、资助适应气候变化的行动、制定和实施相应的法律和标准、鼓励私有部门的自愿性行动、考虑海外领地的特殊性、致力于国际合作。

2007年法国在担任欧盟主席国期间通过"欧洲能源气候一揽子计划"。法国通过Grenelle环境计划实施法案(2009-967法案)和国家环境义务法案。2009年11月，法国率先制定"碳税"法案，规定从2010年1月1日起对化石能源的使用按照每排放一吨二氧化碳付费17欧元的标准征税。

2009年9月，法国"气候变化影响和适应途径"部际小组①发布了相关专家进行了两年的研究专题报告，包括法国在气候变化适应的十个领域的挑战：生物多样性与自然保护、水资源管理、农业与林业、人类健康、自然灾害和保险、能源、旅游、交通基础设施建设、区域性问题、其他。法国国家科研署（ANR）和生态部平均每年在气候变化科研方面分别投入500万欧元和300万欧元。

2011年，法国制定完成《适应气候变化国家行动方案》，分析了防灾减灾、海岸带、森林变化、水资源管理、经济政策等具体领域的风险和适应挑战，并重点考虑水资源管理、人类健康、基础设施和森林等领域的适应措施和适应行动。

法国的气候变化适应研究主要集中在农业与林业、水资源管理和基础设施领域，生物多样性与自然保护、海岸带和人类健康研究项目也较多。在研究内容上，法国的气候变化适应项目集中在观测与情景领域，脆弱性评估和适应措施的项目也较多。具体如图5所示。

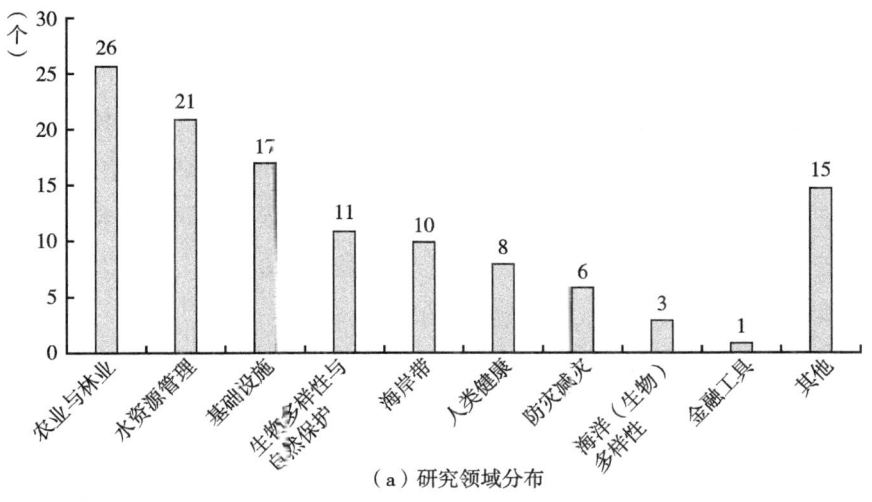

(a) 研究领域分布

---

① 法国"气候变化影响和适应途径"部际小组主要职责包括促使政府部门、私营部门、民间团体加强对适应气候变化的理解，为制定国家政策征集意见和建议，组织具体小组实施相关咨询和协调工作。

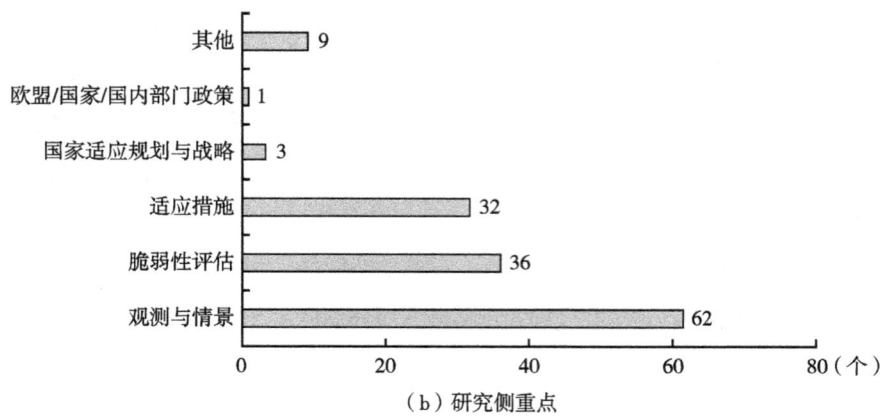

图5 法国的气候变化适应项目研究领域分布和研究侧重点

四 经验与启示

欧盟委员会意识到在欧盟境内实施全面的适应战略的重要性，在成员国的适应行动基础上，欧盟采取了一系列的措施，先后发布了《欧洲适应气候变化绿皮书：欧盟行动选择》与《适应气候变化白皮书：面向一个欧洲的行动框架》，促进成员国之间的协调和信息共享。欧盟还将气候适应战略纳入欧盟对外政策的一个组成部分，即欧盟如何与邻国和发展中国家合作，提高它们的适应和恢复能力。在2014年开始实施欧盟科研和创新领域新一轮框架计划——"地平线2020"中，①有提供近800亿欧元的预算框架，其中包含了大量与气候变化、环境相关的项目。

欧盟在气候变化问题中的"急先锋"角色一直未变。2013年4月欧盟委员会通过《欧盟适应气候变化战略》，更好地聚焦提升成员国的气候变化

---

① http://ec.europa.eu/programmes/horizon2020/。"地平线2020"是欧盟有史以来规模最大的科研创新计划，它将把实验室里孵化的创意投入市场，以在科研中取得更多世界第一的突破和发现。"地平线2020"的宗旨是孵化能够改善人们生活的科技成果。在三大支柱领域——卓越的科学研究、产业领导力和社会挑战，为从前沿科学到示范项目再到即将入市的创新等各种科研活动提供资金支持。

适应行动。2013年和2015年，欧盟两次分别在德国汉堡和丹麦哥本哈根举办了欧洲适应气候变化大会（The European Climate Change Adaptation Conference），每次会议参加人员包括各个欧盟成员国和地方的政府官员、科学团体、非政府组织和企业，参加人员超过700人。2017年，欧盟气候变化适应大会将在英国的爱丁堡举办。与此同时，欧盟还将与联合国组织一起，于2016年举办更大规模的国际气候变化适应未来大会（Future Adaptation Conference），预计参加人数达3000人。欧盟的适应行动也带动了社会力量的积极参与。2015年，Elsevier公司创立了《气候服务》（Climate Services，CLISER）期刊，用以在世界学术界交流将气候信息纳入国家规划、风险评估和管理、行业服务方面的最新进展。

我国已经开展了一系列的气候变化适应项目，部分示范项目取得了很好的成果，但是经验和知识的分享还停留在较低水平上，亟待建立更好的合作网络体系，收集各类研究项目信息，建立更加专业的数据库，将国外好的经验、气候变化对我国不同地区的影响、脆弱性以及最佳适应性实践等方面的信息和研究成果整合，为我国应对气候变化决策提供依据。我国可以借鉴和参考的欧盟经验如下。

一是通过构建网络平台加强适应研究和信息共享。欧洲气候适应平台（Climate-ADAPT）包含了欧洲应对气候变化的各种知识和工具，为欧盟、成员国、区域、地方以及跨区域组织等制定适应气候变化政策提供必要的咨询建议和技术支撑。CIRCLE－2的INFOBASE平台提供了大量的气候变化研究项目的详细信息。我国目前已经建立"中国气候变化信息网"等一批相关网站，但内容集中在气候变化法规、研究成果以及相应的各种活动信息上，加强信息整合力度和研究成果收集。下一步需要建立健全管理信息系统建设，提高适应气候变化的信息化水平，深入推广信息技术在适应重点领域中的应用，推进跨部门适应信息共享和业务协同，提升政府适应气候变化的公共服务能力和管理水平。

二是加强部委在政策研究领域和项目层面的协作。欧盟专门成立了"影响和适应领导小组"，促进各成员国间的交流，支持各成员国制定国家

风险评估与风险管理规划，克服数据共享带来的挑战，制定预防与创新融资工具的奖励措施。通过具体行动，弥补知识与行动的差距，提高欧盟、成员国、地区和地方不同层级应对气候变化的能力。我国积极推动适应气候变化工作，编制了《国家适应气候变化战略》，指导全国各省区市编制省级适应气候变化方案，也启动试点示范工程。目前，各省区市陆续出台了本地适应气候变化方案，我国需要加强对适应行动的组织建设，促进各部委、各地区的合作与交流，借鉴欧盟交流整合各成员国的实践经验，更好地编制"中国城市适应气候变化行动方案"。建立健全适应工作组织协调机制，统筹气候变化适应工作，鼓励相邻区域、同一流域或气候条件相近的区域建立交流协调机制，在防汛抗旱、防灾减灾、重大工程建设等机构中增加适应气候变化工作内容。

三是加大对适应研究的资金支持力度，包括财税和金融政策支持力度。欧盟在对外贸易政策中嵌入"适应"战略，在将欧洲先进的环保技术通过贸易带到其他国家的同时，积极挖掘"绿色贸易"给欧洲带来的巨大增长潜力和就业机会。我国可积极借鉴其经验，将适应气候变化作为转变经济发展方式的重要内容，推动气候金融市场建设，鼓励开发气候相关服务产品。探索通过市场机构发行巨灾债券等创新性融资手段，建立健全风险分担机制，支持农业、林业等领域保险产品和"气象指数保险"产品的试点和推广工作，搭建国际适应资金承接平台，提高国际合作资金的使用与管理能力。

四是调动全社会的力量，加强适应气候变化。学习欧盟组织专门的技术团队为决策提供支持，积极吸收来自市民社会和科学团体的各种建议，我国应将适应气候变化内容纳入国民教育和干部培训体系，加大科普教育和公众宣传，在基础教育、高等教育和成人教育中纳入适应气候变化的内容，提升公众适应意识和能力；广泛开展适应知识的宣传普及，举办针对各级政府、行业企业、咨询机构、科研院所等的气候变化培训班和研修班，提高对适应重要性和紧迫性的认识，不断提升公众适应意识和能力，营造全民参与的良好环境。

G.8 "气盟"的运行机制与综合影响分析[*]

刘哲 王敏[**]

摘　要： "气候与清洁空气联盟"（本文以下简称"气盟"）成立于2012年，致力于减少短寿命气候污染物（SLCPs）的排放。截至2015年7月27日，"气盟"已经拥有104个合作伙伴，全球影响显著。本文回顾了"气盟"发展的脉络，深入分析了其运行机制和综合影响，并结合国际和国内因素，探讨了"气盟"对短寿命气候污染物减排技术和市场的连带影响，同时也对我国加入"气盟"的基础条件以及利弊进行了分析。本文认为，首先，"气盟"是《联合国气候变化框架公约》（本文以下简称《公约》）主渠道外的有益补充，对融资和技术传播具有积极意义，但无法代替《公约》主渠道对全球治理的重要作用；其次，我国可以在不违背《公约》原则、与相似立场国家协商一致的前提下，有计划、有步骤地以适当形式加入"气盟"，以争取短寿命气候污染物减排领域的资金和技术支持，并积累治理经验。

关键词： 气候与清洁空气联盟　短寿命气候污染物　气候变化　全球治理

---

[*] 本文受到环保部科技司"气候变化能力建设"项目，及环保部国际司"气候变化与《联合国气候变化框架公约》谈判"项目的支持；感谢中国社会科学院城市发展与环境研究所陈迎研究员在本文修订过程中给予的指导和意见。

[**] 刘哲，环境保护部环境与经济政策研究中心，副研究员，主要从事气候变化与环境政策研究；王敏，环境保护部环境与经济政策研究中心，研究助理，主要协助研究气候变化适应领域相关问题。

"气候与清洁空气联盟"（Climate and Clean Air Coalition to Reduce Short-lived Climate Pollutants，CCAC）于2012年2月16日成立，致力于快速减少甲烷、黑碳、对流层臭氧和某些氢氟碳化物等短寿命气候污染物的排放。这些短寿命气候污染物在大气中停留的时间较二氧化碳和氧化亚氮等长寿命温室气体短，且全球增温潜势（GWP）较高，对短期全球气候影响显著。此外，短寿命气候污染物对局域空气污染贡献较大。如黑碳和甲烷，是局域雾霾天气和光化学烟雾的重要成因之一，并且对人体健康、粮食产量和生态环境有负面影响。① 减少短寿命气候污染物的排放，能够产生多方面的协同收益，特别是能在应对短期气候变化带来的极端影响及改善局域空气质量等方面产生共赢。"气盟"在本质上是一种应对气候变化和大气污染问题的"全球"自愿公私合作伙伴关系，② 具有融资的便利性和灵活性。因此可以说"气盟"是以《联合国气候变化框架公约》为主渠道的国际气候治理体系的有益补充，能够在增加融资、技术传播等领域推动减排的有效落实。"气盟"从发起至今发展迅速、影响广泛，赢得了越来越多的关注。本文从"气盟"的运行特点，及其对国际气候治理的综合影响等角度展开分析，总结其经验及优势，并探索相关启示。

一 "气盟"运行特点分析

（一）多元灵活的组织结构

"气盟"的固定组织框架如图1所示，包括一个由各合作伙伴代表组成的工作团队、一个高级别的执行委员会、一个科学顾问团、一个设立于联

---

① UNEP, Near-term Climate Protection and Clean Air Benefits: Actions for Controlling Short-lived Climate Forcers, A UNEP Synthesis Report, United Nations Environment Programme, http://www.Unep.Org/Pdf/Near_ Term_ Climate_ Protection_ &_ Air_ Benefits.pdf.
② 李培、杜譞、陆轶青：《气候与清洁空气联盟九大行动遏制短期气候污染物》，《环境保护》2013年第21期，第68~70页。

合国环境规划署的秘书处。其中，工作团队由各合作伙伴派出工作代表或联系人组成，负责督促各参与方的合作与行动，每两年选举一次，产生2位主席。每年召开至少2次工作会议。科学顾问团由10人组成，通过"气盟"工作会议推荐和选举产生，工作周期为2年，负责综述SLCPs相关科学领域的最新进展。高级别执行委员会同样由选举产生，基于科学顾问团的相关研究成果制定相

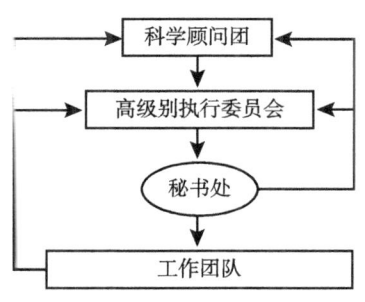

图1 "气盟"的组织框架

应的政策及未来行动计划。"气盟"秘书处设在联合国环境规划署（UNEP）总部，负责"气盟"日常运行、成果发布与信托资金的管理。

不同工作团队分头工作，仅在每年的年会上聚集在一起共同商定相关事务。在《公约》框架下往往要持续长达十多天还无果而终的谈判，在"气盟"框架下1~2天的工作会议就能解决从行动内容到资金分配的所有问题。参与"气盟"工作的很多人都同时参与政府间气候变化专门委员会（IPCC）的写作和谈判，以及《公约》谈判。在"气盟"框架下，因为组织机构较为松散，且不存在"义务-分担"等方面顾虑，切实推动了一些行动倡议的迅速展开。在这种多元灵活的组织结构下，效率得到了保障，但是也隐含着缺乏"公平"的风险。可以说，"气盟"虽是《公约》的良好补充，但是无法从根本上实现"气候公平"和"气候正义"。

（二）分布广泛的合作伙伴

"气盟"的发起方包括美国、加拿大、墨西哥、瑞典、加纳、孟加拉国6国，以及联合国环境规划署（UNEP），如图2所示。从参与国家来看，发达国家与发展中国家比例为1∶1。3个发达国家均为北极理事会成员国，是黑碳敏感国家。作为发展中国家的孟加拉国、加纳和墨西哥则分别来自亚、非、拉地区。其中孟加拉国来自受SLCPs危害严重的南亚地区；墨西哥是拉美地区应对气候变化最为积极的国家；加纳认为国内目标同"气盟"的

宗旨十分吻合，非常期待在行动计划中发挥积极作用。图2中"气盟"的发起国涵盖了亚、非、拉、美几大洲，全球视野广阔。

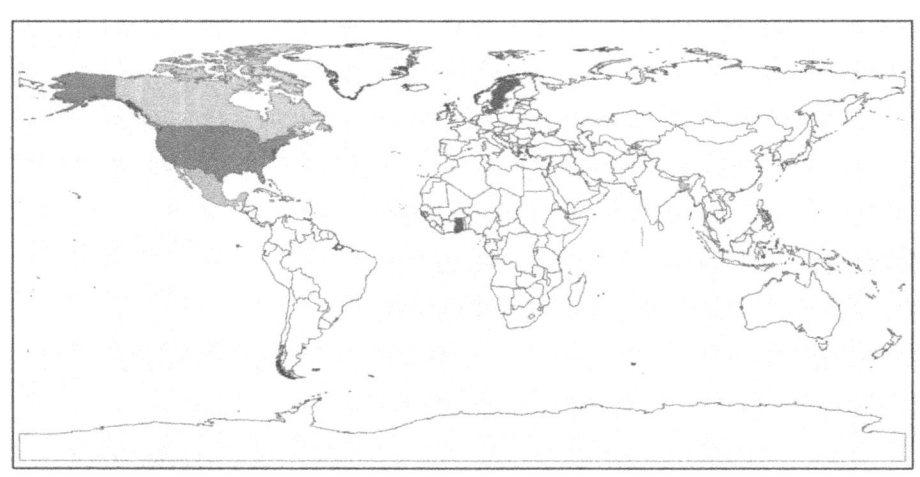

图2　"气盟"发起国示意

注：本图基于 ARCGIS 9.0 软件绘制。灰色填充区域均为"气盟"发起国。原图来源为 CCAC 官网，http://www.ccacoalition.org/。

根据"气盟"成立之初各方签订的框架性文件，"气盟"的合作伙伴可以是联合国成员国、区域经济一体化组织（REIO）、联合国框架下的非政府组织、政府间机构、区域或国际组织。经过3年多的运行，"气盟"的合作伙伴已发展到104个（见图3），其中包括46个主权国家。入盟的主权国涵盖了《公约》语境下的伞形国家、欧盟、非盟、小岛国联盟和最不发达国家。除了伞形国家外，"气盟"合作伙伴国都是《公约》谈判中的积极分子。无论发达国家还是发展中国家都期望在"气盟"框架下消减短寿命气候污染物的排放，并将这部分减排行动作为其履行《公约》义务的一部分。其中，行动最为积极的是墨西哥，该国在其向《公约》秘书处提交的"国家自主决定贡献"中将黑碳减排作为减缓目标之一，并承诺于2030年之前在基准情景下减排黑碳51%。目前，中国、印度等发展中大国尚未加入"气盟"，但是印度的企业和非政府组织代表已经加入了"气盟"，并作为印度政府观察员。

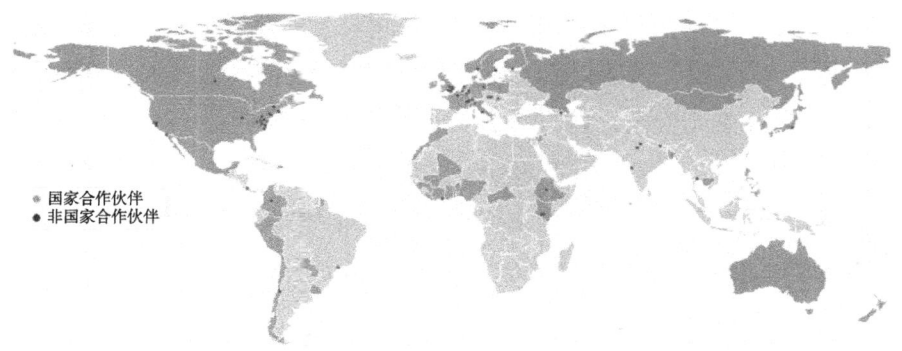

图3 "气盟"合作伙伴的全球分布

图片来源：CCAC官网，http://www.ccacoalition.org/。截至2015年7月27日，气盟共有104个合作伙伴，包括46个主权国家和欧盟。

在"气盟"的非国家合作伙伴中也不乏具有全球影响的组织和机构，如世行、联合国发展规划署、联合国环境署、世界卫生组织等；还包括具有影响力的学术机构和城市联盟，如加拿大国际可持续发展研究院（IISD）、美国环保协会（EDF）、美国自然资源保护协会（NDRC）、斯德哥尔摩环境研究所（SEI）等。这些组织和机构在气候变化行动领域影响广泛，具有很好的行动能力。虽然一些发展中排放大国尚未加入"气盟"，但在"气盟"合作框架下，一些知名的国际机构，如国际清洁交通委员会（ICCT）已经在包括中国在内的广大亚洲国家和地区开展了重型柴油车黑碳减排等相关行动。"气盟"为短寿命气候污染物减排提供了一个很好的信息交流平台，借助这个平台，主导国家很容易与其他入盟国家在气候领域建立联系，促进《公约》谈判的交流与探底，并为《公约》谈判造势。鉴于2015年底的巴黎谈判将对未来的国际气候治理格局产生深远影响，"气盟"专门为此开辟了窗口，讨论如何在《公约》框架下施加影响。"气盟"轻松友好的合作氛围，很容易凝聚共识，形成或可影响《公约》谈判的政治力量。

（三）自愿性资金安排

"气盟"成立初期，初始资金主要由美国、加拿大和瑞典提供。其中，美国承诺提供1200万美元，并通过"全球甲烷行动计划"和"全球清洁炉灶联盟"为"气盟"的减排行动提供每年各1000万美元的支持；加拿大承诺提供300万美元资金，并将《公约》下"快速启动资金"（Fast Start Finance）中的700万美元用于SLCPs长期减排项目；瑞典也承诺将提供在研究基础、能力建设以及资金方面的支持。整体来看，"气盟"下用于SLCPs减排的初始承诺资金总额至少3200万美元。这部分资金中有一些是从《公约》框架下分流出来的，可以说是对《公约》资金机制的一种分流。

"气盟"正式运行之后形成了较有规模的运营团队，负责筹资、融资和投资，这些机构包括气候变化机构投资者团队（IIGCC）、气候风险投资者网络（INCR）、一级气候变化投资者团队（IGCC）等，投资方达200余个，总融资额达2000亿美元。发达国家合作伙伴也陆续承诺出资金、出技术以进行更广泛融资。如挪威政府在华沙会议期间宣布为"气盟"出资2000万美元支持发展中国家进行SLCPs减排及制定相关行动方案；日本政府的宣传口径中也声称在SLCPs减排领域投入了不少资金和技术。这部分气候金融力量，也是对《公约》框架下气候金融的一种分化。

从"气盟"实际报告的资金运行情况来看，"气盟"的活动资金远没有启动之初各发达国家伙伴所承诺的多，而且资金来源是否与气候公约框架下重复也并未报告（CCAC，2013）。UNEP负责运行"气盟"的信托基金，2012~2015年，该基金总额约460万美元，只占当初承诺总额的约15%。其中，有290万美元已经用于"气盟"的活动经费和行政开支；120万美元用于相关项目经费，2012~2013年资金使用情况如图4所示，保守估计，实际用于项目的经费占当初承诺总资金量的不到4%。

可见，在资金问题上，"气盟"的宣传夸张了实际行动。但是，在"气盟"支持的很多行动倡议领域中，都进行了较好的宣传，并将宣传作为重要的工作内容之一，这种信号将产生融资的杠杆效应，对未来的气候资金流向产生很大影响。

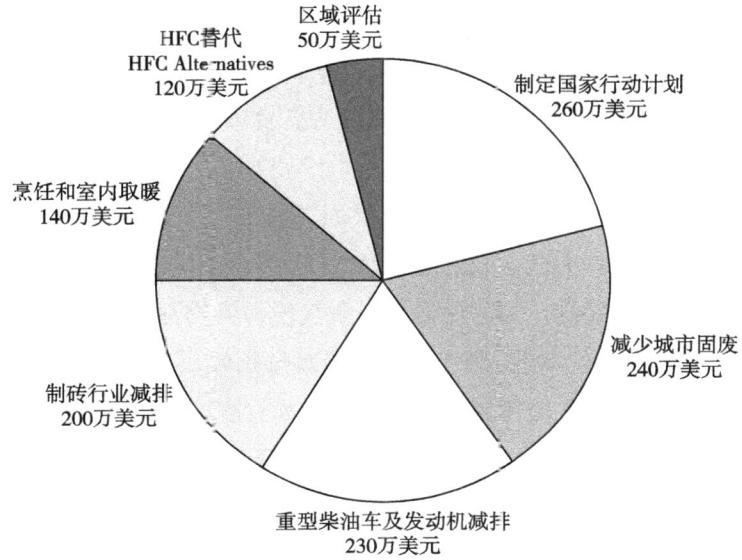

图 4 "气盟"信托基金 2012 年 8 月~2013 年 10 月资金分配

（四）广泛的国际影响

根据其初始合作协议，"气盟"的合作时间从 2012 年 2 月 16 日开始，到 2017 年 2 月 17 日结束，为期 5 年。但是在 2014 年 9 月的"气盟"年度工作会议上，各合作伙伴决议通过将合作期延长到2020年。迄今为止，"气盟"已经展开了 11 个行动倡议，并在不断审阅新的议题，取得了值得关注的成绩。目前，"气盟"已经确定了 7 个部门减排领域，包括：减少重型柴油机动车的黑碳排放；减少制砖行业的黑碳及其他污染物排放；减少城市固体废物的 SLCPs 的排放；促进 HFCs 的替代技术与标准开发；减少石油和天然气生产行业的甲烷与黑碳排放；减少家庭烹饪和室内取暖产生的 SLCPs；以及减少农业部门的 SLCPs。"气盟"还设立了 3 个交叉减排领域，包括支持国家 SLCPs 行动计划（SNAP）、减缓 SLCPs 的资金支持、SLCPs 的区域评估。[①]

---

① CCAC, 2012 - 2013 Annual Initiative Progress Report；www.unep.org/ccac.

通过UNEP等国际组织的努力斡旋，这些行动倡议在2014年9月的联合国气候变化峰会以及2014年底利马气候大会上得到了广泛宣传，特别是"绿色货运计划""清洁炉灶计划"等，被列为联合国气候峰会主题内容，产生了较为深刻的国际影响。

具体而言，在全球、区域和国家层面，"气盟"以孟加拉国、哥伦比亚、加纳和墨西哥作为试点制定短寿命气候污染物国家行动规划项目，在发现核心利益主体、提高认知、评估短寿命气候污染物总量、减排优先序列、减排措施等问题上做了相关研究。在黑碳减排领域，"气盟"在孟加拉国、智利、秘鲁、越南和东盟国家建立国家黑碳排放清单、低硫燃油目标和重型柴油车及其发动机的黑碳减排研究工作组，开展了"绿色货运行动倡议"（Green Freight Call to Action）等活动；在甲烷减排领域，"气盟"开展了包括里约热内卢、拉各斯、斯德哥尔摩、阿克拉和纽约等20个城市的固体废物行动计划、固废减排伙伴城市项目、虚拟的固废信息交流平台等，与多国能源企业合作开展了"油气甲烷减排伙伴行动"，为减少农畜粪便甲烷减排展开了相关行动和融资活动，并为甲烷减排项目建立投资平台；在HFCs减排领域，"气盟"与6国合作创建HFCs国家排放清单，并在马尔代夫展开非HFC冰箱研究计划。这些切实的减排计划在东道国，主要是发展中国家产生了深远的影响，引起了这些发展中国家对短寿命气候污染物所产生的气候影响、室内外空气污染和人体健康之间关系的重视。

二 "气盟"对国际气候治理的综合影响分析

（一）对国际治理体系法律约束力的影响

从法律形式来看，任何国家、区域组织、非政府组织等在加入"气盟"的程序上都不存在法律障碍，因为"气盟"不需要承诺任何具有法律约束力的减排义务，而且可以自行定义加入"气盟"的属性。虽然"气盟"致力于通过政府行为引导SLCPs减排，但其合作方式是建立在互信和自愿基础上的。然而，放眼国际气候治理从京都到巴黎的谈判历程，《公约》缔约方始终试图达成一项具有法律约束力的国际气候治理协议，以便从国际公共政策的角度为全球气候治理释放积极信号。一项具有法律约束力的国际气候治理协议对于未来的气候治理格局意义重大，担负着确立各国减缓和适应气候变化过程中责任分担的法律属性的作用。而"气盟"不具有法律约束力的松散结构，无疑会分散和模糊责任分担的正义问题，给国际气候治理的《公约》主渠道谈判带来一定的困难。美国是"气盟"的主要发起国和推动国。有观点认为美国一味地强调治理 SLCPs，只能反映出美国追求短期政治效应，而对国际社会共同关注的重点问题缺乏诚意。① "气盟"被认为是在《公约》谈判外开辟的第二战场，SLCPs 不涉及历史排放责任，不存在发达国家和发展中国家之间的"共同但有区别的责任原则"，美国倡导"气盟"实质上是要分散《公约》下的谈判焦点，并拖延谈判进程。

（二）对基于地缘政治的各方立场的影响

"气盟"始终宣传短寿命气候污染物的减排行动对"公众健康"、"粮食安全"、"空气质量改善"和"气候减缓"等方面的协同收益，在发展中国家与发达国家之间建立了共同的关切，吸引了为数众多的拉美国家、非盟国家、最不发达国家及小岛国等发展中国家参与其中。"气盟"中不乏激进的发展中国家代表，如孟加拉国、马尔代夫等，在"气盟"平台上加强与这些国家的交流与互动，有助于缓解发展中国家阵营内部的矛盾和分歧。此外，美、加等伞形国家在"气盟"平台上非常活跃，并充分利用"气盟"平台下的各种机会获得话语权，以期在《公约》谈判进程中给发展中排放大国施加压力。因此，发展中排放大国应该意识到在"气盟"平台下充分了解发达国家意图的必要性，对存在的潜在风险做好预案。在《公约》德班平台单轨谈判下，我国难免面临在 2020 年及其后进行总量减排的国际压

---

① 王迎、周晓芳：《"气候与清洁空气联盟"的背景及影响分析》，《环境保护》2012 年第 11 期，第 64~67 页。

力。此外,近年来我国空气质量恶化出现奇点,爆发式的雾霾事件对公共健康形成巨大风险。我国如果不能协同处理好空气污染、气候变化以及国民经济重点行业的相互协调问题,将严重影响未来经济可持续发展以及人民生活水平的提高。从现在开始到2020年只有5年时间,考虑有计划、有步骤地减排短寿命气候污染物及其他非二氧化碳类温室气体,并逐步将其纳入社会经济发展规划中,对于实现短期气候收益意义重大。只有短寿命气候污染物的减排才能切实消减未来几十年的温升影响,二氧化碳和其他长寿命温室气体的减排影响要在上百年或更长的时间尺度内才能发挥作用。

(三)对各国应对气候变化的经济性影响

从目前行动和实施效果来看,发展中国家在"气盟"框架下取得的资金和技术支持非常有限,通过"气盟"来争取低廉的减排资金和技术难度较大。但是,参与相关领域讨论和活动,能够获得一部分资金支持和技术信息,对SLCPs减排也是一种促进。北京大学相关研究团队的计算结果显示,2008年我国黑碳排放总量约为160万吨。[1] 基于中国气候变化第二次国家信息通报,2005年,中国甲烷排放量约为4445.5万吨,其中稻田甲烷排放量估计为792.6万吨,动物肠道发酵甲烷排放量为1437.9万吨,年动物粪便管理甲烷排放量约为286.4万吨;工业生产过程含氟气体排放量约为1.65亿吨二氧化碳当量;煤炭生产,废弃物处理,化工生产,制冷、电力和电子及冶金铸造等行业SLCPs排放总量为5.7亿吨二氧化碳当量,约占全国总排放量的7.6%,减排潜力可观。通过参与短寿命污染物减排项目可获得直接的资金支持,即使金额不多,也有利于在一定程度上对我国相关行业的减排进行经济补偿,是对我国政府应对气候变化大规模支出的有效补充。世界银行专家解读"气盟"是"为行动者付费"的制度安排,这点对于致力于加强应对气候变化行动的各方而言颇具借鉴意义。

---

[1] 张楠、覃栎、谢绍东:《中国黑碳气溶胶排放量及其空间分布》,《科学通报》2013年第58(19),第1855~1864页。

（四）对减排温室气体的技术传播的影响

目前，"气盟"各合作伙伴国的行动多处于起步阶段，减排措施以管理手段居多，切实的工程减排技术措施为数不多，很难估算"气盟"的具体减排量。但是，在"气盟"的带动下，发达国家的先进企业已经开始关注发展中国家的减排市场，特别是HFCs低GWP替代物、高品质柴油发动机和油品、低排放民用炉灶和工业窑炉等领域相关的技术市场和产品市场。在"气盟"过去3年多的活动中，部分发展中国家已经开放了有关数据信息，在短寿命气候污染物的排放清单、来源、行业结构等方面为"气盟"的进一步行动奠定了基础。未来，发达国家的相关企业，很容易通过"气盟"平台，将其产品和技术推向这些国家的市场。从科学研究和技术需求来看，我国已经在SLCPs领域开展了前期研究，对短寿命气候污染物的排放量、排放源等基础数据进行了初步梳理。但是相关数据基础和技术力量非常薄弱，尚不足以支撑国家行动。对于我国而言，如果不抓紧减排短寿命气候污染物的最后窗口期，做好产品和技术的政策指引，在未来，一方面国内的减排市场将成为外国企业争夺的战场；另一方面，我国自主减排的产品和技术也将丧失早期发展和壮大的窗口期。

三 结论和启示

从气候变化国际谈判角度看，各国均不能忽视短寿命气候污染物的重要性及其战略意义。短寿命气候污染物增温潜势大、减排周期短、潜力大、成本低、影响行业少，应该引起足够重视。发达国家已经将短寿命气候污染物的减排算作其减缓贡献的一部分，以抵消其减排义务。而一些发展中国家，如墨西哥也将短寿命气候污染物纳入国家应对气候变化行动方案之中。

从各国国内环境治理角度看，短寿命气候污染物减排带来的"气候""环境""健康"协同收益高，对于可持续发展过程中的协同增效意义重大。我国持续高速的经济增长所产生的自身环境问题对全球环境变化的贡献和影

响受到了广泛关注；甚至是质疑和批评，国际上的"中国环境资源威胁论"已经影响了我国的整体利益。对短寿命气候污染的国内治理和国际合作进行战略考虑，有利于我国相关产业的可持续发展，并实现空气质量改善、短期温升减缓等方面的多重收益。

我国可以考虑以灵活的方式参与"气盟"行动，但需要严格定义相关参与方式的属性，相关活动可通过项目展开。重点关注短寿命气候污染物的减排信息，加强国际交流、合作与宣传，树立良好形象。

G.9 气候变化对北极地区安全的影响*

于宏源**

摘　要： 气候变化与北极地理环境关系密切，两者具有协同安全效应，北极对整个地球变化的动力机制、生态、海洋循环和气候变化都具有显著影响。气候变化对北极地区安全的影响主要体现在三个方面：一是全球气候变化对北极生态系统的均衡造成极大的破坏；二是气候变化激起了北极域内外国家对北极丰富资源的更大兴趣，引发北极地缘经济的更大竞争；三是气候变化引发北冰洋海域的争夺和跨界冲突等将会改变北极地缘政治现状。北极的生态安全、资源安全和地缘安全三者相互影响，平衡三者之间的关系是对人类智慧和能力的考验。

关键词： 气候变化　北极　非传统安全

气候变化问题是当今人类社会面临的最严峻的非传统安全挑战之一，无论从生态脆弱性还是从社会经济发展与地缘政治变化来说，北极都是受气候安全影响最大的区域。气候变化与北极地理环境关系密切，两者具有协同安全效应。北极对整个地球变化的动力机制、生态、海洋循环和气候变化都具

---

* 本文是国家社会科学基金重大项目"中国参与全球治理的三重体系构建研究"（12&ZD082）的阶段性成果。
** 于宏源，上海国际问题研究院比较政治和公共政策所所长，研究员。

有显著影响,① 而且在气候变化等因素的推动下,北极地区因其蕴藏的巨大资源和占据重要国际能源航道的特殊优势,已日益成为国际地缘政治版图的战略要地。

一 气候变化与北极生态环境保护

气候变化对北极地区最明显的影响是海冰、冰川、雪的减退。近百年来气候变化正使全球一些重要的系统失去原有的平衡,产生不稳定,包括海洋与大气环流模态改变、亚洲季风减弱、北大西洋温盐环流调整、北极海冰快速融化、冰川和格陵兰冰盖快速退却②。美国国家情报委员会在其《2025年全球趋势》(*Global Trends 2025*)中指出,北极季节性的无冰状态甚至在2013年就有可能出现。2007年是有记录以来最炎热的一年,格陵兰岛出现历史纪录的冰量融化。这样的温度最终可能导致北冰洋夏季没有海冰,北极冰洞面积及未来北半球积雪面积将进一步减小,大部分多年冻土的融化深度增加。20世纪下半叶,北极海冰面积明显减小,北极春季海冰厚度减少40%③。北极南部分水岭地区的变暖估计会使温度增加2℃,从而造成永久冻土的融化,北冰洋海冰范围在1979~2012年每十年缩小3.5%~4.1%,海冰厚度自20世纪50年代以来持续变薄④。

北极系统性变化会对全球气候生态安全产生重要影响,即气候变化引起北极生态环境变化,北极生态环境变化影响全球气候安全,北极和气候变化密切相关:北极直接影响全球大气环流、融化的冰雪的反射率将降低从而推

---

① Arctic Council, "Arctic Marine Strategic Plan," November 24, 2004, http://www.pame.is/index.php/projects/arctic-marine-shipping/amsa/, 2014-12-6.
② 郑国光:《适应气候变化是我国可持续发展的战略选择》,载王伟光、郑国光主编《应对气候变化报告(2011德班的困境与中国的战略选择)》,社会科学文献出版社,2011。
③ 左军成、蔡榕硕:《第七章 近海与海岸带环境》,秦大河等主编《中国气候与环境演变:影响与脆弱性》(第二卷),气象出版社,2012,第230-245页。
④ Intergovernmental Panel on Climate Change (IPCC), "Climate Change 2014 Synthesis Report: Summary for Policymakers," http://www.ipcc.ch/pdf/assessment-report/ar5/syr/AR5_SYR_FINAL_SPM.pdf, 2015-9-23.

动气候变暖、北极地区冰层融化推动全球海平面上升。北极冰川融化引发全球海平面上升一直是全球气候变化关注的重要议题，北极冰雪融化会导致极地重量向赤道转移，引发地球物理属性的重大变化，成为整个人类未来最大的生态威胁之一。北极变化还会影响全球海洋循环，气候变化将最终导致北冰洋夏季没有海冰，而冰川和格陵兰大冰原融化而成的水将会改变北冰洋的淡水源，从而最终影响海洋循环①。海平面上升和海洋循环的改变都会给人类安全带来负面影响。

对北极区域来说，气候变化带来了北极地区温度的升高和环境系统的变迁，以及生物多样性变化。温度升高带来的冰雪融化以及生态变化正在对该地区的野生动物造成影响，南北两极部分生态系统已经发生了明显变化。动植物物种地理分布朝两极和高海拔地区迁移。树叶发芽、鸟类迁徙和产蛋等春季特有现象提前出现，生态失衡现象开始出现②。北极理事会的可持续发展工作小组（SDWG）在《脆弱性和适应气候变化》报告中提出，气候变化和人类在北极地区的活动增多影响了北极的生物多样性，高级北极生物和海洋生物的多样性已经遭受气候变化的负面影响。气候变化在北极地区的影响变化速度相对缓慢，故而容易被人忽略。特别是北极地区环境变化是在30年内持续发生的，因此人类往往忽视了北极生态环境系统的缓慢变化及其带来的生态灾害。北极生态环境系统也是几乎不可逆转的，必须付出相当大的努力和成本来降低这些伤害。

二 气候变化与北极能源资源安全

北极地区蕴藏大量资源，根据美国地质调查局报告，北极地区未探明的

---

① World Meteorological Organization, "The Global Climate 2001 – 2010 A Decade Of Climate Extremes Summary Report," pp. 7 – 9, http：//www. wmo. int/pages/mediacentre/press_releases/pr_976_en. htm，2014 – 11 – 3.

② Martin Sommerkorn, Susan Joy Hassol, "Arctic Climate Feedbacks: Global Implications," WWF International Arctic Programme, August, 2009. http：//assets. panda. org/downloads/wwf_arctic_feedbacks_report. pdf, 2014 – 5 – 3.

石油储量达到900亿桶，占世界石油储量的13%；天然气47万亿立方米，占世界储量的30%；可燃冰440亿桶，新增储量的80%来自北极海洋。这些油气主要集中于北冰洋国家的沿岸和附近海域，特别是俄罗斯北部沿海与巴伦支海地区。此外，北极地区还拥有丰富的稀有金属、石墨、稀土等矿藏。北极地区的煤炭资源储量超过1万亿吨，超过全世界其他地区已探明煤炭资源总量。[1]气候变化使北极航道开发的前景日益明朗化，也使得北极资源开采的可能性和便利性大大增加，因为气候变暖使得这些资源开采的条件大为改善，德国航运协会国际和欧盟事务部部长丹迪·豪瑟（Dandiel Hosseus）指出，"气候变化使得欧亚之间的航行变得容易。但真正驱动北极航行的动力是自然资源的价格。价格瓶颈一旦打破，北极地区资源的开采就会启动，与资源开采相关的设备运输、资源运输和其他物品运输将日益频繁"。从一般意义上看，北极资源开发和环境保护主要围绕两种逻辑展开。一种逻辑是北极理事会及其成员国的观点，即在坚持可持续发展原则基础上进行资源开发。北极国家在资源开发过程中，也通过各种治理机制强调保护自然资源：维护北极原住民生态，保护野生生物，促进油气资源可持续开发，确保经济活动在北极海域造成的污染不超过环境的自净能力，等等。另一种逻辑是以绿色和平组织为代表的生态环保激进主义的观点，即禁止开发的观点。绿色和平组织对北极生态环境的未来抱有浓厚的悲观情绪和危机意识。在绿色和平组织成员看来，北极的最大祸害是资源开发和追求经济增长，他们主张应该在北极范围内停止资源开发，停止物质资料和人口在该地区的增长，回到"零开发"的道路上去。这两种逻辑代表了两个完全不同的北极治理思路，同时也反映出国际社会在北极治理问题上截然相反的取向和选择。

北极资源开发和北极原住民传统生活方式之间也存在矛盾冲突，对原住民可持续的狩猎、捕鱼和采集等产生了不利影响。[2]原住民正经历着气候变

---

[1] British Petroleum (BP), "2012 in Review," 2012, http：//www.bp.com/centres/energy2013/2013in.

[2] "Arctic Offshore Oil and Gas Guidelines White Paper No. 3：Implementing the Arctic Offshore Oil and Gas Guidelines in the United States and Canada," www.vermontlaw.edu/energy/news.2014-3-2.

化对他们家园的最直接的影响,也面临着自然资源开发产生的日益严重的压力。一方面,北极原住民和相关环境组织提倡捍卫传统的生活方式,抵制人为力量对生机勃勃、变幻莫测的北极地区自然环境的破坏,要求北极理事会加强对《北极近海岸油气开采指导方针》实施的监督。另一方面,原住民和北极资源开发企业也在不断博弈,谋求己方最大的利益,2011 年 5 月在格陵兰岛努克召开的北极理事会部长级会议上,由来自加拿大、阿拉斯加、格陵兰岛和俄罗斯的因纽特人通过了《极地因纽特努纳武特地区资源责任开发原则宣言》强调因纽特人是资源开发的主要受益人,平衡开发的风险和收益,因纽特环境理事会和其他原住民组织要求在北极地区为可持续的经济发展创造条件。阿拉斯加原住民也强调他们希望在未来积极地参与阿拉斯加的化石燃料开采。2010 年《因纽特主权宣言》宣告原住民有权参与开发过程并从中获益,支持"在做好环境保护的基础上,有条件地开发北极地区的资源"的观点,并要求在北极地区为可持续的经济发展创造条件。

  随着气候变化的加剧,北极出现了生态安全恶化和经济机会反向上升的现象。北极独特的自然环境和生态系统是开发北极资源最严重的挑战。《北极近海油气开发指南》认为北极油气开采活动产生的最大威胁是在生态环境脆弱海域发生的油气泄漏,这会危及北极重要的动物栖息地和濒危物种。与地球上其他海域相比,在极地冰区发生的油气溢出以及开采人员和设备带来的污染更加难以清理,大自然本身的修复进程也更加缓慢。这些污染和排放将给脆弱的极地生态系统带来严重的后果。① 从公司成本收益看,在北极海域钻探油气,石油公司会因为环境保护和设备可靠性要求的提高产生新的成本。在阿拉斯加北坡油气田项目的投资要比得克萨斯州同样的项目投资高出很多,在北海水域开采油气的成本要远远低于挪威的巴伦支部分海域。溢油事故带来的赔偿很可能会使一家石油公司陷入危机。因此,北极资源开发和环境保护之间始终存在着难以调和的矛盾,北极理事会及其成员国坚持在

---

① 姚冬琴:《专访外交部气候变化谈判特别代表高风:开发北极成本高,一定要谨慎》,《中国经济周刊》2013 年 5 月 28 日,http://news.ifeng.com/shendu/zgjjzk/detail_ 2013_ 05/ 28/25769583_ 0.shtml。

可持续发展原则基础上进行资源开发。北极国家在资源开发过程中，也通过各种治理机制强调保护自然资源、维护北极原住民生态、保护野生生物、珍惜油气资源以及规定经济活动在北极海域造成的污染不能超过环境的自净能力等。而环保组织（如绿色和平组织）以及部分原住民组织则坚持禁止开发的观点。

三 气候变化与北极地缘安全

由于气候变化，北极的冰融速度不断加快，北极航道的商业化运营前景更加广阔，加之北极能源矿产储量极其丰富，因此北极寒地正成为热土。面对这一系列的变化，正在成为热土的北极地区环北极国家，尤其是环北极的大国在地缘政治和权力政治的影响下对这一区域的再度争夺，对北极地区的地缘政治和安全形势变化产生了极大的影响。具体而言，气候变化引发北极区域的领土、海洋划界和岛屿等地缘政治争端，如所谓北极五大争端：在白令海峡问题上美国对俄罗斯；在波弗特海问题上美国对加拿大；在戴维斯海峡问题上加拿大对丹麦（格陵兰）；在巴伦支海问题上挪威对俄罗斯；在斯瓦尔巴特群岛地位问题上挪威对俄罗斯和其他国家，这些已经成为潜在的传统安全冲突①。

第一，领土方面的争端。加拿大和苏联曾提出"扇形原则"，即"位于两条国界线之间直至北极点的一切土地应当属于邻接这些土地的国家"。②美国、挪威等其他北极国家通过各种方式明确表示反对。目前，北极最引人注意的领土争端发生在汉斯岛（见图1），这座争议中的小岛地处北极圈以内，面积虽只有1.3平方千米，但位于丹麦所属的格陵兰岛和加拿大所属的埃尔斯米尔岛之间的肯尼迪海峡内，是未来"黄金水道"——西北通道的

---

① Heather N Nicol and Lassi Heininen, "Human security, the Arctic Council and Climate Change: Competition or Co – Existence?" *The Polar Record*, Vol. 50, iss. 1, 2014, p. 80 – 85.
② 李文政：《加拿大强化宣示北极主权》，http://news.mop.com/zi/ms/2007/0813/0711119200.shtml，最后访问2009年4月5日。

东部入口①。对丹麦和加拿大两国而言,掌控汉斯岛预示着在未来的北冰洋权益分割中占据优势,两国已多次通过各种方式宣示对汉斯岛的主权。两国的争端在于汉斯岛本身,而不在于该岛周围的水域、海底或航海权。

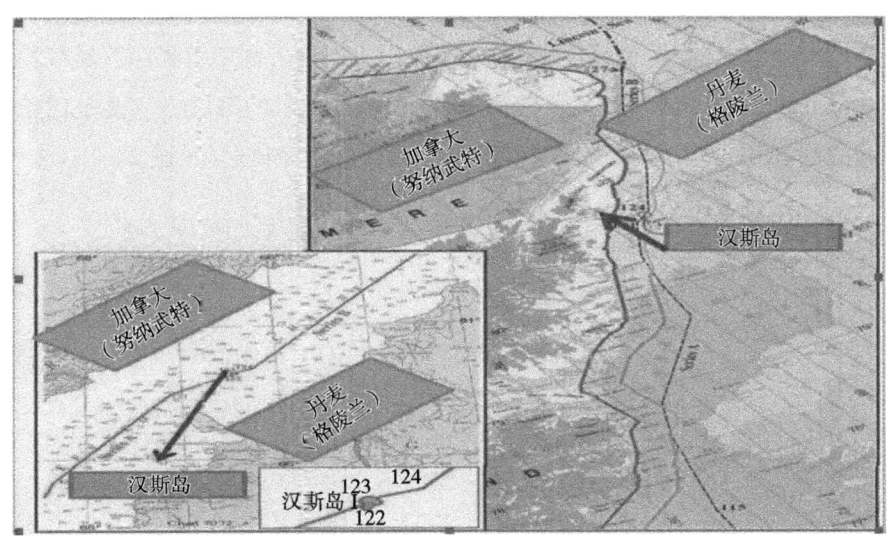

图1　汉斯岛争端示意

第二,海域划界方面的问题。北极地区存在以下较典型的划界争端。一是加拿大与丹麦在北冰洋地区的海域划界,两国面向北冰洋的专属经济区和大陆架尚未划界。二是俄罗斯与美国在白令海的划界争议,按照俄罗斯在北极采用的直线基线划分方法,俄罗斯在北冰洋占有三大群岛,分别是新地岛、北地群岛和新西伯利亚群岛。美国对俄罗斯在北冰洋的直线基线提出了抗议②。三是美国与加拿大在波弗特海(Beaufort Sea)海域划界争端。四是俄罗斯、冰岛、丹麦和挪威关于大陆架外部界限的冲突,挪威的划界覆盖了

---

① Arctic Council,《Arctic Marine Strategic Plan》, November 24, 2004, http://www.pame.is/index.php/projects/arctic-marine-shipping/amsa/, 2014-12-06.
② "Svalbard and the Surrounding Maritime Areas," http://www.regjeringen.no/en/dep/ud/selected-topics/civil-rights/spesiell-folkerett/folkerettslige-sporsmal-i-tilknytning-ti.html?id=537481/, Accessed 2014-8-15.

挪威大陆、法罗群岛、冰岛和扬马延200海里以外的整个区域，以及挪威和俄罗斯之间的争议区域。争议的区域包括位于巴伦支海的圈洞和北冰洋的西南森海盆中的200海里外的大陆架。2002年3月20日，挪威就2001年12月20日俄罗斯划界案向联合国秘书长提交照会。挪威与苏联一直在商讨巴伦支海域的划界问题，前者主张中心线原则，而后者则坚持采用区域线原则（sector-line principle）。此争议涉及15.5万平方千米的海域，主要是巴伦支海域的圈洞和北冰洋的西欧亚南森海盆（Nansen Basin）（见图2）。

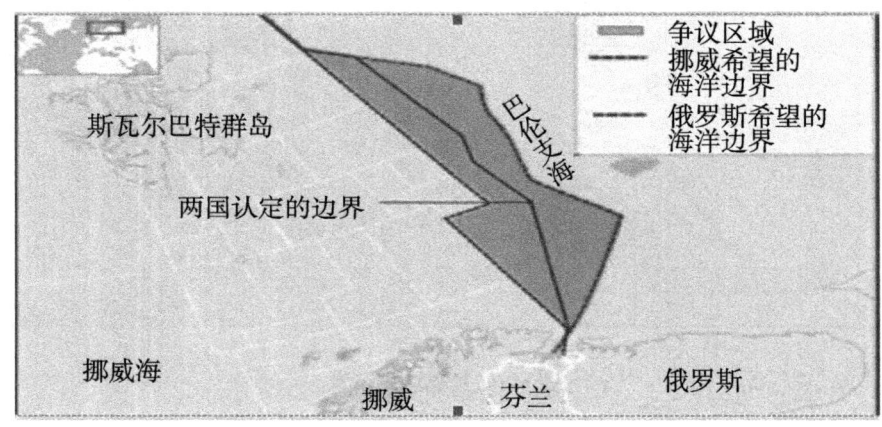

图2　巴伦支海附近争议边界示意

第三，专属经济区的矛盾。北冰洋实际上是被美国、加拿大、挪威、芬兰、丹麦、冰岛、瑞典和俄罗斯这八国的领土包围的一个海域，北极海洋问题的实质就是这些国家为了获得更多的北极利益而产生的问题。根据《联合国海洋法公约》确立的有关专属经济区的200海里的制度，各国尽可能地将本国在北冰洋上的大陆架延伸到200海里以外。如图3所示，各国在专属经济区范围方面仍存在争议，包括之前达成协议的斯瓦尔巴群岛专属经济区也存在冲突。围绕斯瓦尔巴群岛区域的管辖和利用问题，挪威和其他国家之间产生了尖锐的矛盾。

第四，大陆架争端。争议主要集中在罗蒙诺索夫海岭的大陆架划分上。该海岭位于北冰洋海底，从格陵兰岛北部经过北冰洋一直延伸到西伯利亚。

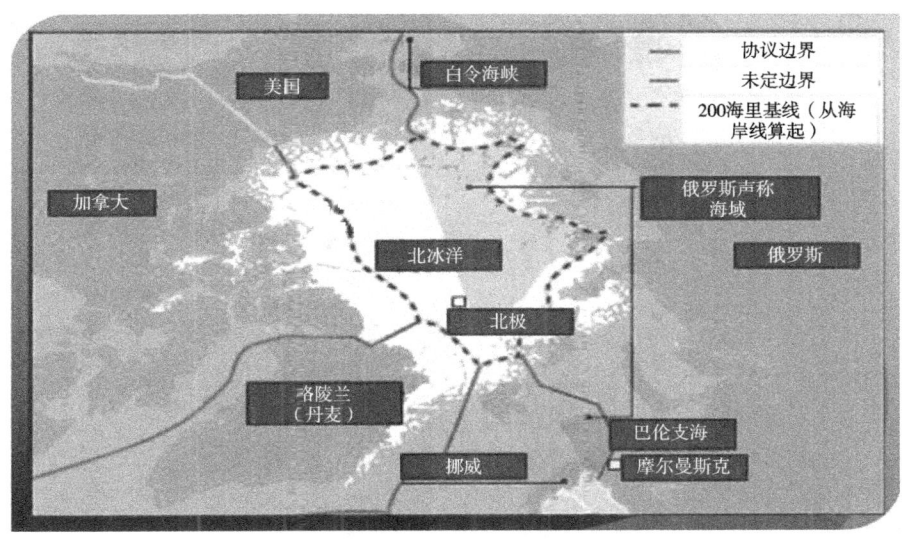

图 3　俄罗斯、冰岛、丹麦和挪威关于北冰洋专属经济区的冲突示意

俄罗斯、加拿大和丹麦均对其大陆架的自然延伸提出主权诉求，对于这种有可能重叠的要求，大陆架界限委员会将如何应对，能否就分界线问题在国与国之间达成协议，仍是一个尚未解决的问题（见图4）。近年来，挪威声称斯瓦尔巴群岛及其大陆架是挪威大陆架的自然延伸，因为挪威大陆架由挪威陆地北部延伸到群岛以及以外的区域，所以斯瓦尔巴群岛位于挪威大陆架上，群岛水域的大陆架也是挪威大陆架的一部分，斯瓦尔巴群岛没有独立的大陆架。①

总之，气候变化尤其是气温的持续升高使北极的冰融速度日益加快，以往冰冻的航道拥有了新的航行价值，因此给北极航道的商业化运营带来了更加广阔的前景，此外，北极能源矿产储量极其丰富，开采这些能源矿产有了更大的可能性，因此北极寒地正成为热土。在新情况下，美国、俄罗斯、加拿大、丹麦、挪威、冰岛等国家存在的海洋划界争端日益显现并激化。而

---

① "Svalbard and the Surrounding Maritime Areas," http：//www.regjeringen.no/en/dep/ud/selected – topics/civil – – rights/spesiell/folkerett/folkeretsslige – sporsmal – i – tilknytning – ti.html?id=537481/，Accessed 2009 – 08 – 15.

125

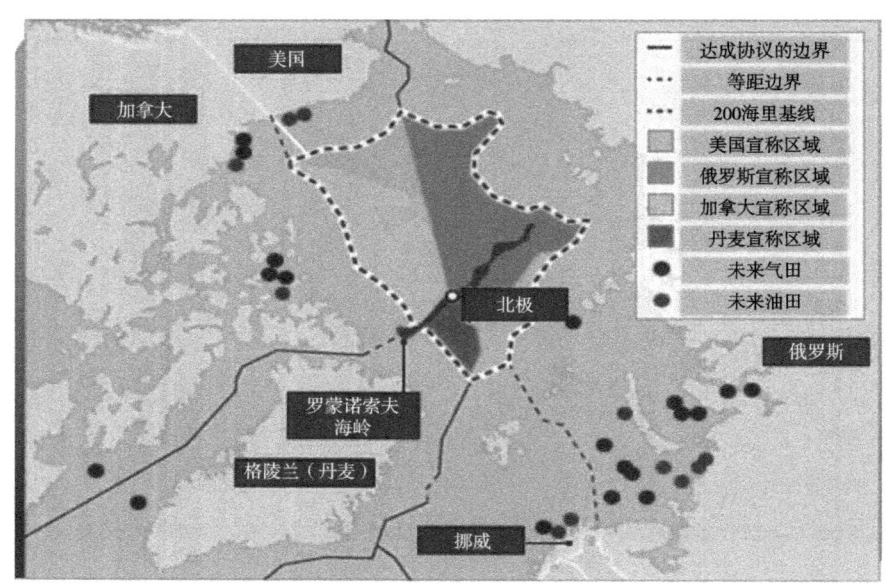

图 4　罗蒙诺索夫海岭的大陆架划分示意

且，北极国家所争夺的多为北极的现实重大利益，如海域、大陆架划分、资源管理与分配、军事利用、航道管辖等，其中核心冲突是海域、航道和资源之争，因为这三个方面的争夺牵涉国家主权和主权权利问题，也涉及北极最核心的政治与军事利益，而这三种冲突都可以归结为北极国家在北极地区的管辖区域和空间争夺。这些矛盾大多是很难调和的。另外，北极域外国家和北极国家之间的在北极地区的利益争夺也日趋激烈。这些都对北极地区的地缘政治、安全形势变化以及治理秩序产生了极大的影响，形成潜在的安全冲突因素。

四　结论和展望

综上所述，如果某一行动或事件在一段时间内严重威胁并降低一国居民的生活品质，缩小国家内部决策者的选择范围，那么该行动或事件就构成对国家安全的威胁，属于国家安全范畴。从这个意义上讲，气候变化威胁属于国家安全范畴。北极地区作为一块"公域",存在很多影响该地区安全的因素,其中,尤以生态环境安全、资源安全和地缘政治安全最为重要。而且,气候的变化使这些安全问题变得更加复杂,同时使这些问题的解决有了更大的不确定性。气候因素影响下的北极地区安全形势更加复杂化,也具有更大的紧迫性。

首先,北极气候的系统性变化对全球气候生态安全产生重要影响。一方面,从整个人类生态系统来说,气候变化带来北极安全问题的影响层面很多,具有"牵一发而动全身""不可分割"等整体性特性,北极对全球生态系统稳定性的影响,北极臭氧层损耗,北极冰川融化等生态问题关系着世界各国的切身利益。另一方面,北极自身的生态系统特别脆弱,自我修复能力不强。如果北极生态遭到破坏,不仅对北极众多物种的影响巨大,而且很可能导致不可预测的全球性的生态变化。

其次,气候变化带来的北极安全问题并非单纯的生态环境问题,而是与经济、资源、能源等其他非传统问题紧紧联系在一起,相互影响、相互作用。气候变化对北极资源安全问题提出了新的挑战。随着气候变化的加剧,北极出现了生态安全恶化和经济机会反向上升的现象,同时气候变化带来了北极资源开发相关规则的变化,从而引起了各国的竞争。除此之外,北极资源开发和北极原住民传统生活方式之间的矛盾冲突,对原住民可持续的狩猎、捕鱼和采集等产生了不利影响。北极国家以及北极域外国家之间的利益冲突大多涉及北极的实质性利益,包括北极资源、领土、海域、大陆架的划分、军事利用、航道管辖等。① 此外气候环境变化对经济开发并不一定利好,北欧一些学者认为,虽然冰层融化会提高一些陆上和海上区域的利用,但是高流动性的北极海冰、经常性北极裂冰、天气异常以及更严重的海岸侵蚀等其他影响会给北极海上运输和石油开发制造很多新的挑战和危险②。

---

① 《联合国千年首脑会议成果文件》,2005 年 9 月 15 日,http://www.un.org/reform。
② Olav Schram Stokke, "Environmental security in the Arctic", *International Journal*, Vol. 66, No. 4, 2011, pp. 835 – 848.

再次,气候变化引发北极区域的领土、海洋划界和岛屿等地缘政治安全问题。虽然随着科技的发展和生产力水平的提高,人类利用和改造环境的能力增强,并可以在一定程度上突破环境对人类的影响与限制,但无论科技水平有多高,人类不可能摆脱自己世代生活的环境。环境与人类的矛盾永存,因而地缘政治理论也就永远有其自身的价值。就北极地区而言,气候的变化使该地区地缘政治安全出现了更大的变数。其地缘安全的核心冲突是海域、航道和资源之争。就海域、大陆架划分、资源管理与分配、军事利用、航道管辖而言,很多矛盾是很难调和的。因为这些方面的争夺涉及国家主权权利问题,也涉及北极最核心的政治与军事利益,而这些冲突都可以归结为相关国家在北极地区的管辖区域空间争夺,特别是北极相邻国家不断增加甚至炫耀北极军事存在。虽然《联合国海洋法公约》在处理北极事务中的权威不断提高,各国更加认同和平与合作等安全处理形式,但是依靠传统安全的现实主义政治博弈已无法有效应对诸如北极环境、气候变化、生态平衡、物种保护等问题。

气候变化下的北极安全问题已成为国际社会的一个重要议程,北极生态系统和政治经济地缘关系处于快速变化之中。各国和关于北极安全的政治经济活动增加,围绕北极环境安全保护、资源安全治理和地缘安全利益分配等呈现较为激烈的政治博弈。正如欧盟所认为的,北极地区不仅是一个地缘政治空间,而且是一个地缘经济及地缘生态空间。气候变化给北极地区带来的安全问题构成了北极治理的新挑战。即气候变化带来的油气等资源的开采条件的改善,既引起相关国家和公司的兴奋,也引起了国际社会更深层次的担忧。然而,北极地区作为全球生态最脆弱的地区之一,在开发的过程中,如何平衡资源开发和生态保护,北极国家之间以及北极国家和域外国家之间的权利分配从而保障地缘政治安全是气候变化条件下北极地区治理的核心问题。北极的生态安全、资源安全和地缘安全三者具有协同关系,需要平衡生态安全、原住民安全、北极域内国家安全和人类共同安全等矛盾。在人类共同安全领域,北极作为"全球公域",在联合国合法范围内需要实现人类科技、环境和经济利益共享。尽管北极地缘安全争端(如领土领海争端和海域划分），①北极域外国家是无从插手的，但是相关航道的治理和规则建制也属于人类共同安全，需要在全球对于公海和区域的共识基础上实现人类共同的北极航道安全。

为应对这三大安全挑战，包括北极地区国家及域外国家在内的整个国际社会都在行动。早在1991年6月，八个北极国家便签署通过了《北极环境保护战略》，该战略确立了北极地区环境保护的五个具体目标：第一，保护包括人类在内的北极地区的生态环境；第二，保护、提高和恢复环境质量并且确保当地人口和北极地区的原住民可持续利用自然资源；第三，在北极地区的环境保护方面，尽可能承认并包容原住民自我确认的传统和文化需求、价值及习惯做法；第四，定期检查北极地区的环境状态；第五，确认、减少并最终消除污染。除此之外，围绕北极地区生态环境、资源开发和边界划分等问题的多边会议机制及国际性或地区性条约也日渐丰富，俄罗斯、美国、加拿大、瑞典等国家也通过制定国家政策来保护北极地区的生态环境和资源安全，缓和或解决地缘政治争端。2013年普京在第三届"北极——对话之地"国际论坛上强调，"保护北极大自然，保障经营活动、人类生存和环境保护之间的平衡是北极发展的主要原则和前提"。② 普京还表示，俄罗斯作为北极最大的国家将在北极理事会、世界自然基金会和联合国环境规划署计划范围内与北极其他国家紧密合作，共同研究，并制定统一的北极生态标准。美国2009年北极政策的宗旨是：确保国土安全；保护北极环境和生物资源；保证资源开发和经济发展的可持续性；促进北极八国间的合作；吸收北极原住民参与有关北极议题的决定；提高对区域性、全球性环境问题的科学监测和研究。该政策在强调确保国土安全的同时，将保护北极生态环境的目标置于经济发展之前，要求经济的发展与资源的开发要尊重环境的承载能力。瑞典政府的立场是，考虑到北极独特的条件、敏感的环境和濒危的野生

---

① Melissa Bert, "The Arctic in Transition – A Call to Action," *Journal of Maritime Law and Commerce*, Vol. 40, iss. 4, 2009, pp. 481 – 509.

② "Выступление президента Путина," http://www.kremlin.ru/transcripts/19281, 2014 – 12 – 03.

生物，应该在资源不被耗尽的同时也能支持其他工业的发展。

中国强调北极的生态安全对全球其他地区的经济和环境都有重大影响，北极合作既应该是区域性的，也应该是全球性的。根据《联合国海洋法公约》等，中国在北极地区享有"航行权"、"科学研究权"和"海底使用权"等①，此外《联合国海洋法公约》所确立的便利交通原则、公平利用海洋原则和可持续发展原则都可成为中国在北极主张权利的依据。中国也是《斯瓦尔巴德条约》缔约国之一，享有该条约赋予缔约国在其所属北极水域的科研和经济活动等权利。因此在应对气候变化给北极带来的种种安全问题的时候，中国作为联合国安理会常任理事国和《联合国海洋法公约》的缔约国，是气候变化国际制度的重要建设者，这就决定了中国在北极相关安全合作中应当承担的责任。首先，应对北极各种安全问题应该遵守现行联合国国际法规范，尊重北极国家主权。在北极争议区域法律地位的确定方面，支持联合国等国际法治理框架，而非传统地缘政治方式对大陆架、领海、专属经济区的划界。其次，北极对全球生态系统稳定性的影响，北极臭氧层损耗，北极冰川融化等生态问题直接危害全球气候生态安全，关系着人类共同切身利益。中国应该支持2015年巴黎气候大会签订新的全球气候变化协议，并促进有关北极地区生态和气候的法律制度建设。最后，中国参与北极资源开发和生态安全保护工作既有充足的法律依据也必须承担相应的义务，在北极资源开发、污染防治、物种保护、气候变化应对等各个方面依据国际法规定承担相应责任。

---

① 《联合国海洋法公约》赋予其缔约国在北极区域的权利还包括：第87条确定的在公海建造国际法所许可的人工岛屿的权利，第116条公海上自由捕鱼权，第117条和第118条所确认的生物资源开发权，第200条鼓励交换所取得的关于海洋环境污染的情报和资料的权利。

G.10
2015年后发展议程与全球应对气候变化行动

陈 迎*

摘　要：	在总结千年发展目标实施经验教训的基础上，2015年联合国首脑峰会通过了2015年后发展议程，包括一套涉及17个领域的可持续发展目标，应对气候变化作为可持续发展目标之一受到国际社会的高度重视。2015年也是国际气候进程的关键年，年底的巴黎气候大会有望达成新的国际气候协议。两大进程之间具有紧密的联系。一方面，气候变化的不利影响对人类可持续发展构成现实威胁；另一方面，实现可持续发展目标的实现与应对气候变化的目标相辅相成，相互促进。未来落实可持续发展目标仍面临诸多挑战，应发挥协同效应，促进可持续发展目标的实现与全球应对气候变化行动的落实。
关键词：	2015年后发展议程　千年发展目标　可持续发展目标　国际气候进程

对于全球可持续发展进程而言，2015年注定是一个具有划时代意义的重要年份，因为2015年不仅是实现千年发展目标（MDG）的最后期限，

---

* 陈迎，中国社会科学院城市发展与环境研究所，研究员，研究领域包括全球环境治理、环境经济、气候变化政策等。

也是制定2015年后发展议程和新的全球发展目标的关键转折点。过去15年，通过千年发展目标的实施国际发展合作取得了重大进展，但仍需继续努力；未来15年，全球可持续发展目标（SDG）的实施面临更加严峻的挑战。气候变化作为人类可持续发展面临的最严峻挑战之一受到国际社会的高度重视，被列为SDG的第13个目标。而2015年对国际气候进程而言也至关重要，年底的巴黎气候大会有望达成新的国际气候协议，决定未来15年国际气候进程的走向。除了时间点的重合，二者之间的联系显而易见。2015年后发展议程的制定和实施无疑将对国际气候进程具有重要而深远的影响。

一 实施千年发展目标的成就和未尽的目标

以《联合国千年宣言》为指导，千年首脑峰会以发展与消除极端贫困为中心，2015年为目标年，确定了八大重点领域和21个可操作的具体目标，统称"千年发展目标"。作为国际发展合作的重要成果，联合国定期发布报告，评估各项目标的实施情况，以推动千年发展目标的实现。区域国际组织和一些国家定期发布千年发展目标实施情况的报告。2015年7月，联合国经济和社会事务部发布了《千年发展目标报告2015》[①]，高度评价实施千年发展目标的成就是"空前的努力取得意义深远的成绩"。报告列举的翔实数据表明，所有的目标都已取得显著进展，全球为实现千年发展目标所付出的努力，挽救了数以百万计的生命并改善了世界上很多人的生活条件。基本实现全球极端贫困人口减半、小学教育性别均等、无法获取改善的饮用水源的人口减半等具体目标。例如，1990年发展中地区近一半的人口依靠低于一天1.25美元生活，而到2015年这一比例下降至14%；发展中地区的小

---

① 联合国：《千年发展目标报告2015》，http://www.un.org/zh/millenniumgoals/news.shtml。有关第8大目标"构建促进发展的全球伙伴关系"的详细评估参见UN: "Taking Stock of the Global Partnership for Development," *MDG Gap Task Force Report 2015*, http://www.un.org/millenniumgoals/pdf/MDG_Gap_2015_E_web.pdf。

学净入学率从2000年的83%提高到2015年的91%；1990年至2015年间，全球5岁以下儿童死亡率下降超过一半；1990年以来，新增26亿人可获取经改善的饮用水，新增21亿人可获取经改善的卫生设施；等等。

在细数上述成就的同时报告也承认，不平等依旧存在，很多领域进展很不均衡，最贫穷和最弱势的人被落在了后面，冲突仍是人类发展的最大威胁。今天全球仍有8亿人生活在极度贫困中，忍受饥饿，无法获取基本服务。1.6亿多名5岁以下儿童缺少足够的食物，5700万名小学教育适龄儿童失学。每天约有1.6万名5岁以下儿童死亡。约24亿人仍在使用未经改善的卫生设施，发展中国家城市中约有8.8亿人居住条件类似贫民窟。报告还特别强调在环境领域，自1990年以来全球二氧化碳排放量增加超过50%。应对气候变化造成的不利影响，如生态系统的改变、极端天气和社会风险，是全球面临的重大而紧迫的挑战。

联合国全面评估15年来千年发展目标的成就和差距，目的在于促使千年发展目标的未尽目标在2015年后发展议程中得到继续关注，同时为2015年后发展议程的制定提供可借鉴的经验和应该吸取的教训，呼吁各国领导人和利益相关方能够同心协力地制定真正普遍适用、变革性的新的发展议程，确保世界各地所有人都有可持续的未来和有尊严的生活。

二 2015年后发展议程的国际进程

人类社会面对全球可持续发展的新形势和新挑战，需要深刻反思自身的发展模式，认真思考未来的发展道路。2015年后发展议程需要总结吸取制定和实施千年发展目标的经验教训，继续关注尚未实现的千年发展目标，但绝不是千年发展目标的简单延续。

1. 后千年目标的咨询和讨论

早在2010年10月，联合国大会授权联合国秘书长就2015年后发展议程和后千年目标开展广泛的讨论和咨询。2012年1月，潘基文牵头成立后千年发展目标联合国系统工作小组（UN Task Force），汇集60余个联合国实体、机构及国际组织，由联合国经社部与联合国开发计划署共同主持全面协调相关工作。2012年6月，工作组向秘书长提交了题为《实现我们所有人期望的未来》①的报告，列出了工作组对2015年后发展议程的主要建议。2013年5月，潘基文任命的由27位各国政要组成的高级别名人小组（HLP）提交了《新的全球伙伴关系：通过可持续发展消除贫困和转型经济》②的报告。2013年6月，由潘基文委托哥伦比亚大学地球研究所主任Jeffrey Sachs教授牵头成立的可持续发展行动网络（SDSN）推出《可持续发展行动议程》③报告，代表科学界提出建议。此外，潘基文还在联合国全球契约（Global Compact）会议期间广泛倾听和征询企业界的建议。2013年1~8月，联合国发展组（UN Development Group）在全球自下而上开展了更大范围的咨询和讨论，包括在100多个国家开展国别咨询并就11个领域开展专题咨询，全球超过130万人通过互联网等各种方式参与讨论。2013年9月，发展组发布题为《一百万个声音：我们憧憬的世界》④的报告，表达全世界民众对2015年后发展议程的期待。2014年1~12月，发展组又开展第二轮咨询活动，专门讨论2015年后发展议程的执行手段问题，吸引全球普通民众的积极响应。

后千年目标的咨询和讨论本身就是对全球可持续发展的宣传教育过程，有助于在全球范围提高认识和凝聚共识。自2014年起，为准备联合国首脑峰会成果文件的谈判进入实质性阶段，后千年目标的咨询和讨论与可持续发展目标的谈判并轨推进。

---

① UN System Task Team on the Post – 2015 UN Development Agenda, "Realizing the Future We Want for All," June, 2012, http：//www.un.org/en/development/desa/policy/untaskteam_undf/untt_report.pdf.

② HLP, "A New Global Partnership: Eradicate Poverty and Transform Economies through Sustainable Development," New York, United Nations, 2013, http：//www.un.org/sg/management/pdf/HLP_P2015_Report.pdf.

③ SDSN, "An Action Agenda for Sustainable Development," May, 2014, http：//unsdsn.org/resources/publications/an-action-agenda-for-sustainable-development/.

④ UNDG, "A Million Voices: The World We Want," 2013, http：//www.worldwewant2015.org/millionvoices.

2. 可持续发展目标的谈判

2012年6月联合国召开"里约+20"可持续发展大会，各成员国同意制定一套行之有效的可持续发展目标以在可持续发展方面采取集中统一行动，并与2015年后发展议程的进程协调一致。为落实会议成果，联合国大会授权启动了一系列政府间的磋商和谈判。2013年1月，一个由30个成员国组成的开放工作组（OWG）建立并负责可持续发展目标的谈判。经过13轮艰苦谈判，大约历时一年半，各方通过充分交换意见，逐步缩小分歧，最终在2014年7月达成初步共识，于2014年9月向联合国大会提交了有关可持续发展目标的建议①。

该建议提出的可持续发展目标包括17个重点领域目标和169个具体目标，几乎被原样纳入2014年12月潘基文发布的综合报告《在2030年前通往尊严之路：结束贫困、使所有人生活转型并保护地球》②，作为各国准备首脑峰会成果文件的谈判基础。

3. 发展筹资问题的谈判

可持续发展的融资是执行手段的核心问题。2013年6月，联合国根据"里约+20"会议决议建立了可持续发展融资政府间专家委员会（ICESDF），分为3个小组就可持续发展的融资战略展开密集磋商和咨询。第一小组负责评估资金需求，描绘现状和趋势以及国际国内环境的影响；第二小组负责讨论调动资源及其有效利用；第三小组负责谈判相关机制安排、政策以及协调和治理。该委员会先后召开5次会议，2014年9月向联合国大会提交了可持续发展的融资战略的建议。此后，各国就发展筹资问题展开政府间谈判，经过两次筹备会议，终于在2014年7月15日第三次发展筹资国际会议上取得历史性突破，通过了《亚的斯亚贝巴行

---

① "Open Working Group Proposal for Sustainable Development Goals," https：//sustainabledevelopment.un.org/content/documents/1579SDGs%20Proposal.pdf.
② 《2030年享有尊严之路：消除贫穷，改变所有人的生活，保护地球，秘书长关于2015年后可持续发展议程的综合报告》，http：//www.un.org/en/ga/search/view_doc.asp?symbol=A/69/700&referer=http：//www.un.org/millenniumgoals/&Lang=C。

动议程》(AAAA)①,为2015年后发展议程的达成扫清了障碍。

4. 高级别政治论坛(HLPF)的作用

"里约+20"会议还决定在继承和扩展原有《21世纪议程》下的可持续发展委员会(CSD)并在其基础上建立了一个新的全球性政府间的可持续发展高级别政治论坛(HLPF),在后续实施和落实全球可持续发展目标中提供强有力的政治领导力和指导,促进经济、社会和环境作为可持续发展三个维度的整合,以及在各个层面上跨部门的合作。HLPF还有一个重要职能是在全球层面监测和评估可持续发展目标的进展,也包括2015年后发展议程下资金、技术和能力建设等各种执行手段的落实情况。2015年6月在纽约召开的HLPF会议,主题是"强化、整合、落实和审评——2015年后的HLPF"。会议期间,联合国经济与社会事务部发布了《全球可持续发展报告2015》(GSDR)②,对全球可持续发展现状和未来发展路径进行了综合的科学评估,作为HLPF的参考,以促进科学与政策对话,利用科学评估结果推动可持续发展目标的具体落实。未来HLPF计划每4年召开1次首脑峰会,每年召开1次部长级工作会议。GSDR也计划每4年出版1次正式报告,每年编写中期报告,提供给HLPF参考。

三 联合国可持续发展峰会成果文件的解读

在2015年后发展议程的国际进程中,联合国以开放和包容的态度,广泛吸取了方方面面的意见和建议,发挥了非常重要的主导作用。各国虽有立场分歧,但经过充分沟通交流,以务实和建设性的态度付出了巨大的努力。2015年8月2日,193个成员终于就2015年后发展议程达成共识,初步通

---

① "Addis Ababa Action Agenda of the Third International Conference on Financing for Development," July 2015, http://www.un.org/esa/ffd/wp-content/uploads/2015/08/AAAA_Outcome.pdf.
② "Global Sustainable Development Report," June 2015, https://sustainabledevelopment.un.org/globalsdreport/2015.

过成果文件《变革我们的世界：2030年可持续发展议程》①，提交第70届联大审议。2015年9月25日，为期3天举世瞩目的联合国可持续发展峰会开幕，开幕当天就通过了该成果文件。这一来之不易的成果最大限度地凝聚了全球共识，描绘了全球可持续发展的美好前景，是指导未来国际发展合作的重要纲领性文件。

1. 成果文件的主要内容

该成果文件包含序言、宣言、可持续发展目标和具体目标、执行手段和全球伙伴关系、跟进和审查几个部分，除序言外正文共91段。其中，序言部分开宗明义强调"本议程是为人类、地球与繁荣制定的行动计划"，呼吁"所有国家和利益相关方将携手合作，共同执行这一计划"。明确提出人类、地球、繁荣、和平、伙伴关系5个要素，代表全世界表达了消除贫困饥饿、阻止地球退化、共享繁荣生活、创建和平公正包容社会以及建立新型全球伙伴关系以确保议程得到执行的决心。宣言部分共53段，包括导言、我们的愿景、我们的共同原则和承诺、我们当今所处的世界、新议程、行动起来改变我们的世界6个部分，概述了新议程制定和实施的基本考虑。第54~59段隆重推出可持续发展目标，强调"可持续发展目标和具体目标是一个整体，不可分割，是全球性和普遍适用的"，同时承认并鼓励各国"根据本国国情和优先事项，采用不同方式、愿景、模式和手段来实现可持续发展"。第60~71段执行手段和全球伙伴关系，重申坚定承诺全面执行新议程的决心，强调加强执行手段和建立全球伙伴关系对实现可持续发展目标的重要性。肯定发展融资会议取得的历史性突破，《亚的斯亚贝巴行动议程》是2030年可持续发展议程的一个组成部分。第72~91段跟进和审查，承诺要系统跟进和审查本议程今后15年的执行情况，在遵循自愿、全面、开放、以人为本等一系列基本原则的基础上在国家、地区和全球不同层面上开展工作。

---

① 《关于通过2015年后联合国首脑会议的成果文件草稿》，A/69/L.85，2015年8月12日，http：//www.un.org/ga/search/view_doc.asp?symbol=A/69/L.85&referer=http：//www.un.org/sustainabledevelopment/&Lang=C。

2. 可持续发展目标

可持续发展目标（SDG）是 2030 年可持续发展议程的核心内容，是各国政府经过两年多艰苦谈判取得的成果，为全世界所瞩目。它包括 17 个大项的总体目标和 169 个分项的具体目标（见表 1），不仅涵盖面很广，而且目标之间相互关联、不可分割。

表 1 可持续发展目标

序号	总体目标	具体目标数量
1	在全世界消除一切形式的贫穷	7
2	消除饥饿,实现粮食安全,改善营养和促进可持续农业	8
3	让不同年龄段的所有的人都过上健康的生活,促进他们的安康	13
4	提供包容和公平的优质教育,让全民终身享有学习机会	10
5	实现性别平等,增强所有妇女和女孩的权能	9
6	为所有人提供水和环境卫生并对其进行可持续管理	8
7	每个人都能获得价廉、可靠和可持续的现代化能源	5
8	促进持久、包容性的可持续经济增长,促进充分的生产性就业,促进人人有体面工作	12
9	建造有抵御灾害能力的基础设施,促进包容性的可持续工业化,推动创新	8
10	减少国家内部和国家之间的不平等	10
11	建设包容、安全、有抵御灾害能力的可持续城市和人类住区	10
12	采用可持续的消费和生产模式	11
13	采取紧急行动应对气候变化及其影响 *	5
14	养护和可持续利用海洋和海洋资源以促进可持续发展	10
15	保护、恢复和促进可持续利用陆地生态系统,可持续地管理森林,防治荒漠化,制止和扭转土地退化,阻止生物多样性的丧失	12
16	创建和平、包容的社会以促进可持续发展,让所有人都能诉诸司法,在各级建立有效、负责和包容的机构	12
17	加强执行手段,恢复可持续发展全球伙伴关系的活力	19
		169

注：*确认《联合国气候变化框架公约》是商定全球气候变化对策的主要国际政府间论坛。

可持续发展目标从内容上大致可以分为 4 组。第 1~7 项目标涉及消除贫困、消除饥饿、保障受教育权利、促进性别平等以及享有水、环境卫生和能源服务等，主要体现保障人自身发展的基本需求，特别是弱势群体的基本权利。第8~11项目标涉及可持续经济增长和就业，可持续工业化和创新，减少不平等，建设可持续城市和人类住区，可持续的消费和生产等，重点在促进可持续的经济增长和社会包容。第13~15项目标涉及应对气候变化、保护海洋资源和陆地生态系统，强调环境可持续性。第16~17项涉及制度建设、执行手段和伙伴关系，意在通过国际合作加强各项目标的落实。

3. 相比千年发展目标的新特点

2030年可持续发展议程一方面承接了千年发展目标未尽的目标，以消除一切形式的贫穷，包括消除极端贫穷，作为今后15年可持续发展的重要基石。另一方面全面超越了千年发展目标，呈现一些新的特点。联合国副秘书长吴红波先生将其概括为以下四点①。

首先是制定者"扩面"，新议程的制定改变了自上而下的小范围政治磋商的模式，不仅各成员国参与谈判，还动员了社会各界的广泛参与，是真正的全球性行动。其次是适用对象"扩容"，可持续发展目标适用于所有国家，内容覆盖全面。再次是发展理念的更新，强调以人为本、"一个也不要落下"，覆盖可持续发展的三大支柱，经济发展、社会进步和环境保护。最后是拾遗补阙，重在落实，吸取千年发展目标的经验教训，弥补不足，强调执行手段、跟进和审查，以促进目标的落实。

潘基文高度评价该成果，认为"联合国会员国创造了历史"，批准了一个"大胆、雄心勃勃且具有变革意义的"全新议程，"这是一个真正的'人民的议程'"。他把发展议程比作"为世界各国人民点亮了一盏明灯"，一张旨在结束全球贫困、为所有人构建尊严生活且不让一个人被落下的路线图，吹响了为当代和子孙后代的利益而加紧努力的号角。他呼吁世界各地的每一个人以该议程的17项可持续发展目标为指导行动起来，以前所未有的方式建立高级别的政治承诺和崭新的全球伙伴关系。②

---

① 《人类发展的升级版，如何落实？——访联合国副秘书长吴红波》，《人民日报》2015年9月22日，http://www.ssn.cn/hqxx/201509/t20150922_2412335.shtml。
② 《联合国发展峰会正式通过〈2030年可持续发展议程〉》，中国网，2015年9月26日，http://news.china.com.cn/live/2015-09/26/content_34365377.htm。

气候变化绿皮书

四 落实2030年发展议程面临的挑战

可以想见,相比千年发展目标,可持续发展目标标准更高,覆盖面更广,指标之间的关联性强,实施难度必然大大增加,特别是广大发展中国家,将面临更加严峻的挑战。

第一,全球减贫任务任重而道远。2015年10月4日,世界银行按照购买力平价计算将国际贫困线标准从此前的每人每天1.25美元上调到1.9美元,这一调整参照了当今世界最穷国的平均通胀水平,只是提高名义贫困线,而实际贫困水平则保持不变。世界银行在当天发布题为《消除绝对贫困、共享繁荣——进展与政策》的报告中预测,① 在新标准下,2012年至2015年,全球绝对贫困人口总数有望从9.02亿人降至7.02亿人,贫困人口占总人口的比重从12.8%降至9.6%。但要实现2030年在全球消除绝对贫困的目标仍需付出巨大的努力。

第二,各国国情和优先事项不同,实现可持续发展的路径必然有所差异。各国需要结合本国具体国情和实际需求,将普适性的全球可持续发展目标"本土化",制定国家层面实施可持续发展目标的国家战略并建立相关的政策体系。

第三,落实可持续发展的融资问题仍是一大挑战。可持续发展行动网络(SDSN)最近发表的一篇研究报告②,将17个领域的目标归为11个投资领域,系统估算了实现可持续发展目标的资金需求。估算结果表明,仅中低收入和低收入国家实现可持续发展目标每年就需要高达1.3万亿美元(2013年价格)投资,推动国际发展合作,包括南南合作,意义重大。

---

① Marcio Cruz, James Foster, Bryce Quillin and Philip Schellekens, "Ending Extreme Poverty and Sharing Prosperity: Progress and Policies," Policy Research Note (15/03), World Bank Group, October 2015, http://www.ah.xinhuanet.com/2015-10/05/c_1116742444.htm.
② Guido Schmidt Traub, "Investment Needs to Achieve the Sustainable Development Goals: Understanding the Billions and Trillions," SDSN Working Paper, 28 September 2015, http://unsdsn.org/wp-content/uploads/2015/09/150928-SDG-Financing-Needs.pdf.

第四，需要加强能力建设，完善发展中国家可持续发展的数据统计分析体系。可持续发展目标涉及领域和目标数量众多，目标之间联系更复杂。在大数据时代，资料来源也更多样化。除官方统计渠道之外，一些非政府组织或个人也可能成为某项有价值数据的提供者。增加透明度，鼓励民间参与，是促进可持续发展的重要途径。

第五，可持续发展目标的有效实施，还需要在数据采集分析的基础上，定期监测和评估可持续发展的进展情况，建立问责机制。联合国已建立跨部门的机构和专家组（IAEG-SDGs）负责开发全球层面的监测指标。还将组织专家定期编写全球可持续发展报告（GSDR），对全球可持续发展目标的进展和未来路径进行综合审评，提交高级别政治论坛（HLPF）参考。在国家和地方层面，同样需要建立可持续发展目标的监测、评估和考核机制。

五 协同推进可持续发展目标与应对气候变化行动

1992 年通过的《联合国气候变化框架公约》将促进可持续发展确立为基本原则之一。2002 年气候公约第八次缔约方大会（COP8）发表的《德里宣言》，明确提出"在可持续发展框架下应对气候变化"的理念，成为国际社会的共识。2014 年发布的 IPCC 第五次评估报告（AR5）第三工作组报告第四章"可持续发展与公平"全面论述了可持续发展与气候变化之间相互作用的关系[①]，强调气候变化的不利影响已经对人类社会的可持续发展构成现实的威胁，应对气候变化在某些情况下与可持续发展的目标具有协同效应，增强可持续发展的能力有助于增强减缓和适应气候变化的能力。公平既是可持续发展的内在组成部分，也是促进国际气候合作、加强国际气候治理的重要基石。鉴于气候变化与可持续发展和公平之间的密切联系，在政策制定和实施中，需要将气候变化问题纳入可持续发展战略，更深入、更综合地

---

① IPCC Working Group Ⅲ, "Climate Change 2014: Mitigation of Climate Change, Cambridge University Press," 2014, 参见陈迎《对 IPCC 第五次评估报告中可持续发展与公平相关问题的解读》，《气候变化研究进展》2014 年第 5 期。

研究分析不同发展路径对温室气体排放和减缓适应能力的影响,以及气候政策措施对可持续发展和公平目标的影响。

可以预见,2030年可持续发展议程的顺利通过,以落实可持续发展目标为契机,将为全球应对气候变化行动带来新的机遇,也为2015年12月即将召开的巴黎气候大会达成新的国际气候协议增添了动力。

第一,可持续发展目标重视并涵盖了应对气候变化的目标。可持续发展目标中第13个目标"要采取紧急行动应对气候变化及其影响",强调了应对气候变化的紧迫性。该目标在以下5个方面进行了细化,涉及应对气候变化的一系列关键议题,包括减缓、适应、资金、透明度、能力建设、防灾减灾等(见表2)。

表2 可持续发展目标的第13个目标

13	采取紧急行动应对气候变化及其影响
13.1	加强各国应对与气候有关的灾害和自然灾害的抗灾能力和适应能力
13.2	将应对气候变化的措施纳入国家政策、战略和规划
13.3	提升关于减缓和适应气候变化、减少影响和预警方面的教育、认识以及人员能力和机构能力
13.a	履行《联合国气候变化框架公约》发达国家缔约国的承诺,在切实开展减缓行动和提高执行工作透明度的背景下,实现到2020年每年从各种来源共同筹资1000亿美元用于满足发展中国家的需要的目标,并尽快利用绿色气候基金,将其充分投入运行
13.b	促进在最不发达国家建立增强能力的机制,以有效进行与气候变化有关的规划和管理,把妇女、青年、地方社区和边缘化社区作为重点

第二,可持续发展目标为巴黎气候大会成果预留空间,确保二者相互衔接,协调一致。可持续发展目标与巴黎气候大会谈判均以2030年为目标年,时间框架上相互衔接。可持续发展目标特别以脚注形式确认《联合国气候变化框架公约》是商定全球气候变化对策的主要国际政府间论坛,显示对巴黎气候大会成果寄予厚望。目前第13个目标的内容比较空泛,实际是等待巴黎气候大会达成新的国际气候协议对相关议题做出具体规定,以确保目标之间的协调一致。

第三，可持续发展目标的许多领域与应对气候变化密切相关，应在实施中协同推进。例如，为了实现每个人都能获得价廉、可靠和可持续的现代化能源，目标7.2"到2030年时，可再生能源在全球组合中的比例大幅度增加"；目标7.3"到2030年，全球能效提高一倍"；7.a涉及促进清洁能源技术的国际合作，促进对能源基础设施和清洁能源技术的投资，这些目标都与减缓气候变化行动完全吻合。再如，目标9.1提到"发展优质、可靠、可持续和有抵御灾害能力的基础设施"，目标11"建设包容、安全、有抵御灾害能力和可持续的城市和人类住区"，与适应气候变化行动密切相关。再如，目标12倡导"采取可持续的消费和生产模式"，涉及资源使用和管理，减少粮食浪费，废弃物的预防、减排、回收和再利用，企业环境信息披露，可持续公共采购，减少化石能源补贴等诸多方面，对于促进绿色低碳发展至关重要。

第四，落实可持续发展目标的执行手段、能力建设、跟进和审查机制等对应对气候变化行动也同样适用，可以在实践中相互结合。例如，《亚的斯亚贝巴行动议程》不仅呼吁发达国家履行在气候公约下的承诺，实现在2020年前筹资1000亿美元的目标，还包含100多个具体措施，气候变化也其中重点领域之一。

第五，能否达成公平有效、雄心勃勃的气候协议对2030年实现可持续发展目标也非常关键。截至2015年10月1日，已经有146个国家提出了国家自主决定贡献目标（INDC）或气候行动计划，这些国家占气候公约缔约方总数的75%，其温室气体排放量之和约占全球总排放量的87%[1]。巴黎气候大会将通过国际气候办议形式来固化上述承诺目标，实现这些目标与落实可持续发展目标高度一致。

2030年可持续发展议程掀开了全球可持续发展的新篇章，巴黎气候大会成为议定当前国际议程的头等大事。2015年9月27日，潘基文在纽约联

---

[1] "Unprecedented Global Breadth of Climate Action Plans Ahead of Paris," Oct. 2, 2015, http://newsroom.unfccc.int/unfccc-newsroom/indcs-unprecedented-global-breadth-of-climate-action-plans-ahead-of-paris/.

合国总部主持气候变化问题领导人工作午餐会,包括中国国家主席习近平在内的 30 多个国家和国际组织领导人参会,潘基文再次强调结束全球贫困和防止全球变暖的恶劣影响是当代人的历史使命,敦促全球领导人就气候变化采取行动,并确保达成一项雄心勃勃的全球气候协议①。全世界都期待着巴黎气候大会取得预期的丰硕成果,让我们拭目以待。

---

① 《习近平出席联合国气候变化问题领导人工作午餐会》,中国新闻网,2015 年 9 月 28 日,http://www.chinanews.com/gn/2015/09-28/7547269.shtml。

国内应对气候变化行动

Domestic Actions on Climate Change

G.11

城市适应气候变化

——上海市的实践与探索

陈振林 吴蔚 田展 郑艳*

摘　要： 集中了大量人口和财富的城市是受气候变化影响严重的地区。本文介绍了国内外主要城市适应气候变化的行动，提出城市适应气候变化的首要任务是灾害风险管理。以上海为例，指出高温频发、强降水增多、海平面上升、平均风速降低等因素导致城市能源、供水、防洪除涝、农业、大气环境等领域面临较大风险，并从制度体系、能力建设和科普宣传3个层面详细阐述了基于机制创新的上海城市气候变化综合灾害风险治理实践。

---

* 陈振林，上海市气象局局长，博士，主要从事气候变化防灾减灾和战略研究；吴蔚，上海市气象局，工程师，主要从事气候变化风险评估研究；田展，上海市气象局，副研究员，主要从事气候变化影响评估研究；郑艳，中国社科院，副研究员，主要从事气候变化政策研究。

气候变化绿皮书

关键词： 城市 适应气候变化 风险 治理

城市地区是受气候变化影响的高风险区域，城市发展和气候变化正以一种危险的方式交织在一起①。随着人口增长和城市化进程，发展中国家的许多城市暴露出城市发展与适应气候风险能力之间的巨大差距：一方面，城市发展和规划往往未能考虑长远的气候风险，城市发展中存在历史欠账；另一方面，气候风险的不确定性及风险应对的复杂性要求现代城市增强公共管理的综合能力，从传统的减灾模式向适应性管理模式转变。城市应该制定满足特定地理、气候、经济和文化条件的政策和相关方案，并将成功经验推广到地区或国家计划中，使之成为地区或国家适应气候变化的试验区。

一 国内外城市适应气候变化行动

气候变化与城市化的议题已经成为当前世界的焦点之一。诸多国际知名机构如政府间气候变化专门委员会（IPCC）、联合国人居规划署（UN - HABITA）、世界银行（WB）、世界经济合作与发展组织（OECD）相继出版了气候变化和城市的相关报告。一些国际性大城市如伦敦、纽约、东京等也分别推出了针对各自城市的应对气候变化行动方案和报告。

（一）国际框架下城市适应气候变化行动

目前主要的国际城市网络和气候变化机构有政府间气候变化专门委员会（IPCC）、世界经济合作与发展组织（OECD）、地方政府环境行动理事会、大城市气候变化领导小组（即 C40 集团）、克林顿气候行动计划、全球市长

---

① 联合国人居规划署：《全球人类居住报告：城市与气候变化：政策方向》，2011，第 1~5 页。

气候及环境组织委员会、世界城市和地方政府联合会、气候联盟、亚洲城市气候变化能力网络、市长盟约等。各机构组织相继发布了一系列关于城市与气候变化的相关研究报告（见表1）。此外，联合国环境规划署（UNEP）、联合国人居规划署（UN－HABITA）与世界银行联合制订了明确工作计划，以便为城市提供更加快速、协调的援助。

表1　国外主要机构发表的关于城市适应气候变化科学报告的主要观点

机构	报告名称	主要观点
政府间气候变化专门委员会（IPCC）	《气候变化影响和适应：IPCC第五次气候变化评估报告》("Climate Change 2014: Impacts, Adaptation, and Vulnerability," The Fifth Assessment Report of the Intergovernmental Panel on Climate Change)	●气候变化的许多全球性风险都集中在城市地区（中等信度）。提高恢复能力并采取可持续发展的措施可加速全球成功适应气候变化 ●改善住房、建设具有恢复能力的基础设施系统，可以显著减少城市地区的脆弱性和暴露度 ●有效的多层次城市风险管理、将政策和激励措施相结合、加强地方政府和社区适应能力、与私营部门的协同作用以及适当的融资和体制发展，有利于城市适应措施的实施（中等信度） ●提高低收入人群和脆弱群体的能力、权利和影响及其与地方政府的合作关系，也有利于城市适应气候变化能力的提高
联合国人居规划署（UN－HABITA）	《全球人类居住报告：城市与气候变化：政策方向》(United Nations Human Settlements Programme, 2011)	●气候变化影响可能会对城市生活的诸多方面造成涟漪效应 ●气候变化对城市内不同居民造成的影响不同，性别、年龄、种族与财富均会影响不同个体与群体应对气候变化的能力 ●城市规划并未重点考虑未来区域划分和建筑标准的气候变化增量，这可能会限制基础设施适应气候变化的前景并危及居民的生命与财产 ●气候变化影响可能长期持续并波及全球
世界经济合作与发展组织	《城市和气候变化2010》(OECD, "Cities and Climate Change," 2010)	●城市有能力应对气候变化，而且可以作为研究应对气候变化创新方法的政策实验室 ●要将气候变化纳入城市政策制定过程的每个阶段，还可以运用金融工具、资助新的支出，提高城市应对气候变化管理能力 ●通过制定制度，增强地方认知，加强行动的执行力，形成多层次管理框架，是应对气候变化城市管理中的另一项重要内容

续表

机构	报告名称	主要观点
世界银行	《城市与气候变化：一个亟待解决的议程》（World Bank, "Cities and Climate Change: Responding to an Urgent Agenda," 2010）	• 完善的城市管理是实现可持续发展最重要的先决条件 • 目前发展中国家城市建筑与基础设施所进行的大量投资及其方式将决定未来几十年的城市形态与生活方式 • 世界上的许多重要城市已经在采取行动应对气候变化。比如，通过技术手段与区域规划来减缓、适应气候变化，并达到提供城市基本服务与减贫的目的
城市气候变化研究网络（UCCRN）	《城市气候变化研究网络第一次气候变化和城市评估报告》（"Framework for City Climate Risk Assessment," Urban Climate Change Research Network, 2009）	• 城市制定气候变化适应性方案需要考虑其所面临的主要气候风险，包括城市热岛、环境污染和气候极端事件等 • 报告预估到 2050 年雅典、伦敦、纽约、上海和东京等 12 个城市的温度将升高 1~4℃。与以往相比，大多数城市将遭受更多、更长和更强的热浪影响 • 气候变化对城市的 4 个主要领域产生影响：区域能源系统、水供需和污水处理、交通和公共健康

资料来源：《气候变化影响和适应：IPCC 第五次气候变化评估报告》、《全球人类居住报告：城市与气候变化：政策方向》、《城市和气候变化 2010》、《城市与气候变化：一个亟待解决的议程》和《城市气候变化研究网络第一次气候变化和城市评估报告》。

全球约有 1/5 的城市制定了不同形式的适应战略，但是只有很少一部分制定了具体翔实的行动计划。目前最有代表性的城市适应规划有美国纽约的适应计划、英国伦敦的适应计划、美国芝加哥的气候行动计划、荷兰鹿特丹的气候防护计划、厄瓜多尔基多市的气候变化战略和南非德班的城市气候保护计划等①。这些大多为专门的城市适应计划，覆盖的范围和领域广泛，尤其是针对不同的气候风险，设计了不同的适应目标和重点领域，各有特色，但其中一个显著的共性就是强调城市对未来气候风险的综合防护能力，以打造安全、韧性、宜居的城市为目标②。

---

① Maria Gallucci, "6 of the World's Most Extensive Climate Adaptation Plans," InsideClimate News, 2013.6.20, http://insideclimatenews.org/news/20130620/6-worlds-most-extensive-climate-adaptation-plans.
② 郑艳：《推动城市适应规划，构建韧性城市——发达国家的案例与启示》，《世界环境》2013 年 11 月。

（二）中国城市适应气候变化现状和不足

我国政府逐渐认识到城市适应气候变化的重要性，先后3次发布和更新了《国家气候变化评估报告》，在区域层面完成了全国八大区域的气候变化评估报告。在这些报告中明确指出应充分认识城市适应气候变化的迫切性，加快气候变化对城市影响的研究，尽快提出应对策略，并将气候变化的影响和适应对策纳入城市区域的各项社会经济发展规划中，应对气候变化已经成为城市乃至国家层面的战略需要[1]。

2013年11月18日发布的《国家适应气候变化战略》中，明确了我国东部城市化区域、中部城市化区域和西部城市化区域适应气候变化重点任务，提出建设"上海城市基础设施防御适应极端天气气候事件试点示范工程"。

2014年中国气象局发布的《中国极端天气气候事件和灾害风险管理与适应国家评估报告》提出了将灾害风险管理与城市适应气候变化紧密结合的创新城市治理模式。适应气候变化不仅要应对近期突发的极端灾害，而且要通过提升长期可持续发展能力、减少贫困人口和降低社会经济脆弱性，提升整个社会的适应能力，从而减少未来潜在的灾害风险及其不利影响。

目前，我国对城市适应气候变化缺乏系统性研究，现有的城市规划及设施设计、建设中对气候变化增量因素考虑不足，各城市缺乏专门适应气候变化的规划；治理机制尚未建立，缺乏资源、人员等方面的整合，工作考核评价指标体系尚待完善；公众对适应气候变化的认知不够，科普宣传有待进一步加强。这些因素使得我国城市在气候变化影响下显得尤为脆弱。

二 上海市面临的主要气候风险分析

上海市是我国城市化水平最高的地区，随着上海超大城市的快速发展，

---

[1] 郑艳：《适应性城市：将适应气候变化与气候风险管理纳入城市规划》，《城市规划》2012年第1期第19卷，第47~51页。

人口和经济总量的迅猛增长，城市资源环境、生态系统的压力倍增。同时，气候变化引起的气温升高、强降水增多、海平面上升、极端气候事件概率增加对上海市防汛排涝、能源资源安全、城市交通、公共卫生安全、沿海产业带和农业生产等诸多领域造成了严重的威胁。

（一）气温升高，高温日数增加

1873~2014年，上海市年平均气温呈明显上升趋势，20世纪90年代末以来，升温趋势尤其显著，平均每10年升高0.16℃，尤其是中心城区徐家汇升温最显著（0.51℃/10年）。近30年上海极端高温也呈现增加趋势。以徐家汇站为例，日最高气温大于35℃的高温日数和连续3天日最高气温大于35℃的高温热浪事件呈明显上升趋势，2000年以后（2001~2014年）高温热浪事件共发生63次，占1961~2014年全部热浪事件的46.3%（见图1），2013年上海经历了1961年以来最热的夏季，年高温日数达到47天。

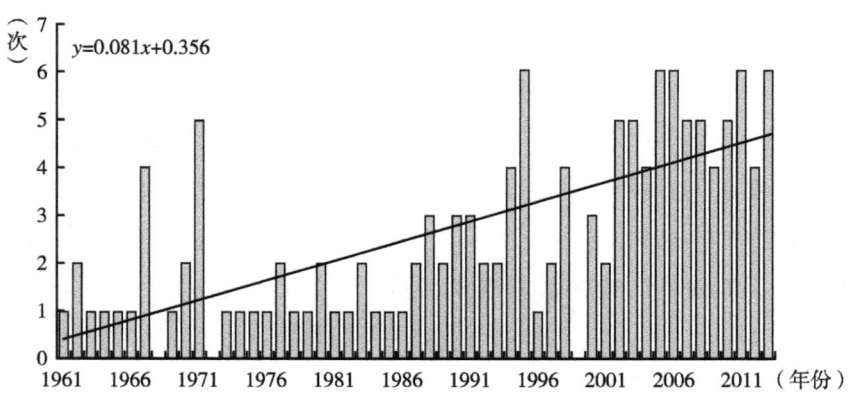

图1 1961~2013年上海徐家汇高温热浪事件频次

极端的高温天气给上海市能源供应、供水、农业生产和人体健康造成了很大影响。研究表明，若年平均气温增加1℃，将引起上海市生活能源消费量增加约300万吨标准煤。若日最高气温升高1℃，将引起上海市日供电最大负荷增加约61万千瓦，日供水量增加约5.8万立方米。当日最高温度大于35℃时，若最高温度升高1℃，上海市日总死亡人口会增加7人。此外，气温升高使得热量资源和病虫害的分布特征改变，农业基础设施建设投入需求增多。

（二）降水总量变化趋势不明显，强降水事件增多

1874～2014年，徐家汇站平均年总降水量变化趋势不明显。对比分析1951～1980年和1981～2014年两个时期的降水频率发现：1981～2014年的降水强度明显超过1951～1980年，大于10毫米、25毫米、50毫米降水的频率都明显增加，分别达到30.2%、12.6%、3.8%，降水极端性明显增强（见图2）。

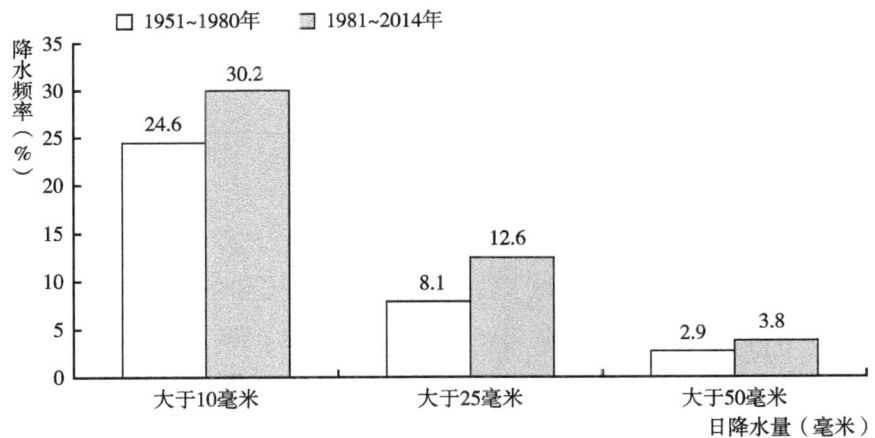

图2 1951～2014年上海市降水频率变化规律

上海市城镇排水雨水管道设计暴雨强度为35.5毫米/小时，以此标准定义强降水事件，近30年上海强降水事件呈上升趋势，增长率为0.81次/10年，中心城区和黄浦江沿岸是强降水事件的高发区。研究表明，目前上海1年一遇小时最大降雨量已经由35.5毫米增加到38.2毫米，而上海大部分区域目前仍执行1年一遇35.5毫米/小时的城镇排水标准，这给城市排水管道、泵站等基础设施的正常运行带来了较大的压力。

（三）海平面上升高于全球平均水平

在全球变暖背景下，上海近海海平面变化总体呈波动上升趋势。1980年至2014年，上海近海海平面上升速率为32毫米/10年，高于全球平均水平。2014年，上海近海海平面又创新高，为1980年以来最高值（160毫米）①（见图3）。

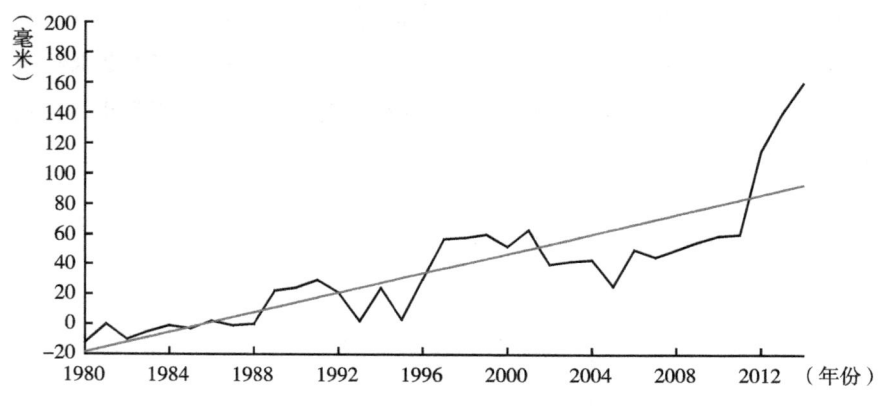

图3 上海近海海平面变化

随着海平面的上升，沿海地带遭受破坏性海浪的危险加大，城市建设造成河道减少和地面进一步硬化，使得城市自然排涝能力下降，河道潮位可能继续呈上升趋势。由于地下水的过度开采，地面沉降异常，增加了其相对海平面的上升幅度。受海平面上升和地面沉降等因素影响，黄浦江市区段防汛墙的实际设防标准已降至约200年一遇②，给本市洪（潮）防御工作带来较大压力。此外，海平面上升引起的河口盐水入侵加剧，也给城市的供水安全构成威胁。

（四）平均风速显著降低

1961~2014年，上海平均风速呈显著的减小趋势（见图4），平均每10

---

① 国家海洋局：《2014年中国海平面公报》，2014，第21页。
② Qian KE, "Flood risk analysis for metropolitan areas: a case study for Shanghai," Delft University of Technology, 2014.

年减小0.36米/秒，20世纪90年代后至今一直低于常年值（1981~2010年平均值）。近10年来，上海市平均风速呈现中心城区低、郊区高的分布形态，且中心城区风速下降速率快、郊区风速下降速率相对较慢。

上海沿海地区是风能资源较丰富的区域，风能资源技术可开发量（70米高度，年平均风功率密度≥200瓦/平方米）约为184平方千米，技术可开发量约为66万千瓦。年平均风速的降低将显著影响上海风能资源的开发利用。此外，风速降低不利于大气污染物的扩散，导致空气质量下降。

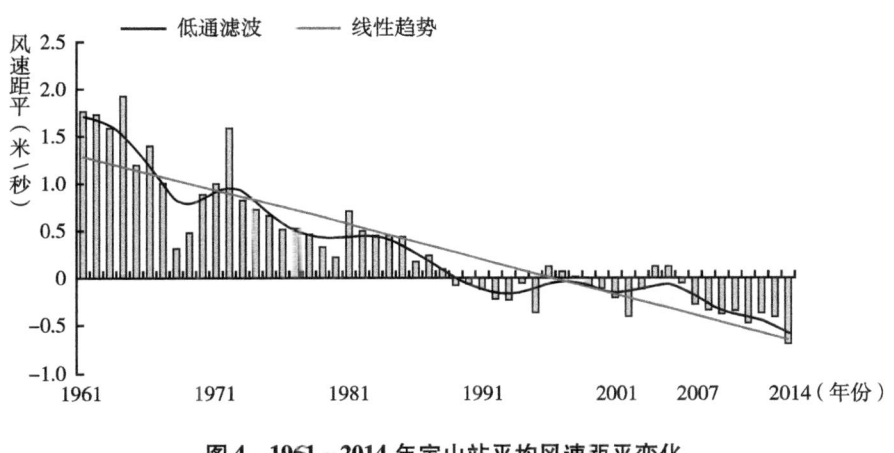

图4　1961~2014年宝山站平均风速距平变化

三　上海城市气候变化综合灾害风险治理的创新实践

灾害风险管理是适应气候变化不可或缺的重要组成部分，是适应气候变化的首要内容，尤其是在中国城市化提升阶段，城市发展迫切需要加强灾害风险管理的意识和能力。被动的应急风险管理更多基于已产生的不利后果，而主动的灾害风险管理更多面向未来的风险，并有助于取得更好的成效。为实现科学决策和提高灾害风险应急管理能力，上海市整合了城市网格化综合管理与应急管理模式，将风险管理与应急管理相结合，在进一步细化风险和

部门职责基础上实现政府职能部门整合,促进人员、信息、资源共享,积极探索政府和社会资源整合的工作机制,从而实现由被动应急管理向主动风险管理机制的转变。

(一)着力于强化应急联动,推动城市极端气象灾害防御的体制机制创新

1. 建立跨部门的预警信息发布中心,强化部门间的风险管理决策联动

灾害风险管理和适应气候变化是典型的跨部门公共管理问题,跨部门合作已经成为国家和地方层面治理创新实践的一种现实模式。2013年2月6日,上海市突发事件预警信息发布中心正式成立,该中心实行24小时值守,整合了广播、电视、报刊、互联网、微博、手机短信、电子显示屏等信息发布渠道,可发布5个部门20种预警信息,为全市各类突发事件预警信息发布提供了权威、有效的综合平台。

2. 建立红色预警应急处理联动机制,有效缩短城市应对灾害风险的处理时效

2014年1月8日,上海市出台了《关于本市应对极端天气停课安排和误工处理的实施意见》,针对可能发生、对社会和公众影响较大的台风、暴雨、暴雪、道路结冰等气象灾害分别制定了应急预案,并按照气象灾害发生的紧急程度、发展势态和可能造成的危害程度,明确了在一级(红色)、二级(橙色)、三级(黄色)、四级(蓝色)预警级别下的应急响应措施,提出如遇台风、暴雨、暴雪、道路结冰四类红色预警,各中小学及幼托园所、中等职业学校等自动停课。

3. 建立多灾种早期预警系统,探索全市参与的防灾减灾体制

上海市多灾种早期预警系统主要致力于灾害的早发现、早通气、早预警、早发布和早联动,强化"政府主导、部门联动、社会参与"的防灾减灾体制机制,研究气象因子与城市积涝、城市交通、人体健康、流行性疾病、能源供应等关系密切行业的因变规律,探索开展灾害性天气影响预报和风险预警。2014年,项目建立了气象灾害应对总体预案和5个专项预案,

25个部门建立了36类标准化部门联动机制，14个部门建立资料共享机制，6个部门联合开展技术合作。

（二）着力于基础能力建设，推动城市气候变化风险管理的政策措施和工程技术创新

1. 成立专门的气候变化研究机构开展适应气候变化基础研究工作

2012年上海市政府和中国气象局联合成立了上海市气候变化研究中心，负责开展上海气候变化对城市灾害、防洪除涝、海平面上升、风暴潮、农业生产等自然现象的影响和对策措施研究，为上海加强适应气候变化工作提供基础研究和决策服务，更好地支撑保障上海城市安全和经济社会发展。近年来该中心牵头编制上海市适应气候变化战略规划，连续发布了《上海市气候变化监测公报》，推进重大建设项目（上海迪士尼乐园等）气象灾害风险评估工作。

2. 将适应气候变化基础能力建设写入城市发展专项规划，利用金融保险等新手段探索气象灾害风险转移机制

2012年发布的《上海市节能和应对气候变化"十二五"规划》将提升城市应对极端天气气候事件应急能力、城市基础设施适应气候变化能力和气候变化基础科学研究能力作为重点任务写入城市发展规划。目前上海正在组织编制的"十三五"适应气候变化规划和中长期发展战略都将进一步提升城市适应气候变化的基础能力建设。2014年上海率先在国内推出了"夏淡季"青菜气象指数保险产品和城市水灾风险地图，初步探索并建立了依托于金融产品的风险分担和转移机制。

3. 开展社区气象灾害风险普查，结合智慧城市建设建立社区风险管理工程技术手段

社区作为社会的基本单元，不但是各类突发事件的承载体，更是防灾、减灾、备灾、应灾和灾后重建的行动主体。上海市开展了基于社会防灾基本单元的基层社区气象灾害综合减灾风险普查，以新江湾街道为对象，通过与城建、民政、街道等部门合作，重点针对城市交通和易积涝区域，联合开

展精确到具体灾害隐患点的暴雨洪涝气象灾害风险普查,建立了社区气象灾害监测预警服务系统。该系统的信息发布对接社区智慧屏、微信等网络终端,实现了气象产品智能推送和有效发布。2014年汛期针对试点社区发布预警信号28次,比全市普发的预警次数减少一半,有效提高了预警信号的针对性。

(三)着力于气候变化科普教育,引导公众提高城市防灾减灾意识

1. 借助世博会等重大社会活动宣传气候变化知识

2010年上海博览会中,建设了在世博会159年历史上首个独立气象展馆,也是上海世博园区唯一的国际组织自建馆。馆内展区中设立了一条诠释气候变化与人类文明进程的气候变化长廊,展示了由20个人类文明的历史瞬间筑起的时间隧道,用科学的视角撷取气候变化的精彩难忘瞬间,让每一个参观世界气象馆的观众真切地感受到气候变化的后果和启示。

2. 开展气象灾害防范进校园活动,提高气象防灾避险知识能力

上海一直努力推进校园气象灾害科普宣传,修订了中小学《公共安全行为指南》教材相关内容,不定期开展"气象防灾避险"知识竞赛,并选择试点学校,配置气象科普辅导员,建立气象活动兴趣小组,开展了"走路去上学"3年气候变化科普教育活动,通过寓教于乐的形式,将气候变化科学知识普及到大中小学课堂中。

3. 针对气候变化科技和管理工作者定向开展提高气候变化科学认识培训

上海利用光启科学讲坛、上海院士论坛、文汇报等媒体实现了气候变化知识在报纸、影视、网络和新媒体的"一键式"发送,2012年和2014年分别举办了城市与气候变化国际研讨会和韧性城市气候变化风险管理培训班,针对上海市从事气候变化科技和管理的人员开展定向培训和讲座,起到释疑解惑的作用,提高气候变化工作者的业务能力。

四 我国城市适应气候变化展望及建议

上海适应气候变化构建韧性城市的经验可以为我国城市管理者在应对气

候变化、提升城市竞争力、实现可持续发展等方面带来一些思考和启发，但在充满变数的未来，面对气候变化、全球经济危机、环境和发展的压力等问题，提高气候治理能力成为一个城市立于不败之地的法宝。在适应气候变化的工作过程中需要综合考虑环境和社会两方面的气候适应性，针对不同城市的气候脆弱性特征，通过生态性、工程性、制度性、技术性等适应措施促进城市的气候适应性。

（一）将适应气候变化与灾害风险管理纳入城市发展规划，编制城市适应气候变化的专门规划，提高综合应变能力

将城市发展规划与应对气候变化、灾害风险管理、城市可持续发展等目标结合起来，通过评估气候变化对城市发展的影响，尤其是气候变化增量对城市重大工程建设的影响，提高城市应对气候变化的能力。综合考虑海绵城市建设和气候变化影响，编制城市适应气候变化专门规划，加强城市适应气候变化与防灾减灾能力建设，提高灾害防御水平。

（二）将适应气候变化与灾害风险管理相融合，利用金融保险手段建立政府和市场共同参与的灾害风险分担机制

将灾害风险管理与适应气候变化更为紧密地融为一体，并将两者纳入市、区、县发展政策和实践中；有效降低城市的脆弱性和暴露度，提高应对极端气候事件的应变能力和对各种极端天气气候事件不利影响的恢复能力；建立一整套由灾害保险、再保险、风险准备金和非传统风险转移工具共同构成的金融管理体系的风险分担和转移机制。

（三）研发气候适应技术，完善城市气候服务体系，为城市适应气候变化和防灾减灾提供科学支撑

建立有关气象灾害、敏感产业、人口、设施等基础信息的数据库，推进气候脆弱性和适应性研究。针对水利、能源、农业、交通运输业等敏感产

业,研发相关技术和产品,加快灾后产业的恢复能力。将现代信息技术如移动信息平台、云计算、GPS(导航系统)、GIS(地理信息系统)等用于城市安全管理。探索建立城市气候服务框架,将气候变化监测、检测、预估、影响等内容融合形成一体化的气候服务体系,为城市适应气候变化和防灾减灾提供科学支撑。

G.12 2014年全球最暖年气候监测及其可能成因研究

周兵 聂羽 王朋岭*

摘　要： 全球气候变暖和极端气候事件增多是气候变化的两个重要事实。2014年，全球平均的地球表面温度再创新高，成为1850年以来最暖的年份。本文利用1850～2014年的陆表气温、海表气温、海洋热容量、降水、海冰范围等气候系统的观测资料，从气候变化的角度，综合分析了全球地表气温、海洋热容量、关键区域地表温度的气候变化特征，揭示了最暖年气候观测与监测的观测事实。同时，本文从人类活动与海洋强迫等因子出发，分析了导致最暖年出现的可能机理。最后，提出了气候变暖可能带来的危害，以及需要采取的相应措施。

关键词： 最暖年　观测事实　气候系统　气候变暖　成因分析

一　全球最暖年气候系统观测事实

（一）全球平均表面温度的变化

世界气象组织发布的2014年全球气候状况声明显示，在综合考虑英国

---

* 周兵，国家气候中心研究员，从事气候变化监测诊断工作；聂羽，国家气候中心工程师，从事中高纬气候动力学研究工作；王朋岭，国家气候中心高级工程师，从事区域气候变化与气候环境演变研究工作。本文由国家重点基础研究发展计划（2015CB953903）资助。

气象局哈德莱中心和英国东英吉利大学气候研究所（HadCRU4）、美国NOAA国家气候资料中心（NCDC）及NASA戈达德空间研究所（GISS）全球温度数据集的前提下，2014年全球平均的表面温度比1961～1990年的平均值（14.0℃）高0.57℃，比过去10年（2005～2014年）的平均值高出0.08℃，成为1850年有记录以来的最暖年份（见图1）。在有现代气象记录以来的15个最暖年份中，除1998年外，其他14个最暖年份均出现在21世纪。分析显示：全球变暖趋势在持续，气候系统变暖毋庸置疑。

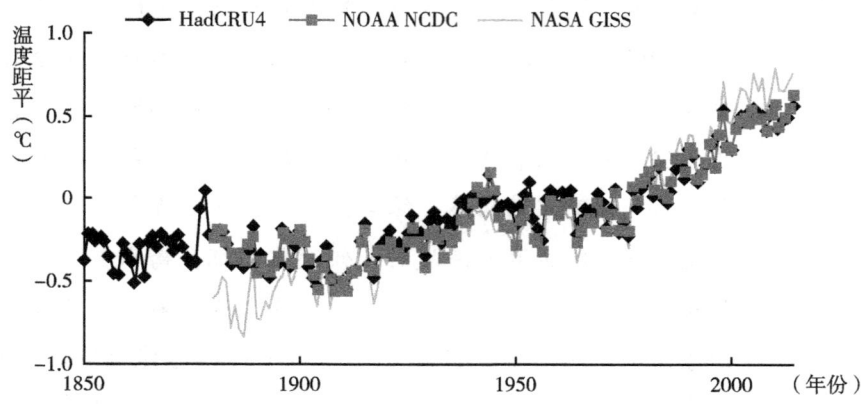

图1 1850～2014年全球年平均温度距平变化（相对于1961～1990年平均）

2014年，全球大部分陆地区域年平均气温高于或接近1961～1990年的平均值。欧洲大部、俄罗斯中南部和远东地区、东亚部分地区、包括阿拉斯加在内的北美大陆西部、非洲北部、澳大利亚西部和南部地区等地气温偏高超过1℃（见图2）；仅北美大陆中东部和中亚的部分地区年平均气温低于长期平均值。其中，欧洲的英国、法国、荷兰、瑞士等19个国家的年平均气温创下有记录以来的最高纪录；墨西哥同样经历有记录以来的最暖年份，阿根廷出现有记录以来的第二暖年；澳大利亚年平均气温成为1910年有记录以来的第三高值。

2014年全球平均温度创历史新高，其主要贡献源自海洋。太平洋北部和东北部、极地和亚热带北大西洋、西南太平洋、南大西洋部分海域和印度洋大部区域海表温度（SST）明显偏高；仅在南大洋、格陵兰以南海域、热带东南太平洋部分海域 SST 低于常年平均水平。

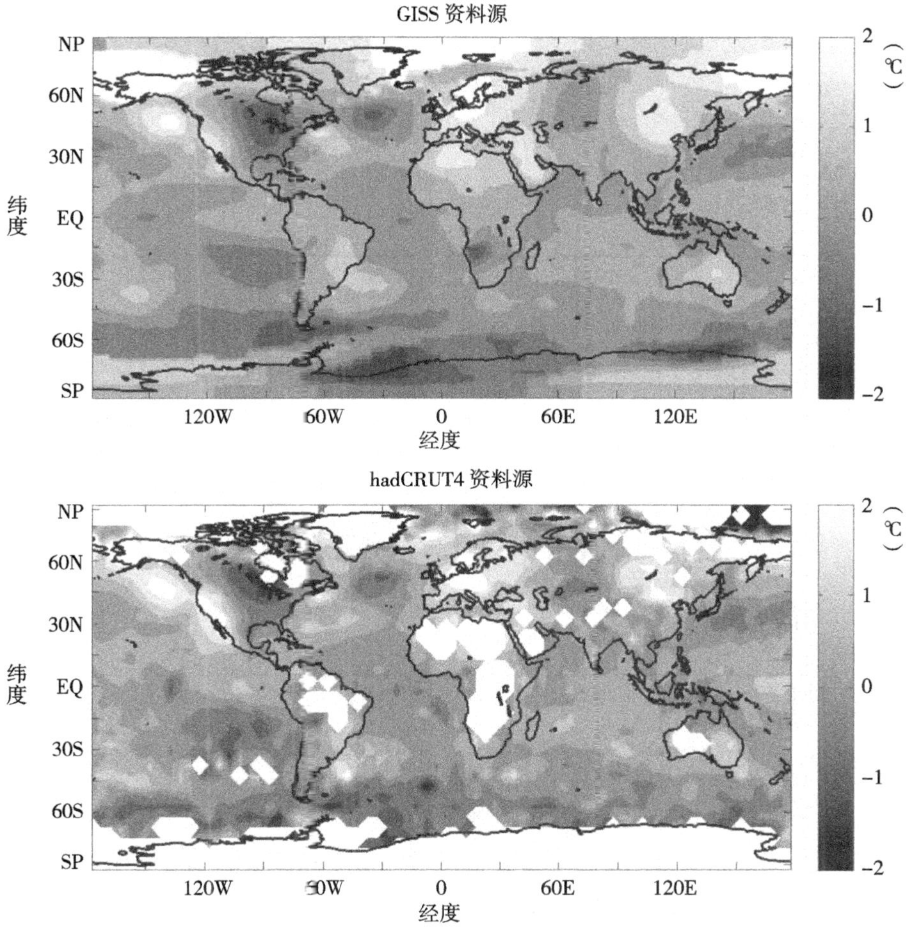

图2　2014年全球地表气温距平分布（相对于1961~1990年平均）

（二）不同纬度带的地表气温变化

观测分析表明，在全球气候变化的背景下，不同纬度带的地表气温变化呈现不同的趋势。近30年以来，全球平均的地表气温仍在持续升高（见图3）。其中，北半球气温升高趋势明显大于南半球的升温趋势。此外，在南

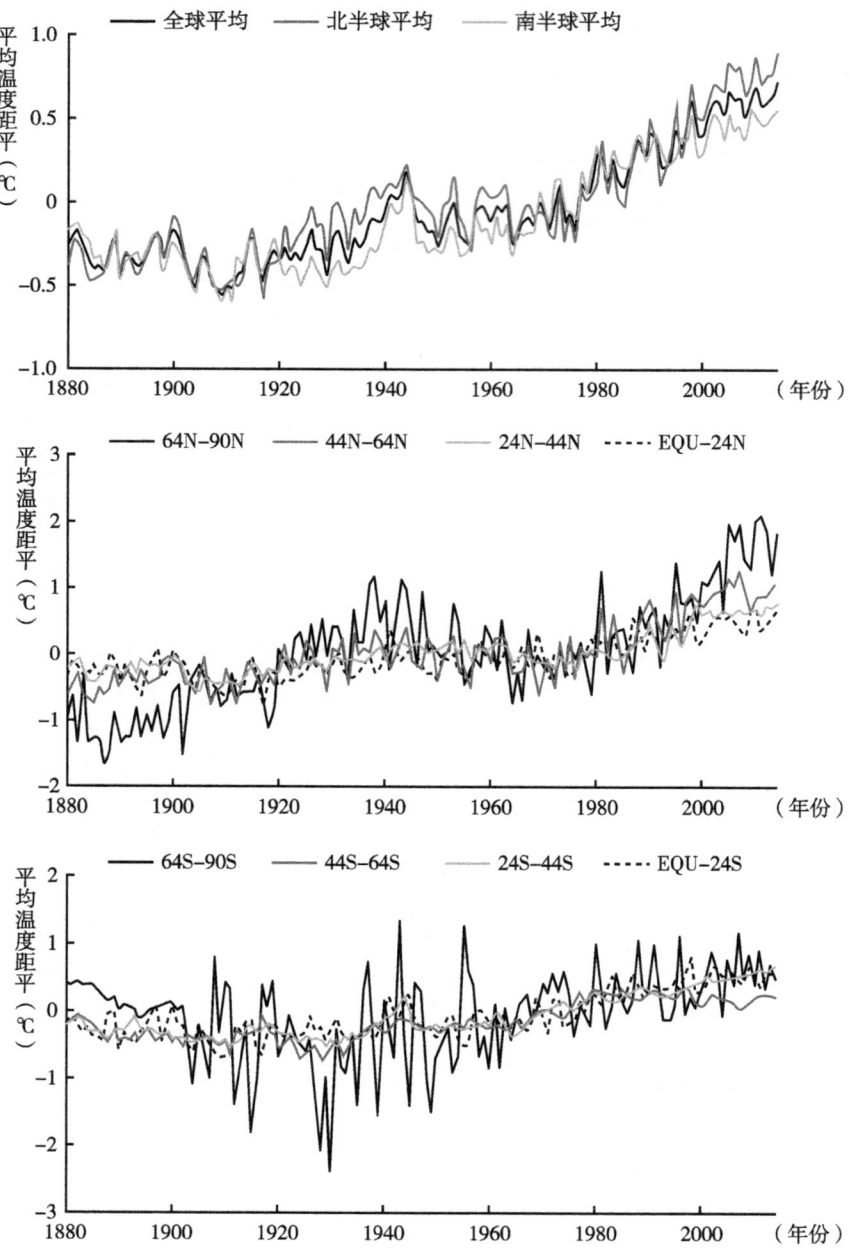

图3 不同纬度带的地表平均气温变化（相对于1961~1990年平均）

资料来源：NASA GISS。

北半球，中高纬度地区的气温升高趋势最明显，且气温的变化幅度也最大。

（三）全球降水的监测

2014年全球平均降水量接近常年值1033毫米，降水显著偏少的区域主要出现在美国西南部、中国东北地区、巴西东部等；降水偏多区域分布在阿根廷北部、玻利维亚、巴拉圭和巴西南部和巴尔干半岛的南部（见图4）。

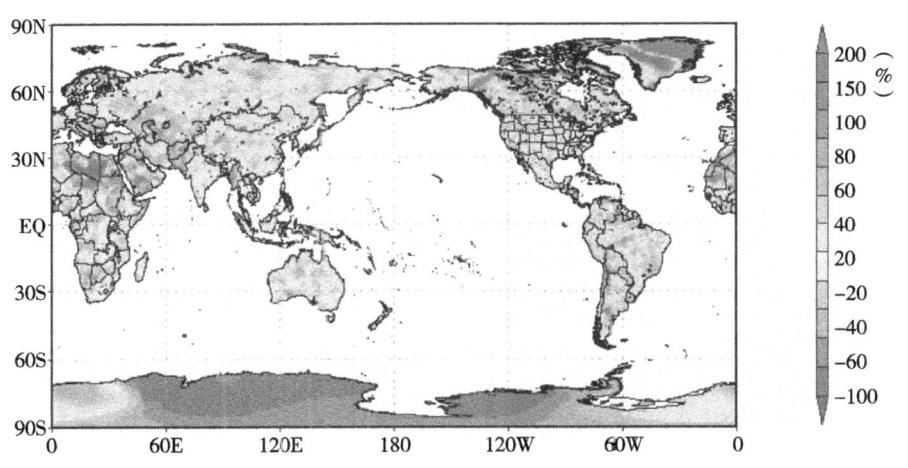

图4　2014年全球降水距平百分率的空间分布特征

（四）大气环流的监测

关于2014年大气三圈经向环流变化的分析表明：全球地表气温的气候变化对应大气环流的调整。2014年，热带哈德莱环流总体向南移动（见图5），南北半球的温带急流向南移动（见图6）。北极地表的增暖造成温带急流北侧大气低层的经向热力梯度减小，根据大气的热成风调整关系，经向热力梯度减小对应纬向风速减小，进而引起温带急流的南移。

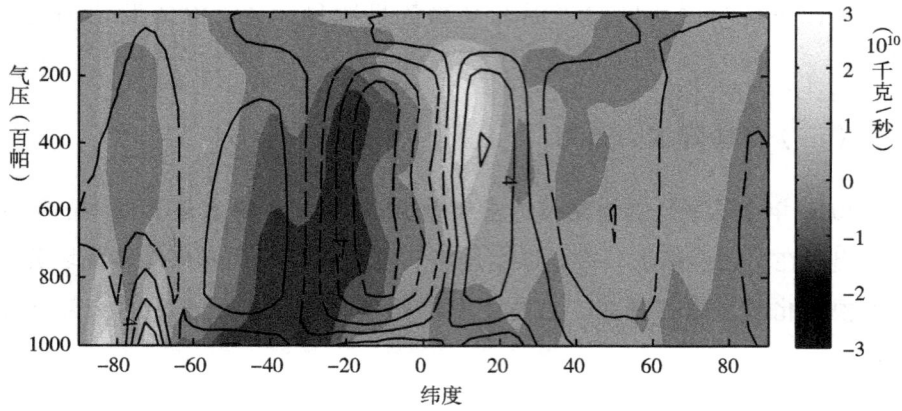

图 5　2014 年大气三圈环流的气候异常

注：等值线代表 1961~1990 年的气候平均态的流函数，阴影代表 2014 年流函数的气候异常，单位为 10^{10} 千克/秒。

资料来源：NCEP 逐月再分析资料。

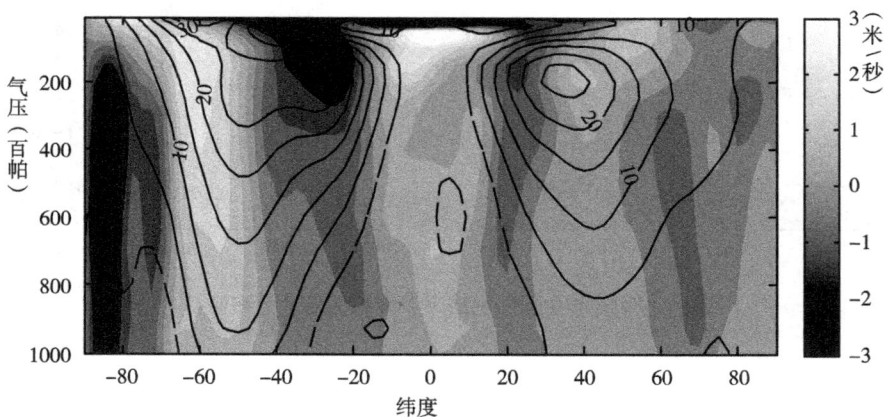

图 6　2014 年纬向平均的纬向风的气候异常

注：等值线代表 1961~1990 年纬向风场的气候平均态，阴影代表 2014 年纬向风场的气候异常，单位为米/秒。

资料来源：NCEP 逐月再分析资料。

（五）海洋热容量与海表温度变化

对应地表气温的增暖趋势，一个事实不可忽略，那就是气候变暖不仅关乎大气本身，而且，占全球面积大约2/3的海洋也在其中发挥着不可替代的作用，其加热过程具有惯性效应。研究表明，来自化石燃料以及其他人类活动的温室气体在大气之中贮存了多余的能量，其中93%都被海洋承载。日本气象厅的监测也显示，1950年以来，0～700米深度海洋热容量以每10年$(2.11 \pm 0.03) \times 10^{22}$焦耳左右的速率增长，2014年为海洋热容量最高的一年。美国国家海洋和大气管理局最新公布的上层海洋（0～2000米）热含量曲线（见图7）显示，2014年全球海洋继续变暖，整层热容量达到极大值。因此，全球平均的海温热容量也在持续上升。

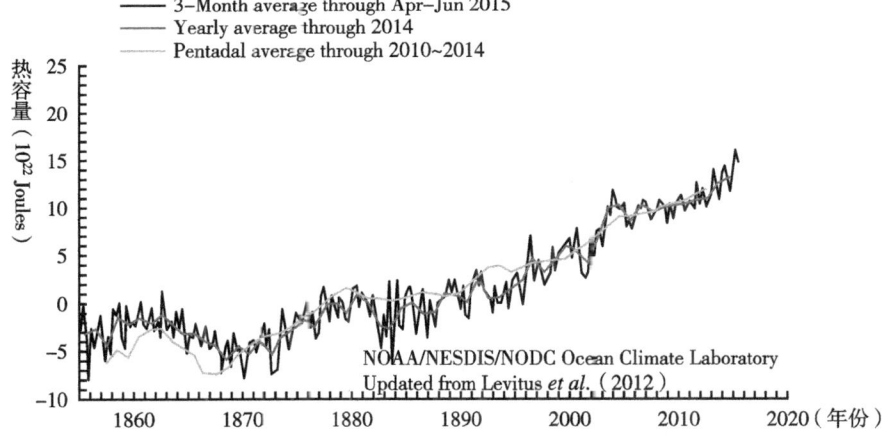

图7 海洋热容量（0～700米）异常值的逐年变化

资料来源：NOAA/NESDIC/NODC。

北大西洋年代际振荡（AMO）是发生在北大西洋区域海盆空间尺度的、多年代时间尺度的海温自然变率，振荡周期为65～80年。1950～2014年，北大西洋（北纬0～60°，西经0～80°）海表温度总体呈上升趋势，并表现出明显的年代际变化特征：20世纪50年代海表温度偏高，60～70年代海表温度以偏低为主，20世纪80年代中期以来北大西洋海表温度持续偏高（见图8a）。2014年，北大西洋平均海温距平为0.39℃。1950～2014年，热带印度洋（南纬20°～北纬20°，东经40°～110°）海表温度呈现显著上升趋

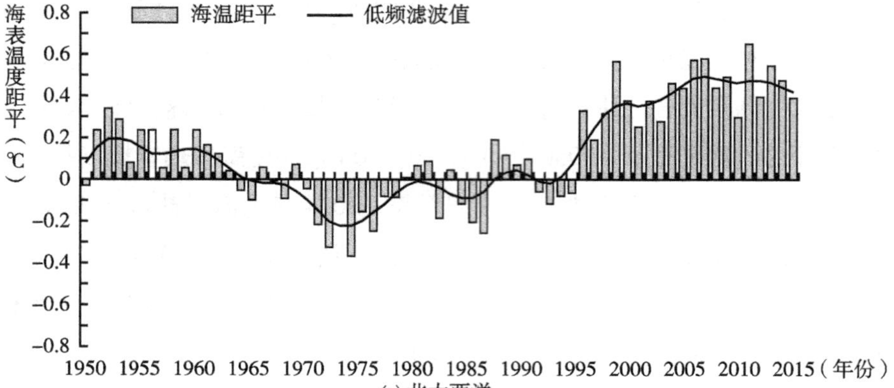

图 8 年平均海表温度距平变化

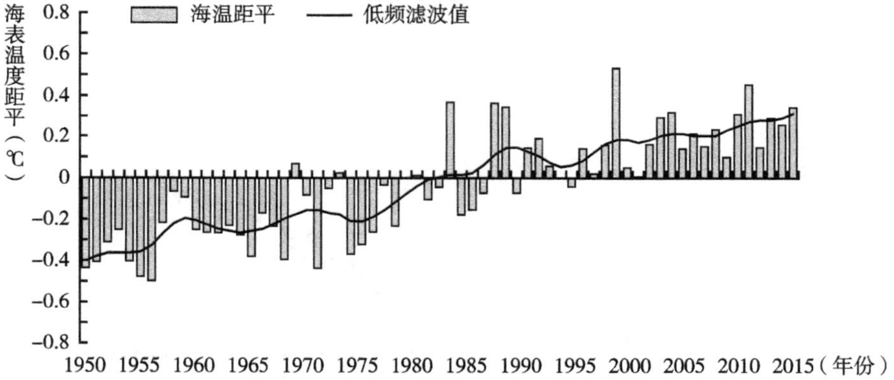

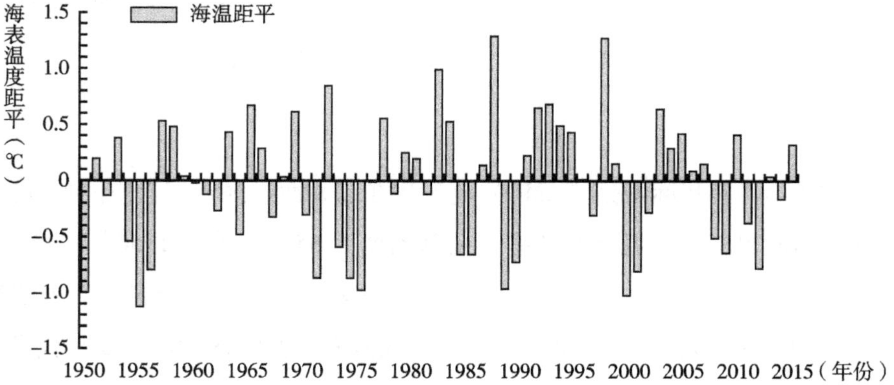

势。20世纪50~70年代,热带印度洋海表温度较常年值持续偏低,之后以偏高为主(见图8b)。2014年,热带印度洋平均海温距平为0.34℃。1950~2014年,赤道中东太平洋(南纬5°~北纬5°,西经120°~170°)海表温度主要表现为年际变化特征(见图8c)。1998~2013年,赤道中东太平洋累计出现4次拉尼娜事件,其强度等级分别为1次强、2次中等、1次极弱;累计出现3次厄尔尼诺事件,其中1次中等、2次弱。2014年,赤道中东太平洋发生1次厄尔尼诺事件,并经历了发展—减弱—增强的演变过程,该次事件目前仍在持续。

(六)冰冻圈的变化

美国冰雪中心(National Snow & Ice Data Center,NSIDC)的最新监测显示,随着全球气候变化,北极海冰范围迅速缩退。2014年北极海冰的最小范围出现在9月17日,为1981年以来第7低值(见表1)。

表1 2014年北极海冰的最小范围的排名(相对于1981~2010年平均)①

单位:百万平方千米

排名	年份	最小的海冰范围	日期
1	2012	3.39	9月17日
2	2007	4.15	9月18日
3	2011	4.34	9月11日
4	2015	4.41	9月11日
5	2008	4.59	9月20日
6	2010	4.61	9月21日
7	2014	5.03	9月17日
8	2013	5.05	9月13日
9	2009	5.12	9月13日
10	2005	5.32	9月22日

① Kwok, R., "Sea Ice Convergence Along the Arctic Coasts of Greenland and The Canadian Arctic Archipelago: VariaBility and Extremes (1992 - 2014)," *Geophysical Research Letters*, 2015, doi: 10.1002/2015GL065462.

二 全球最暖年中国地表气温变化的观测事实

近百年中国地表年平均气温总体呈上升趋势，并伴随明显的年代际变化特征，20世纪30~40年代和80年代中后期以来为主要的偏暖阶段（见图9）。1901~2014年，中国地表平均气温上升了1.09℃。1961~2014年，中国地表平均气温呈显著上升趋势，平均每10年升高0.28℃。1997年以来，中国年平均气温持续偏高，但最近10~15年升温趋缓，总体特征与全球相一致。2014年中国地表平均气温为10.1℃，比常年值偏高0.86℃，位列1901年以来的第9暖年。北京观象台年平均气温为14.1℃，较常年值偏高1.8℃，创1901年有气象观测记录以来的历史新高。

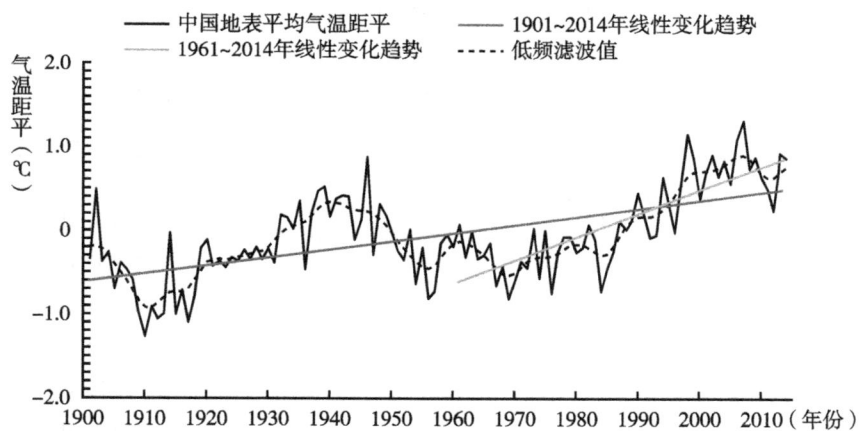

图9 中国年平均地表气温气候变化特征

资料来源：国家气象信息中心。

2014年中国气候属于正常年景，极端天气气候相对较少，气象灾害影响较轻；全国降水量总体接近常年，但南多北少分布型突出，华西秋雨显著；平均风速偏小，大气环境容量低，冬季华北雾霾天气多。

三 2014年全球最暖年的可能成因分析

全球变暖是一种长期的变化趋势，2014年出现最暖年是在这种长期趋势上叠加的年际变化。众所周知，地球表面气温是气候系统的能量平衡决定的，全球变暖的主要成因可以从气候系统外源强迫和气候系统内部的变化两个角度分析。

从外源强迫的角度出发，导致全球变暖的主要原因是长期人类活动造成大气中温室气体含量增加。长期温室气体继续排放将导致21世纪末全球气温在现有基础上再升高0.3℃~4.8℃。

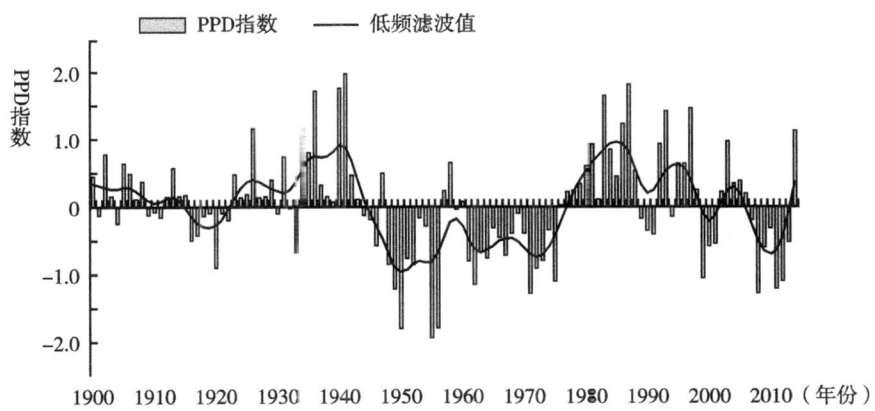

图10 太平洋年代际振荡指数气候变化特征

除了大气温室气体的作用之外，气候系统内部各圈层的变化也会影响地表气温的变化。众多研究表明，海洋变暖和热容量增大是全球最暖年的重要原因[1]。作为地球上年代际时间尺度上的气候变率强信号，太平洋年代际振荡现象（Pacific Decadal Oscillation，PDO）可以部分解释全球气温的年代际

---

[1] Chen, X. & Tung, K.-K., "Varying planetary heat sink led to global-warming slowdown and acceleration," Science 345, 2014, pp. 897-903.

振荡。在年代际背景下,当PDO呈现正位相时,全球地表气温通常偏高。监测显示,2014年的PDO指数为1.13,从年代际时间尺度上来看,PDO很可能由之前的负指数年代(20世纪90年代至2013年)转为正位相时期。此外,这种年代际的气候现象与另外一种海洋的年际信号——厄尔尼诺现象是密切相关的。研究表明,当PDO呈现正位相时,赤道太平洋发生厄尔尼诺现象的可能性更大。大量研究表明,厄尔尼诺现象发生的年份,全球平均气温也容易偏高。2014年处于厄尔尼诺年,赤道东太平洋的海温较常年平均偏高。因此,不论是在年代际背景方面还是在年际变化方面,海洋对2014年成为全球最暖年的贡献都是不容忽视的。

四 气候变暖的挑战及应对措施

综上所述,2014年全球出现了1850年以来陆地和海洋整体表面温度的最暖年份。陆地上,高纬度增温幅度远大于低纬度;全球主要海域的海表温度持续升高,海洋热容量线性增加;北极海冰较常年平均偏少,为历史同期第7低值。中国的地表气温为1901年以来第9暖年。

2014年出现最暖年的可能原因是长期人类活动导致的温室气体排放增加和海洋热容量的持续增加。长期温室气体继续排放将导致21世纪末全球气温在现有基础上再升高0.3℃~4.8℃。2014年,太平洋年代际振荡出现由负指数向正指数转折的信号,赤道中东太平洋形成一次厄尔尼诺事件,全球主要海域海表温度持续升高,海洋热容量线性增加,全球出现了1850年以来陆地和海洋整体表面温度最高年。

如果地球再处于自然增温阶段,与人类活动造成的气候系统增温相叠加,将会进一步加速全球气候变暖,也将导致全球和区域高温、洪涝、干旱等风险加剧,极端气候灾害将趋多趋强。因此,气候变暖和极端气候事件增加是气候变化的重要事实,是人类社会面临的重大挑战。

全球变暖带来了一系列连锁反应。温度持续上升使冰川大面积消融,全球范围内极端气候事件频繁增加。此外,气候变暖使城市热岛效应加剧,冷空气活动与风速减弱更容易形成雾霾天气，不利于大气污染物扩散与稀释；水温升高加速微生物繁殖和水体富营养化，使得城市环境更加脆弱，需要调整城市布局与规划，加强城市环境保护。气温升高引起的全球极端天气气候事件频发对交通、供电、通信、供水、供热、供气等基础设施建设与运行产生显著影响。

　　针对全球气候变暖的影响因素，建议采取以下措施：调整能源结构，改善能源的使用效率，鼓励使用太阳能、风能以及绿色生物能源等清洁能源，以其取代石油、煤炭等既有的高污染能源，减少化石燃料的消耗；实行二氧化碳总量控制，从法律层面上征收排放税；保护森林，停止无节制的生态环境破坏；全面禁用氟氯碳化物；等等。

G.13
"APEC蓝"对中国城市大气污染防治的启示

朱 蓉*

摘　要：	对2014年APEC会议前后大气污染物扩散气象条件的分析表明，APEC会议大气污染防控措施的实施效果非常显著。这证明了京津冀大气污染治理的正确途径是：建立重污染天气区域应急联动减排机制；强化本地应急减排措施；加强重污染气象条件预警。
关键词：	大气环境容量　大气污染防控措施　区域应急联动减排机制　重污染气象条件预警

一 引言

随着中国工业化、城镇化的深入推进，能源资源消耗持续增加，大气污染防治压力不断加大。为切实改善空气质量，2013年9月国务院发布了《大气污染防治行动计划》，希望经过5年努力，全国空气质量总体改善，重污染天气有较大幅度减少，京津冀、长三角、珠三角等区域空气质量明显好转。力争再用5年或更长时间，逐步消除重污染天气，全国空气质量明显改善。《大气污染防治行动计划》经过近2年的实施，大气污染防治工作取

---

* 朱蓉，国家气候中心研究员，研究领域为大气污染潜势气候影响评估和风能资源评估与预测。

得积极进展和一定成效。2014年全国161个地级及以上城市中，16个城市空气质量年均值达标（好于国家二级标准），145个城市空气质量超标；PM2.5年均浓度同比下降11.1%，达标城市比例为12.2%，同比上升8.1个百分点①。京津冀东部和南部地区城市密集、工业发达，加上西风气流在此受太行山和燕山山脉阻挡，大气污染物不易扩散，容易造成大气污染。2014年全国空气质量相对较差的10个城市中有8个城市位于京津冀。

亚太经合组织（APEC）最高级别会议于2014年11月5～11日在北京举行，为做好APEC会议期间空气质量保障工作，按照党中央、国务院的部署，京津冀及周边地区大气污染防治协作小组在区域大气污染联防联控机制的统筹下，科学制定了空气质量保障方案，通过北京市及周边6个省（区、市）的共同努力，真正实现了污染物排放的大幅削减，确保了APEC会议期间北京的蔚蓝天空。

二 APEC期间的污染防控措施

APEC会议空气质量保障工作共涉及7个省（区、市）：北京市、天津市、河北省、山西省、内蒙古自治区、山东省和河南省。防控措施实施分4个阶段：前期大气污染治理、会前准备措施督查、防控措施启动和加大防控力度。

2014年初，北京市及周边6省（区、市）的大气污染治理工作就全面启动。截至10月底，北京市燃煤锅炉改造5500蒸吨，实现了会址周边21平方千米"无煤化"；淘汰老旧机动车超过30万辆，新增新能源小客车1500多辆；淘汰或使部分污染企业退出；对1200多个5000平方米以上施工工地实行远程视频监控，并规范渣土运输。天津市燃煤锅炉改造100多家，治理或淘汰污染企业近60家。河北省采取的措施有：淘汰燃煤锅炉、

---

① 中华人民共和国环保部：《2014年中国环境状况公报》。

完成集中供热锅炉煤改气改造、建立洁净煤生产配送中心；压减炼铁、粗钢、水泥、玻璃的产能，减少燃煤近2000吨；完成脱硫、脱硝、除尘改造重点减排工程；淘汰黄标车，治理油罐车、储油库和加油站。山西省淘汰小型燃煤锅炉；完成水泥窑脱硝、电力企业除尘、工业企业挥发性有机物的治理；压减钢铁、水泥、焦炭和火电的产能。内蒙古自治区淘汰和改造燃煤锅炉近千台，完成大型企业的脱硝、脱硫和除尘改造。山东省淘汰燃煤分散锅炉近千台；淘汰黄标车和老旧车辆40多万辆；完成燃煤发电机组的脱硝和除尘改造。①

10月底，京津冀及周边地区大气污染防治协作小组对24个重点城市进行督察，检查停产、限产企业启动防控措施的准备情况，落实裸土工地覆盖、禁烧秸秆、高架源达标排放等大气污染防控措施的实施。

11月3日，北京市及周边6个省（区、市）统一启动APEC会议空气质量保障措施。根据中国环保监测总站、中国气象局、北京市及周边6个省（区、市）空气质量预警预报中心及现场专家会商预测结果，11月4~5日、8~11日会发生2次明显不利的气象条件。因此，11月3日起，北京、天津以及河北、山东的部分城市启动实施了最高一级重污染天气应急减排措施。北京市、天津市以及河北省太行山一线城市全部施工工地停工，机动车单双号限行、公车部分停驶，部分燃煤电厂停产或限产。11月6日，北京市、天津市、河北省8个市2个直管县、山西省3个市、山东省6个市启动实施最高一级重污染天气应急减排措施，内蒙古自治区距北京最近的乌兰察布市扩大了停产、限产范围。

11月3~12日，北京市燃煤电厂总污染物排放下降70%，机动车引起的污染排放量减少48%；天津市大气污染物排放减少40%以上，排放浓度控制在标准限值的70%以下；河北省和山西省重点控制的燃煤电厂在达标排放的基础上再减排30%，重点控制区公车限驶30%~40%。

---

① 《京津冀及周边地区大气污染防治协作小组工作简报》，16~20期，内部材料。

三 APEC期间污染防控效果

1. 会议期间及前后北京市及周边空气质量状况

根据中国环境科学研究院和中国环境监测总站的评估结果[①]，APEC会议期间北京地区空气质量明显改善，各项污染物浓度大幅降低，北京市区 $PM2.5$、$PM10$、SO_2、NO_2 的浓度比上年同期下降 22%~59%；京津冀地区 4 项污染物浓度比上年同期下降 25%~49%；京津冀各城市空气质量优良率达到 66%，比上年同期上升 25 个百分点；中度以上污染天数只占 12%，严重污染天数仅 1 天。

2014 年 10 月北京市共发生了 4 次重污染天气过程，重污染天气 11 天。APEC 会议期间，除 11 月 4 日以外，北京市空气质量均保持在优良等级。11 月中旬以后，北京市共发生 3 次重污染天气过程，重污染天气 6 天。图 1 至图 4 为北京市、天津市、廊坊市和保定市 2014 年 10~11 月日均空气污染指数，可以看出，由于 APEC 会议期间空气污染防控措施的有效实施，11 月 3~12 日北京市及周边地区的空气质量都有了明显改善。北京市除了 11 月 4 日空气质量为中度污染等级外，其他时间空气质量一直都保持在优良等级；廊坊市有 2 天中度污染；天津市有 1 天重度污染、1 天中度污染；保定市有 1 天重度污染、4 天中度污染。APEC 会议以后的 11 月 13~30 日，京津冀地区共发生 3 次污染过程。北京市、天津市和廊坊市出现重度污染天气各 6 天；石家庄市重度污染 8 天；保定市重度污染 12 天。

2. 气候背景条件

地球表面大气对人类排放到其中的污染物具有一定的自净能力。大气的水平运动、垂直运动和湍流运动可以使污染物扩散，稀释污染浓度；降水可以把污染物冲刷到地面，从而清除空气中的污染物。通风量是描述大气对污

[①] 中国环境科学研究院：《APEC 期间京津冀及周边地区大气环境强化监测评估报告》，内部材料。

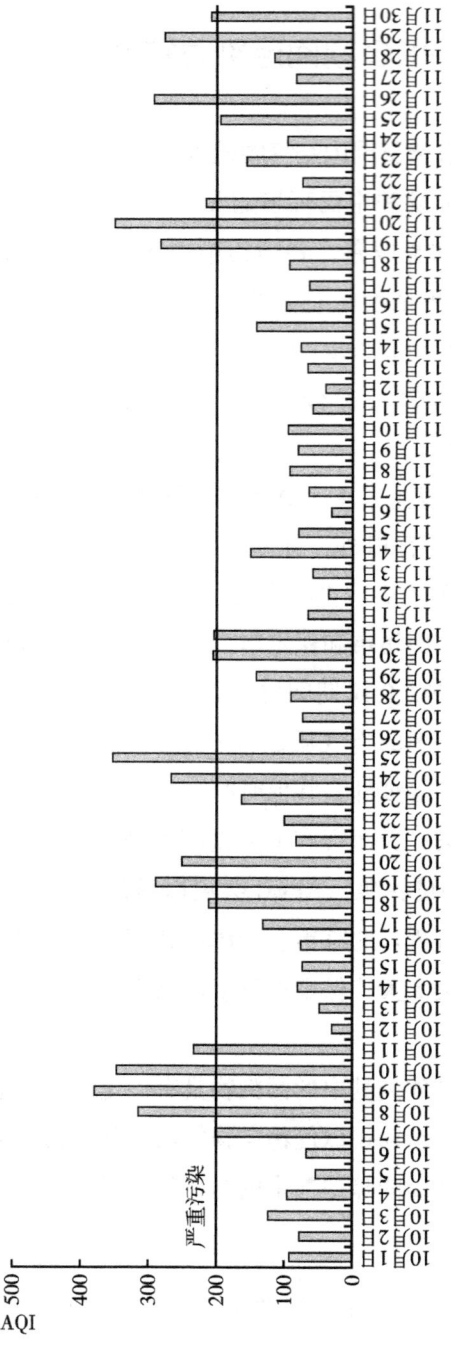

图1 2014年10~11月北京市空气污染指数

注：横线表示严重污染等级。

"APEC 蓝"对中国城市大气污染防治的启示

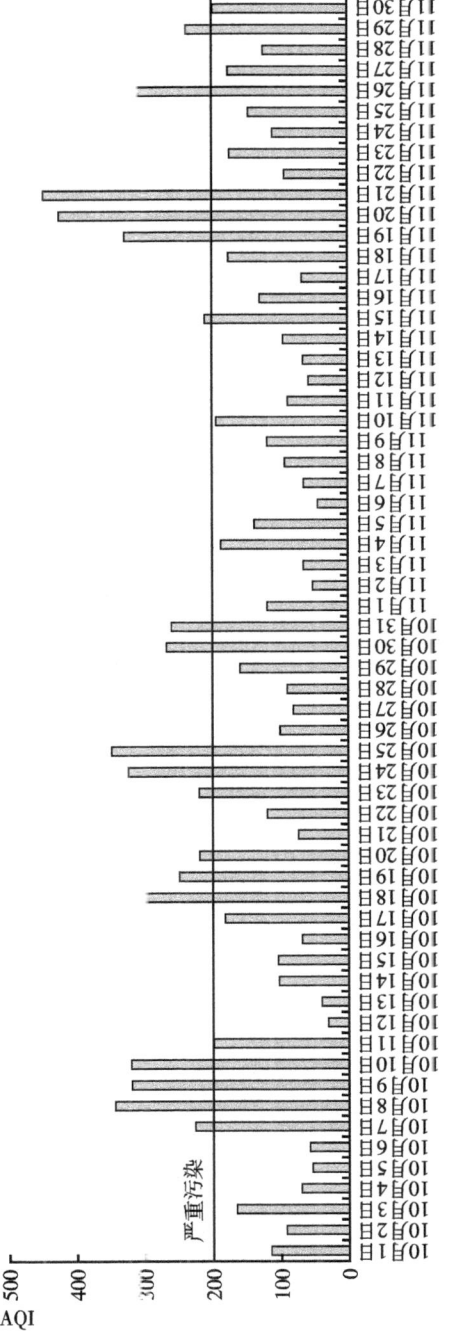

图 2 2014 年 10~11 月廊坊市空气污染指数

注：横线表示严重污染等级。

气候变化绿皮书

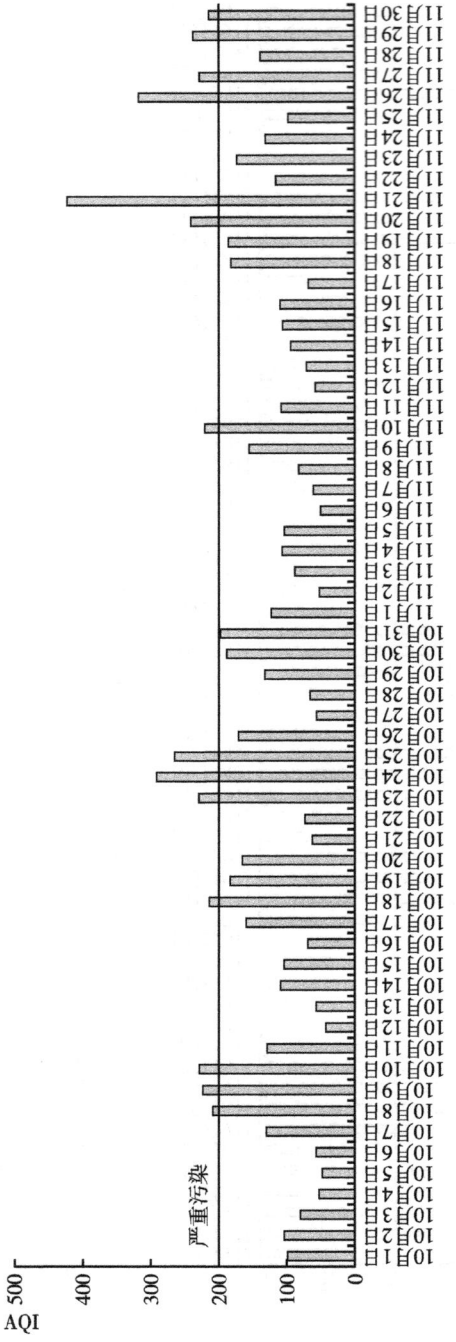

图3 2014年10~11月天津市空气污染指数

注：横线表示严重污染等级。

"APEC 蓝"对中国城市大气污染防治的启示

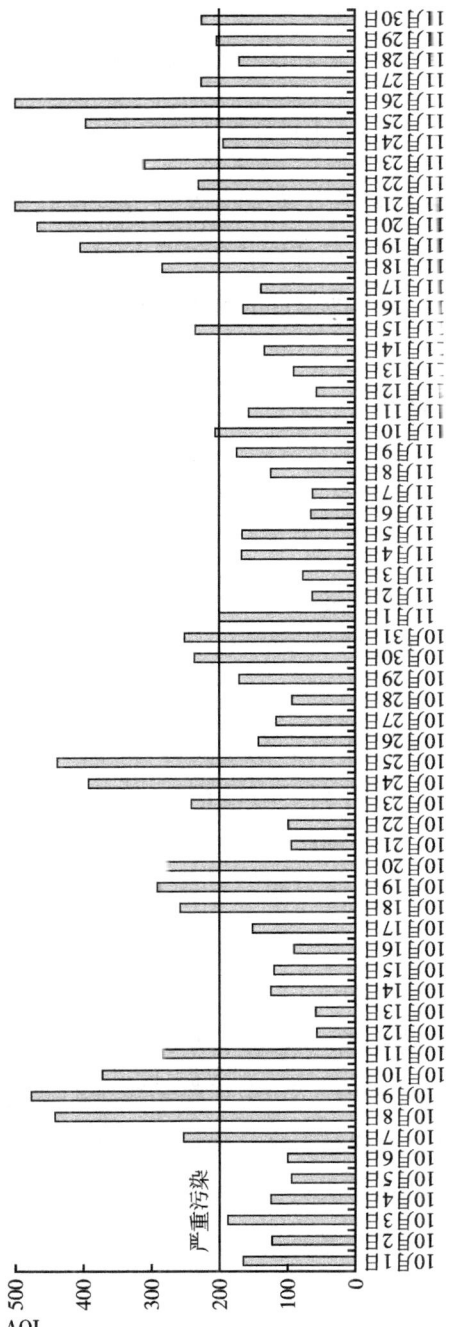

图 4 2014 年 10～11 月保定市空气污染指数

注：横线表示严重污染等级。

染扩散能力的变量,被定义为大气边界层内水平风速与高度的乘积,表示单位时间内大气污染物在水平方向和垂直方向能够扩散的范围:

$$V_E = \int_0^H u(z)\,\mathrm{d}z \qquad (1)$$

式中 V_E 表示通风量,单位是平方米/秒;H 为混合层高度,单位是米;$u(z)$ 为水平风速,水平风速是随高度变化的,单位是米/秒。大气环境容量是指在大气污染浓度不超过空气质量标准前提下的最大允许排放量。大气环境容量的大小取决于大气自净能力,而大气自净能力是由气候背景条件决定的。本文在计算大气环境容量时,考虑大气对污染物的平流扩散能力和降水的清洗能力,表达为:

$$A = \left[\frac{\sqrt{\pi}}{2}\int_0^H u(z)\,\mathrm{d}z + v_w\sqrt{s}\right]\cdot C_s \cdot \sqrt{s} \qquad (2)$$

式中 A 为大气环境容量,单位是吨/秒·平方千米;v_w 为降水速率,单位是米/秒;S 为区域面积,单位是平方千米;C_s 为空气质量标准浓度,单位微克/立方米。

本文采用 1985~2014 年全国近 800 个气象站地面观测数据,计算得到全国平均大气环境容量分布(见图5)。可以看出,四川盆地和新疆西部是中国大气环境容量最低的地区;中国中东部内陆地区的大气环境容量较低;东北地区最北部、内蒙古锡林郭勒盟东部、山东半岛等是中国大气环境容量最高的地区。

从 1961 年以来全国大气污染防控"三区十群"以及哈尔滨市、郑州市的大气环境容量常年变化趋势来看(见表1),除新疆乌鲁木齐城市群以外,其他地区大气环境容量在 1961~2014 年都呈减小的变化趋势;近 30 年内,全部地区的大气环境容量均呈下降变化趋势;近 10 年内,除武汉地区和山西中北部地区以外,各地区大气环境容量均呈下降的变化趋势。近 10 年以来,郑州市、哈尔滨市和山东地区大气环境容量变化率最大,10 年间分别下降了 19%、16.5% 和 16%;京津冀地区近 10 年下降了 13.7%。1993 年以后,京津冀地区大气环境容量就一直低于 1961~2014 年的平均值

"APEC蓝"对中国城市大气污染防治的启示

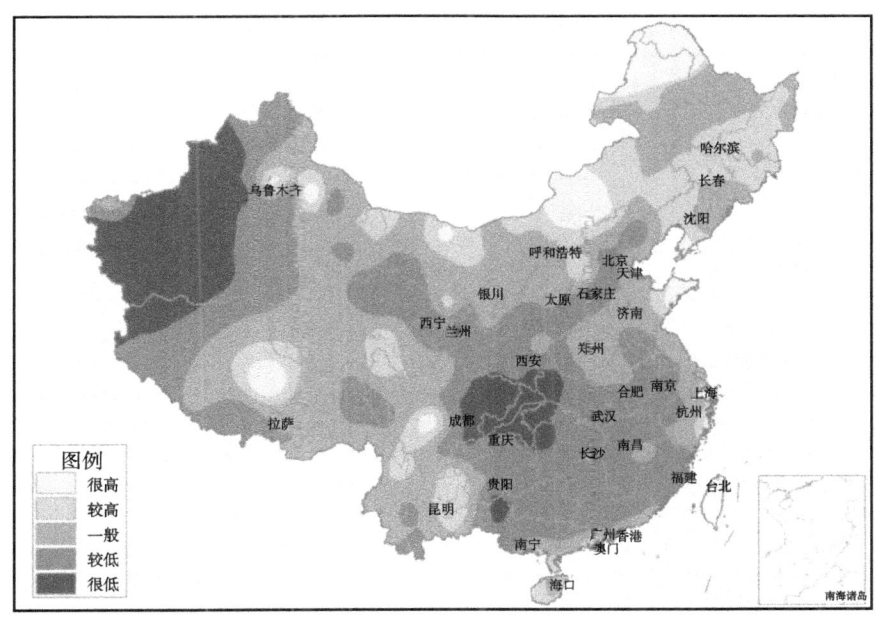

图5　1985～2014年平均大气环境容量分布

资料来源：国家气候中心。

(见图6)。大气环境容量降低的变化趋势，说明大气自身对污染物的清除能力降低，但这个降低的变化幅度还是缓慢的。

表1　全国大气污染防控"三区十群"以及哈尔滨市、郑州市的大气环境容量变化趋势

单位：%

地区	1961～2014年 年大气环境容量 变化速率	1985～2014年 (近30年)年大气环境 容量变化速率	2005～2014年 (近10年)年大气环境 容量变化速率
京津冀	-0.588	-0.468	-1.374
长江三角洲	-0.740	-0.852	-1.110
珠江三角洲	-0.472	-1.034	-1.276
辽宁中部	-1.449	-1.405	-0.095
山东	-0.621	-0.810	-1.595
武汉及周边	-1.705	-1.744	0.240
长株潭	-0.613	-0.980	-0.674

续表

地区	1961~2014年年大气环境容量变化速率	1985~2014年（近30年）年大气环境容量变化速率	2005~2014年（近10年）年大气环境容量变化速率
成渝	-0.632	-0.452	0.295
海峡西岸	-0.597	-1.164	-0.567
山西中北部	-0.622	-0.618	1.398
陕西关中	-1.215	-0.713	-0.884
甘宁	-0.192	-0.262	-0.585
新疆乌鲁木齐城市群	0.062	-0.593	-0.196
哈尔滨	-0.708	-1.024	-1.653
郑州	-1.004	-0.726	-1.902

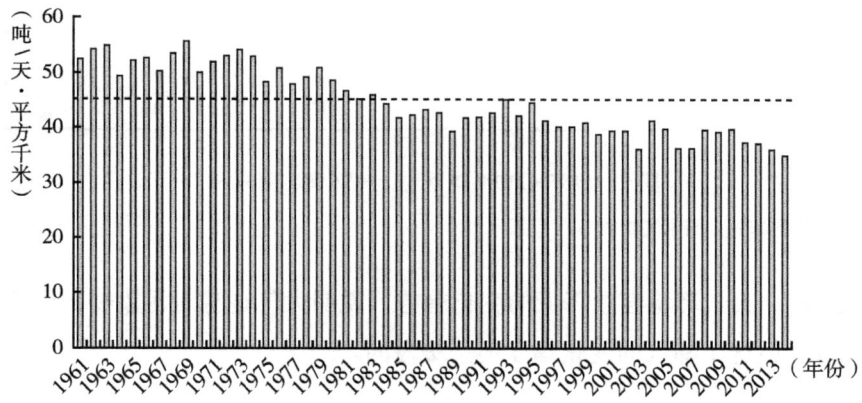

图6　1961~2014年京津冀地区年平均大气环境容量变化趋势

注：虚线表示1961~2014年的平均值。

京津冀地区西部紧邻太行山、北部有燕山、东部延伸到渤海湾，燕山山脉和太行山山脉紧紧相连且海拔均超过1000米，在北京、保定、石家庄、邢台、邯郸等城市的西部和北部形成了天然的屏障。图7是2014年11月10日12:00京津冀地区距离地面200米、550米和1600米高度的水平流场。可以明显地看出，1600米高空盛行偏西风，200米和550米高度上由于燕山和太行山脉的阻挡，在京津冀东南部形成了背风区，北京、保定、石家庄、邢台、邯郸等城市正好落在背风区中。背风区是气流的空腔区，不仅风速很小,而且南部气流补充过来后形成低层偏南气流,低层偏南气流北上遇到燕山阻挡形成回流。因此,京津冀地区受太行山和燕山的作用,中南部容易形成小风区,低层风向与高层偏西气流不一致,最终形成不利于大气污染物扩散的气象条件。

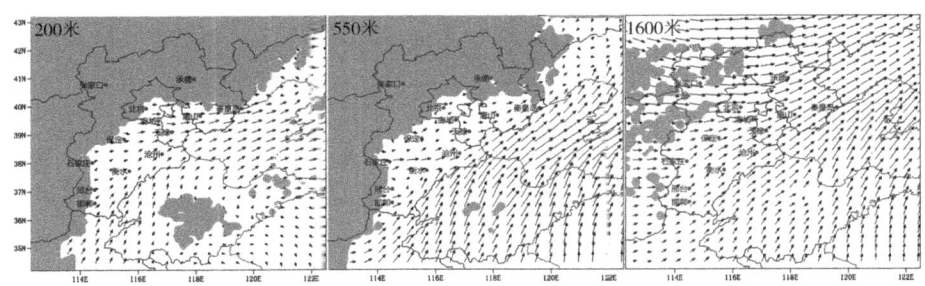

图7　京津冀地区2014年11月10日12：00距离地
200米、550米和1600米高度的水平流场

3. 大气污染防治效果评估

据中国环境科学研究院分析,2014年11月3~12日APEC会议期间,北京及周边地区采取的大气污染物减排措施使北京城区PM2.5浓度降低约35%,NO_2浓度降低约33%,有效避免了重污染天气发生。由于南风弱,大气污染物跨区域输送不明显,北京本地减排对改善空气质量的贡献率为83%~89%,周边地区减排的贡献率为11%~17%。

在APEC会议前的2014年10月,北京市共经历了4次重污染天气过程,图8为2014年10月7日至11月12日北京市日均空气质量指数(AQI)和通风量日均值。可以看出,由于没有降水,重污染日与通风量的低值是对应的。例如,10月7~11日北京市大气通风量持续很低,空气质量均为重污染等级,12日通风量大幅度增加,相应的空气质量转变为一级;有时候,由于连续不利扩散气象条件,大气污染浓度较高,因此在大气通风量增大后的第二天,空气质量才好转,如10月20日通风量明显增大,21日空气质量才由重污染转为良。

10月底大气污染防治协作小组对京津冀及周边地区24个重点城市进行

了督察，使工地扬尘、秸秆焚烧、路边烧烤等大气污染排放受到抑制。因此在 10 月 29～31 日大气通风量非常低的条件下，出现 2 天重污染，但日均 AQI 值明显低于当月发生过的重污染日的值。11 月 3 日全面启动大气污染减排措施，3～4 日通风量较低时，4 日达到中度污染。11 月 6 日起加大了防控力度，因此在 7～10 日连续 4 天通风量非常低的不利扩散气象条件下，空气质量保持在优良等级。

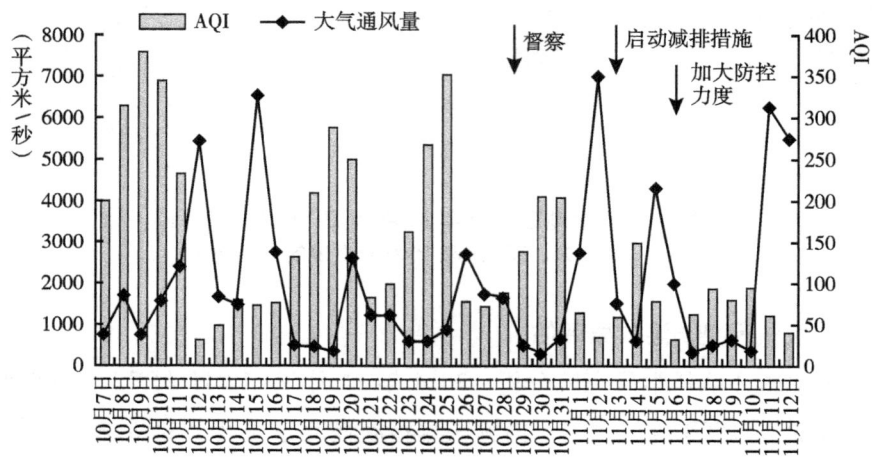

图 8　北京市 2014 年 10 月 7 日至 11 月 12 日大气通风量和空气质量指数日均值

表 2 为 APEC 会议前后北京市空气质量与大气环境容量的对比。10 月 7～11 日连续 5 天重度污染，最大空气质量指数 AQI 高达 379，大气环境容量较近 10 年同期最大值低 89%；10 月 17～20 日连续 3 天重度污染，最大 AQI 指数 289，大气环境容量较近 10 年同期最大值低 76%；10 月 23～25 日连续 2 天重度污染，最大 AQI 指数 353，大气环境容量较近 10 年同期最大值低 90%；10 月 29～31 日连续 2 天重度污染，最大 AQI 指数 206，大气环境容量较近 10 年同期最大值低 98%，此时由于京津冀地区的大气污染防控措施刚刚开始，因此空气质量没有明显改善。APEC 期间的 11 月 7～10 日，大气环境容量较近 10 年同期分别低 45%、35%、29% 和 80%，而 AQI 指数分别为 63、93、80 和 95。充分体现了 APEC 期间大气污染应急减排措施的成

效，证明了京津冀地区大气污染的根本原因是污染排放量大，不利的气象条件是次要原因。

表2 APEC会议前后北京市空气质量与大气环境容量的对比

时间	大气环境容量与近10年同期最大距平百分率	重度污染天数	最大日均AQI指数	防控措施
10月7~11日	-39%	5天	379	没有防控措施
10月17~20日	-76%	3天	289	没有防控措施
10月23~25日	-90%	3天	353	没有防控措施
10月29~31日	-98%	2天	206	采取防控措施
11月7~10日	-80%	0天	95	加大防控力度
11月18~21日	-94%	3天	351	没有防控措施
11月26~29日	-85%	2天	293	没有防控措施

四 "APEC蓝"的启示

事实证明，APEC会议期间的大气污染防控措施效果显著，在遭遇了较强的不利污染物扩散气象条件下，仍然保障了北京的蓝天。北京"APEC蓝"的大气污染防控行动，充分证明了大气污染排放是造成京津冀大气重污染的根本原因，也由此获得了京津冀地区削减不同类型污染排放与空气质量改善之间关系的第一手实验资料，可以为京津冀地区大气污染治理和"一体化"发展规划提供科学依据。

"APEC蓝"增强了我们消灭重污染天气、改善城市空气质量的信心，并用事实证明了京津冀大气污染治理的正确途径有以下几点。

（1）建立重污染天气区域应急联动减排机制。随着中国城镇化的快速推进，中东部地区已形成多个城市群，大气污染物的跨区域输送已经是不争的事实，APEC会议期间大气污染防控措施涉及北京市及周边6个省（区、市），有效地保障了北京市的空气质量。为此，京津冀及周边地区大气污染防治协作小组通过了《京津冀及周边地区大气污染联防联控2015年重点工作》报告,明确了建立京、津、冀、晋、鲁、内蒙古六省区市区域空气重污染预警会商和应急联动长效机制。借鉴APEC会议空气质量保障工作经验,率先在京津冀,特别是在北京、天津、唐山、廊坊、保定、沧州六市,建立统一的空气重污染预警会商和应急联动协调机构,逐步实现预警分级标准、应急措施力度的统一,共同提前采取措施,应对区域性、大范围空气重污染,最大限度减缓不利扩散条件下污染物的累积速度,有效遏制污染程度,保障公众健康。同时开展区域性大气污染联动执法,全面落实《中华人民共和国环保法》,重点查处非法偷排、超标排放、逃避监测、阻挠执法等违法行为;坚决遏制秸秆焚烧、油品质量不达标、机动车排放等区域性污染问题。此外,加强信息共享和经验交流,实现空气质量和重点污染源数据、治污技术和经验等信息共享,共同提高治污水平。

(2)强化本地应急减排措施。APEC会议期间,京津冀及周边地区大气污染防治协作小组在得到重污染气象条件预报之后,迅速加大了污染防控力度,使北京市在非常不利污染扩散的气象条件下仍然保持住蓝天。因此,摸清本地各类污染源对大气污染的贡献,制定各类不利气象条件下的应急减排方案,是在短时间内有效控制大气污染的有力措施。

(3)加强重污染气象条件预警。APEC会议期间,由于11月3日预测了8~11日的不利气象条件,京津冀及周边地区大气污染防治协作小组从6日起加大了污染防控力度。由于有了前3天防控实施的基础,有效地控制了大气污染的发生。从污染防控措施的实施到空气质量的提高需要一定的时间,针对重污染气象条件制定相应的应急减排方案也需要一定时间,因此,重污染天气预警需要有足够的提前量,需要开发10~30天的重污染天气预警技术。

G.14
中国碳交易市场建设的现状与展望

熊灵 齐绍洲*

摘 要： 中国的碳交易市场已经在国内7个省市展开试点建设。试点结果表明，在中国推行碳交易市场是有效可行的，而且呈现总量刚性与结构弹性结合、历史法与基准法共用、免费发放与有偿配发同存、事前分配与事后调节配合的独特机制。由于数据基础薄弱、准备时间短暂，试点碳交易市场也面临总量过剩、鞭打快牛、双重计算、基准法使用有限、拍卖比例偏低等问题。试点碳交易市场暴露的问题和取得的经验，为全国统一碳交易市场的建设打下了良好的基础。在推进全国碳交易市场建设中，必须高度重视基础立法先行、排放数据统计和试点无缝衔接等问题。

关键词： 碳交易 试点 机制特征 全国碳市场

一 中国碳交易市场建设的整体情况与发展形势

进入21世纪以来，中国依靠大量投资和对外贸易保持经济持续高速增

---

* 熊灵，武汉大学国际问题研究院、国家领土主权与海洋权益协同创新中心副教授，武汉大学气候变化与能源经济研究中心绿色金融研究室主任；齐绍洲，武汉大学经济与管理学院让·莫内讲席教授，武汉大学气候变化与能源经济研究中心主任。

长,先后超越德国、日本成为世界第二大经济体。与此同时,中国的能源消耗和温室气体排放量也急速蹿升,超越美国成为世界第一的能源消费和温室气体排放大国。中国在哥本哈根气候大会向世界宣布"40~45"减排目标后,在国际减排承诺和国内资源环境双重压力之下,中国政府将控制温室气体排放的重点转向了最具成本效益的市场化手段。2011年10月,国家发改委批准北京、天津、上海、广东、深圳、湖北、重庆等7省市开展碳排放权交易试点工作,这些试点先后于2013年和2014年建立了地区碳交易机制,正式开启国内碳交易市场的建设进程。

截至2015年7月31日,7个碳交易试点中,北京、天津、上海、广东和深圳5个市场完成了第二年履约,湖北和重庆2个市场则完成了首年履约。与上年履约相比,第二年进行履约的5个试点情况更加优化,其中上海试点的控排企业履约率连续两年达到100%,北京和广东试点的履约率分别由首年的97.1%和98.9%上升至100%履约,深圳和天津试点的次年履约率也好于首年,均在99%以上。湖北试点虽然是首年履约,但由于制度设计合理、企业交易素质和积极性很高,因而履约率也达到100%。以上试点履约结果表明,在中国推行碳交易市场机制是有效可行的。

从碳市场的成交情况来看,截至2015年9月22日,7个试点的碳排放配额协商议价、协议转让以及CCER累计成交量如图1所示。在碳交易二级市场上,碳排放配额累计成交量达3304万吨,成交总额超10亿元。从市场活跃度来看,试点碳交易市场中相对活跃的是湖北、深圳、北京和上海。其中,湖北试点碳交易市场的交易最为活跃,协商议价总成交量1842万吨,占全国的56%;交易总额4.58亿元,占全国的42%。各试点的交易量和交易额情况如图2所示。

从碳市场的交易价格来看,国内碳市场的配额成交均价区间由2014年4月初的25~80元下降至2015年9月末的12~43元,呈现价格区间不断下移、价格差异逐渐缩小的趋势。而上海试点2015年7月末的日成交均价收于9.5元/吨,成为7个试点碳交易市场的历史最低价。值得注意的是,湖北试点碳交易市场自开市以来,交易价格一直稳定在 21~28 元,即使在履约当月价格也未出现剧烈波动。

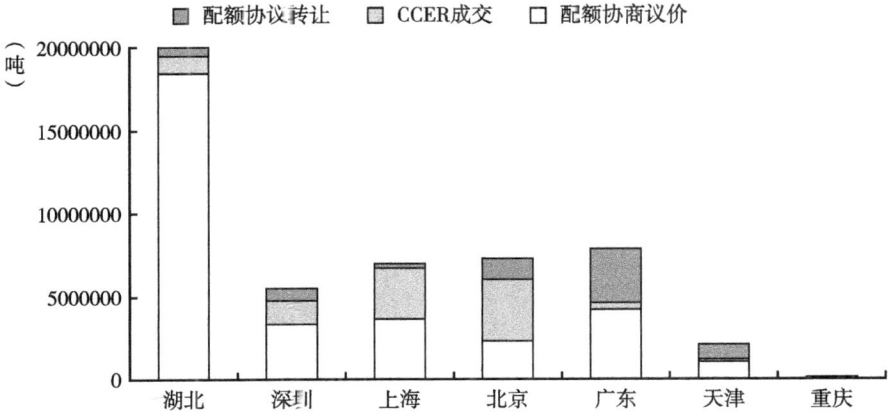

图 1 截至 2015 年 9 月 22 日中国碳交易市场累计成交量

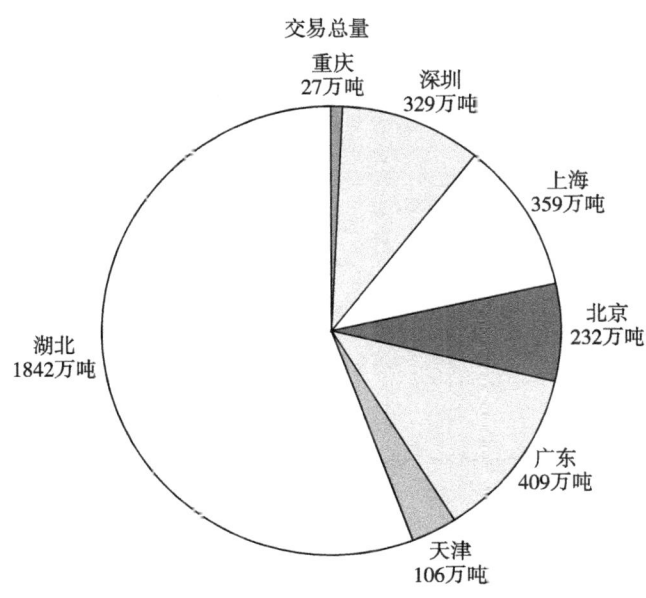

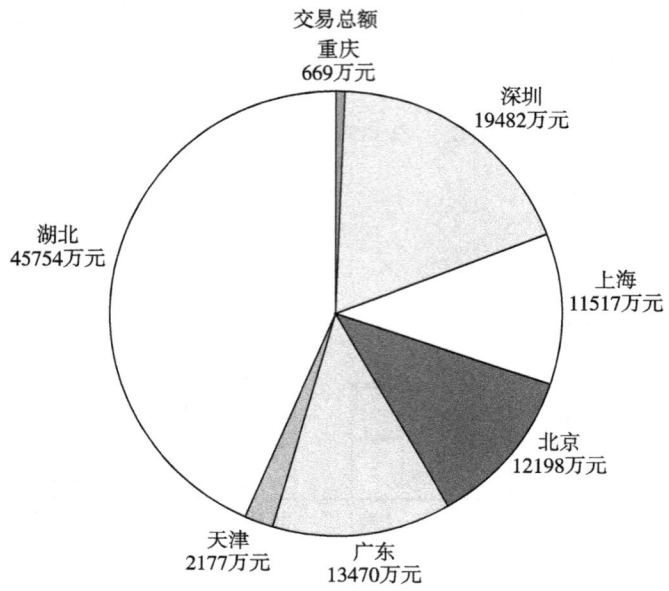

图2 截至2015年9月22日中国试点碳市场的交易总量和交易总额

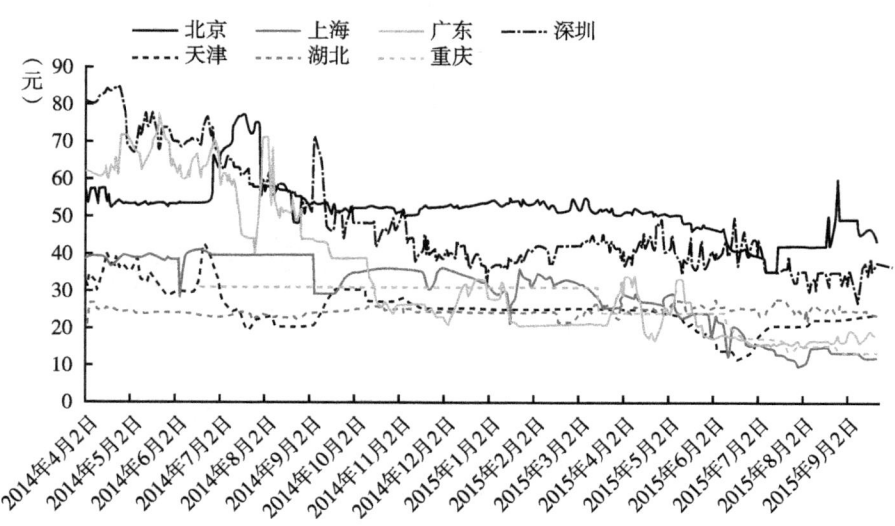

图3 2014年4月至2015年9月中国试点碳市场的交易价格走势

二 中国碳交易试点核心机制的主要特点

总体来讲，7个试点市场的核心机制设计借鉴了国际经验，同时也根据试点地区的经济结构与发展状况采用了各具特色的方式，呈现总量刚性与结构弹性结合、历史法与基准法共用、免费发放与有偿配发同存、事前分配与事后调节配合的主要特点。

（一）中国碳交易试点的总量与结构特征

中国作为发展中国家，所处的发展阶段和现实的经济结构与欧盟、美国加州这些发达地区有很大差别，在保证实现减排目标效果的同时，还必须为经济增长保留足够的配额变化空间。为了达到控制排放的效果，并为碳交易市场传递明确预期，中国碳交易试点首先需要确定刚性的配额总量。从总量刚性出发，中国各碳交易试点在充分考虑节能减排的硬性指标和经济增长的未来趋势基础上，分别确定了各碳交易市场在试点期间的排放配额总量，这些配额总量具有刚性特征不能更改，或者只能逐年下降。从表1可以观察到，7个试点省市的试点期间年配额总量之和高达12.4亿吨二氧化碳，其中广东碳市场年配额总量达到3.88亿吨，仅次于欧盟碳市场，位列全球第二大碳交易市场。值得注意的是，北京、深圳试点的配额总量规模相对较小，但是覆盖企业数量却位居7个试点前列，分别高达415家、635家；广东、湖北试点配额数量庞大，但是覆盖企业数量相对较少，分别只有184家、138家。这反映了中国7个碳交易试点地区之间的产业结构和排放结构的差异，湖北和广东的产业结构偏第二产业，大型重化工业排放源较多，而北京和深圳的第三产业相对发达，单体排放源的规模不大。

在刚性的配额总量之下，中国碳交易试点同时兼顾结构弹性，严格控制既有设施的排放同时，充分考虑经济增长对新增产能的需求，为总量结构调节留有一定的可控余地。具体在配额结构上，中国试点吸收借鉴了欧盟和美国加州的经验，将既有设施（或产能）配额与新增设施配额分开处理，并

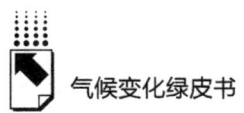

表1 中国碳交易试点的总量与结构比较

总量结构		中国碳交易试点							EU ETS		CA C&T
		北京	上海	天津	深圳	重庆	广东	湖北	前两阶段	第三阶段	
2010年碳排放量（亿吨）		1.57	2.19	1.33	0.84	1.68	5.22	2.50	47.21		3.60
配额总量（亿吨/年）		0.5	1.6	1.6	0.33	1.25	3.88	3.24	（1）*：21.91 （2）：20.83	2013年：19.74 2020年：17.2	2013年：1.63 2016年：3.82 2020年：3.34
覆盖企业/设施数量（家）		415	191	114	635	237	184	138	11500	11364	600
配额结构	既有配额	有	有	有	有	有	有	有	有	有	有
	新增配额	有	有	有	有	无	有	有	有	有	无
	调节配额	有	无	无	有	无	有	无	无	无	有

注：*表中用（1）代表第一阶段，（2）代表第二阶段。
①中国碳交易试点以企业为基础，第三行给出的是覆盖企业数量；欧盟碳交易市场（EU ETS）和美国加州碳交易市场（CA C&T）以设施为基础，因而给出的是覆盖设施的数量。

资料来源：①中国各碳交易试点的配额分配方案；②中创碳投：《中国碳市场2013年度报告》，2014年1月；《中国碳市场2014年度报告》，2015年1月；③Ecofys, *Methodology for the free allocation of emission allowances in the EU ETS post 2012*, Nov 2009；④European Commission（EC）, *Guidance Document n°2 on The Harmonized Free Allocation Methodology for the EU – ETS Post 2012*, June 2011；⑤California Air Resources Board（CARB）, *Cap and Trade Regulation Initial Statement of Reasons*（*ISOR*）, Appendix J: Allowance Allocation, October 2010；⑥*California Code of Regulation*（*CCR*）, Title 17, Article 5, Subchapter 10, 2011。

为政府调节市场供需以减少市场波动风险预留份额。以湖北试点为例，总量配额包含年度初始配额、新增配额、政府预留三部分。其中，年度初始配额控制既有排放设施，其排放水平严格固化在2010年排放水平的97%；政府预留部分占配额总量的8%，并且可使用不超过30%的比例用于公开竞价拍卖以调控市场的价格；其余的则为对新增产能设定的新增配额，部分政府预留配额在必要时也可转化为新增配额，从而为经济增长预留了较大的配额空间弹性。其他试点与湖北试点类似，但在设计上有所差异：北京试点中企业（单位）的年度二氧化碳排放配额总量除了既有设施配额和新增设施配额外，还设计了配额调整量，以更有效地应对企业的年度产能变化；深圳和广东试点中，配额总量结构中除了既有设施配额和新增设施配额外，专门留出了市场调节配额,以应对碳交易市场的价格异常波动和配额分配可能存在的缺陷;上海和天津试点只将配额划分为既有设施配额和新增设施(或项目)配额;重庆试点则仅考虑既有设施的配额。

(二)中国碳交易试点配额切分方法的特点

碳交易试点作为中国控制温室气体排放的全新尝试,由于准备时间短暂,缺乏如欧盟碳交易市场(EU ETS)和美国加州碳交易市场(CA C&T)长期积累的能力基础和充足的排放数据,因而不可能全面采用基准法来切分配额。中国的碳交易试点吸收欧盟、美国加州的国际经验并结合本地实际情况,大多采用了以历史法为主,与基准法相结合的配额切分方式。

(1)"历史法+基准法"模式:北京、天津

北京和天津试点的配额切分采用历史法(包括历史排放法和历史强度法)与基准法相结合方式。对于电力、热力行业的既有设施,采用历史强度法,基于2009~2012年供电和供热的历史排放强度均值来计算配额,两试点不同的是天津试点未设定行业控排系数,但要求2014年和2015年排放强度水平逐年下降0.2%;对于其他工业行业和服务业的既有设施,采取历史平均排放法来计算配额,两地有所区别的是北京试点未考虑绩效系数;两试点对于所有纳入企业的新增设施,则都采用基准法来切分配额,基准值采用新增设施所属行业的碳排放强度先进值。

(2)"历史法+基准法"并"先期减排+滚动基年"模式:上海

上海试点针对不同行业分别采用历史排放法与行业基准法,同时考虑奖励先期减排。对于产品或业务单一的行业,如电力行业以及航空、机场和港口行业,上海试点采取基准法来切分配额。上海试点将发电机组分为燃气和燃煤两类,燃煤机组又根据装机容量进一步细分为三种六个类型分别设定了相应的基准值,2013~2015年各种型号发电机组的碳排放强度基准值逐年下降;航空、机场和港口企业的配额计算在基准法基础上加上先期减排奖励;而对于产品种类复杂的工业行业以及商场、宾馆、商业建筑和铁路站点则采用历史排放法,历史排放基数为2009~2011年的平均排放量,但基年

可以采用滚动模式,即如果排放边界在历史基年中发生重大变化,取边界变化后年份的排放平均值。

(3) 同行业内"历史法+基准法"混合并"滚动基年"模式:广东、湖北

广东和湖北试点配额切分的设计特点是在同一行业内采取历史法与基准法相混合的方式,并且采用滚动基年模式。比如,广东试点对纯发电机组、水泥熟料生产、水泥粉磨工序以及长流程钢铁企业采用基准法计算配额,而对热电联产、水泥矿山开采、其他粉磨工序以及短流程钢铁企业则采用历史排放法计算配额。湖北试点在发电企业的配额切分上进行了独特的设计,将发电企业的配额分为两部分:第一部分为预分配配额,基于历史平均排放,数量相当于历史排放基数经总量调整系数调整后的50%;第二部分为事后调节配额,基于行业基准法,增发的配额等于电力行业碳强度基准值乘以超出的发电量。对于制造业企业,湖北试点采用历史排放法,并且采用滚动基年模式,允许企业从发生重大产能变化的次年开始计算历史基期。

(4) "基准法+多轮博弈"模式:深圳

与其他6个试点相比而言,深圳试点的配额切分方法别具一格,采用了将基准法与博弈相结合的独特方法。在配额切分过程中,深圳试点对电力、供水企业使用产品基准值法;对于制造行业,由于细分行业众多,增长波动很大,政府很难把握纳入企业未来配额需求的变化,因而采取以行业碳强度基准值为基础,通过企业之间竞争博弈来确定总配额的切分。政府的作用主要在于设定行业配额总量、制定博弈规则以及组织实施博弈。企业被要求同时提交配额需求和预期增加值进行配额切分的博弈,政府通过集体约束、个体约束、团体约束、奖惩和信号传递机制的设计,确保企业上报真实的信息并符合设定的行业减排目标。多轮博弈方式将原本政府和企业之间的配额切分博弈转换成企业与企业之间的竞争博弈,通过信息的传递、共享与交换,实现相对合理有效的配额分配。

(5) 企业配额"自主申报"模式:重庆

重庆碳交易试点采取企业配额自主申报的切分模式,配额数量由企业自

己确定,而政府只负责将年度配额总量控制在所有纳入企业 2008~2012 年最高年度排放量之和以内。选择这种切分模式的逻辑在于,重庆试点认为企业最了解自己的情况,政府尽量弱化对企业的干预程度。该模式给了企业非常大的自主空间,但是也会面临很大的道德风险和市场风险。重庆试点自主申报的切分方式可能导致启动前期配额分配相对宽松,启动初期对市场无吸引力,一段时期碳市场无交易的现象。

(三)中国碳交易试点配额配发模式的特色

在配额的总量、结构以及配额的切分确定之后,配额配发就是完成具体配额落地的过程和方式。为了初期碳市场的顺利建立,吸引企业积极配合参与其中,中国的碳交易试点基本采取现实可行的以配额免费配发为主的机制,同时为有偿配发留下了制度空间。总体而言,中国碳交易试点基本形成了免费配发与有偿配发共存的配发机制特征。

从表 2 中可以看出,北京、深圳和湖北试点的配额配发机制设计中同时包含了免费配发、竞价拍卖和定价出售 3 种模式。北京试点确定不超过年度配额总量的 5% 作为调节配额,通过竞价拍卖、定价售购等市场手段调节碳交易价格,稳定碳交易市场秩序。深圳试点规定采取拍卖方式配发的配额数量不得低于年度配额总量的 3%,管控单位和碳交易市场投资者均可参加配额拍卖,根据碳交易市场的发展状况政府还可以逐步提高配额拍卖的比例,而其用于平抑价格的储备配额须以固定价格出售,并且只能由管控单位购买用于履约。湖北试点预留不超过碳排放配额总量的 10%,其中 3% 用于以确立价格为目的的公开竞价拍卖,其余则以定价出售等方式用于市场调控。广东试点的配发模式包括免费配发和竞价拍卖两种。该试点要求 2013 年控排企业必须通过配额拍卖购买 3% 的有偿配额之后才能获得剩下 97% 的免费配额,而电力控排企业有偿配发的配额比例将逐步提高,至 2020 年超过 50%。另外,政府预留的市场调节配额全部通过竞价拍卖方式配发。上海、天津和重庆试点的配发模式则相对单一,目前完全采用免费配发这一种模式。

表2 中国碳交易试点的配发模式比较

配发模式	中国碳交易试点							EU ETS			CA C&T		
	北京	上海	天津	深圳	重庆	广东	湖北	一期	二期	三期	一期	二期	三期
免费配发	95%	100%	100%	95%	100%	97%	90%	95%	90%	≤50%	高:100% 中:100% 低:100%	高:100% 中:75% 低:50%	高:100% 中:50% 低:30%
竞价拍卖	<5%	0%	0%	3%	0%	3%	≤3%	≤5%	≤10%	50%	高:0% 中:0% 低:0%	高:0% 中:25% 低:50%	高:0% 中:50% 低:70%
定价出售	<5%	0%	0%	2%	0%	0%	<7%	0%	0%	0%	≤1%	≤4%	≤7%

注：表中高、中、低分别表示评估的碳泄漏风险程度。
资料来源：①中国各碳交易试点的配额分配方案；②中创碳投：《中国碳市场2013年度报告》，2014年1月；《中国碳市场2014年度报告》，2015年1月。③Ecofys, *Methodology for the free allocation of emission allowances in the EU ETS post 2012*, Nov 2009；④European Commission (EC), *Guidance Document n°2 on the harmonized free allocation methodology for the EU-ETS post 2012*, June 2011；⑤California Air Resources Board (CARB), *Cap and Trade Regulation Initial Statement of Reasons (ISOR)*, Appendix J: Allowance Allocation, October 2010；⑥*California Code of Regulation (CCR)*, Title 17, Article 5, Subchapter 10, 2011。

（四）中国碳交易试点配额分配的动态管理

配额切分方法和配发模式确定之后，EU ETS和CA C&T每阶段的年配额分配格局和路径也基本确定。由于欧盟和美国加州地区经济发达，结构稳定，增长平缓，EU ETS和CA C&T都是以事前确定的分配机制为主，并通过立法形式予以固定。

然而，中国仍处于相对高增长的阶段，各碳交易试点纳入配额管理的行业众多，企业生产变化情况复杂。尽管各试点基于本地实际设计了各具特色的切分方法和配发模式，但是由于信息不完备和规则不完善，事前分配的企业配额难免可能出现与企业实际排放存在较大差异的情况。在兼顾分配基本原则和企业实际生产情况的基础上，中国碳交易试点采用事前分配与事后调整动态结合的方式，防止企业配额分配过量或者不足，从而做到更加符合实际、公平合理的配额分配。

例如，湖北试点规定，企业在2014~2015年年产量变化导致碳排放比企业年度初始配额增加或减少20%以上或20万吨以上，碳交易管理机构可增加或者收缴企业配额。深圳和重庆试点配额分配模式更多基于企业的自我信息披露，因而事后调整机制显得更为重要。深圳试点规定，履约期末碳排放交易主管部门将根据企业实际增加值对下一履约期预分配配额进行调整。重庆试点为了降低企业多报配额需求的风险，设计了一套相应的配额调节机制。规定企业申报量超过政府实际核定排放量8%的，以实际核定排放量与申报量之间的差额扣减相应配额；企业实际产量比上年度增加，且申报量低于实际核定排放量8%以上的，以实际核定排放量与申报量之间的差额作为补发配额上限。北京、天津、上海也都规定了可事后调整的条款，但并没有明确界定调整的范围。

三 中国碳交易市场存在的问题及其改进

中国的碳交易市场经过短短两年时间的筹备，相继在7个试点地区开始运行，这体现了中国政府利用市场机制推行温室气体减排的决心和效率。但是，也正是由于准备时间短，缺乏足够的能力基础和排放数据，各试点在机制设计上存在不少问题，有待进一步改进。

（一）经济"新常态"下总量过剩必须及时调整

中国碳交易试点地区在设定配额总量时，通常是在历史基期排放量的基础上考虑节能减排的硬性指标和经济增长的未来趋势综合而定。然而2013年以来，中国经济增速变缓，碳交易试点地区的经济活动较历史基期明显下降，未来经济将处于中低速增长的"新常态"，高耗能高排放的产业结构亟须大幅调整。因此，试点地区之前设定的配额总量很有可能出现大量过剩局面，从而面临类似 EU ETS 曾遭遇的问题①。为了解决这个问题，试点地区需要根据经济"新常态"下经济发展和产业变化态势，及时有效调整配额总量。湖北试点的经验值得推广，即严格控制企业既有设施配额，设置适当的控制基线，一旦出现过多配额，必须予以收回；此外，当年政府预留和新增预留的配额如果没有配发完，应当在当年及时予以注销，并在下年度配额总量设定中做出相应额度削减。

（二）历史法分配导致的"鞭打快牛"效应应该尽力消除

由于历史排放数据缺失和管理体制原因，中国碳交易试点多使用历史排放法切分配额，除上海试点外其他试点使用历史法做总量切分时并未考虑企业减排的努力，这就不可避免存在"多排者多得配额"的不公平现象，产生"鞭打快牛"效应，不利于激励企业积极减排。事实上，这也是很多行业的先进企业在参与碳交易制度建设过程中非常关注的问题。解决这个问题的关键在于，使用历史法切分配额时需要充分考虑企业的减排努力，制定出切实可行的减排激励，并逐步实现以代表行业先进水平的基准法进行配额切分。

（三）配额分配中存在排放双重计算问题需研究化解

在中国的碳交易试点中，双重计算问题最明显体现在电力生产和消费的排放计算上。由于纳入了电力生产企业，对其配额分配按照发电过程中燃烧化石能源而产生的直接排放进行计算，然而水泥、化工、汽车等行业大量使用电力，对其配额分配既包括了直接排放也包括了间接排放，这就产生了明显的配额双重计算问题。改进双重计算问题的方式有两种：一种是类似 EU ETS 和美国加州碳交易机制，只对直接排放源分配配额，从根本上排除间接排放；另一种是当同时包含直接排放和间接排放时，在电力生产者、配送者

---

① 熊灵、齐绍洲：《欧盟碳排放交易体系的结构缺陷、制度变革及其影响》，《欧洲研究》2012 年第 1 期，第 51~64 页。

和消费者之间合理划分排放责任和分配配额。由于大部分碳交易试点都涵盖了以电力消耗为主的行业，因而后一种方式更值得各试点地区认真研究考虑。

（四）基准法的应用范围和水平要逐步提升

基准法的优点在于可以公平有效地激励企业提升减排技术和管理水平①。在中国 7 个试点中，虽然除重庆试点外其他 6 个碳交易试点都在电力等特定行业或者新增设施上尝试使用基准法，但是应用范围和科学性都有待提高。目前，基准值设定要么过粗，基于行业而并非基于产品来设定，忽略了行业中产品的多样性问题；要么过细，同一种产品按技术类型和规模细分不同基准值，违背"一种产品，一个基准"的设定原则。例如，上海和广东试点对发电排放基准值的设定按照发电机组的不同类型分别给出了 7 种和 6 种基准值，广东试点对水泥熟料也按生产线规模设定了 3 种基准值，结果落后技术类型和小规模生产线的基准值远高于先进技术类型和大规模生产线的基准值，实际变相保护了落后产能和技术。中国碳交易试点应该认真学习借鉴 EU ETS 和 CA C&T 的做法，在不断积累排放数据和提升能力基础上，遵循"一种产品，一个基准"的设定原则，尽快形成符合中国实际的基准值体系。

（五）拍卖比例应适当增加并减少政府干预

虽然中国碳试点大都为拍卖留出了政策空间，但目前真正实施的只有广东、湖北和深圳，而且拍卖所占比例较低。另外，广东试点特别要求 2013 年控排企业必须通过拍卖购买 3% 的有偿配额，以获得剩下 97% 的免费配额。这导致免费配额实际已经满足需求甚至还有多余的企业，也必须事先出资通过拍卖购买相当于年排放 3% 的有偿配额，无疑对企业来说是一笔不可

---

① 齐绍洲、王班班：《碳交易初始配额分配：模式与方法的比较分析》，《武汉大学学报》（哲学社会科学版）2013 年第 5 期，第 19~28 页。

忽视的负担，实际执行中遭到一些企业的不解和抵制。基于上述存在的问题，广东试点发布的 2014 年分配方案，对拍卖规则进行了较大的修改，有偿拍卖配额不再强制企业购买，并且吸收 CA C&T 配额拍卖的经验设定了季度拍卖梯次上升的竞拍底价，同时将电力企业的拍卖配发比例提升至 5%。拍卖配发配额能够让企业真正意识到"排放有成本"，其他试点也应不断提高拍卖配发的比例，以充分体现"排放者付费"的公平原则，并设计符合本地实际的具体拍卖规则，明确拍卖收入的使用途径，以帮助企业开展节能减排工作。

四 中国碳交易市场建设的前景展望

2014 年，中央改革办将"建立全国碳排放总量和分解落实机制，制定全国碳排放权交易管理办法"作为国家发改委牵头的重点任务，意味着中国政府已决心建立全国统一的碳排放权交易市场。目前，国家发改委已经公布了《碳排放权交易管理暂行办法》，确立了 14 个行业的温室气体排放核算方法，并且研究起草了《碳排放权交易管理条例（草案）》，准备提交国务院审议。

根据国家发改委公布的工作路线图，全国碳交易市场的建设分 3 个阶段进行：第一阶段为准备阶段（2014～2015 年），主要开展相关的法律法规立法、技术标准开发、配额分配方法制定以及国家碳交易注册登记系统建立等；第二阶段为运行完善阶段（2016～2020 年），其中 2016～2017 年为试运行阶段，主要做好配额的初始分配，启动市场运行，2017～2020 年将全面实施和完善全国统一的碳交易体系；第三阶段为稳定深化阶段（2020 年后），将扩大参与企业范围和碳交易品种，同时将探索与国际碳市场对接的可能性。

蓝图虽然绘就，但是中国碳市场建设从试点迈向全国的道路并非坦途，面临的困难和挑战依然不少。

首先，要尽快推动《碳排放权交易管理条例》出台。国际国内的经验都表明只有在法律框架下对企业碳排放配额实施管理、对第三方核查机构进行资质认定,碳交易市场才具备顺利有效运行的基础。然而,在当前政府大力推动简政放权的背景下,新条例涉及新设行政许可,这就需要政府高度的决心和细致的协调方能完成。

其次,要加强非试点地区的排放数据统计和能力基础建设。碳排放数据的盘查及其质量的好坏直接影响配额分配与交易,与试点地区相比,非试点地区的碳排放相关数据统计、报告和核查体系都面临从无到有的挑战,地方政府和企业在碳排放控制能力建设上均有待加强[1]。由于全国碳交易市场涉及的行业众多,各地方的产业结构差异很大,实际着手准备的时间非常有限,这就需要非试点地区尽快进行基础性摸底和调研,及时开展多层次、大范围的能力建设培训活动,提高各方的认识水平和参与能力。

最后,要妥善解决试点地区与全国碳交易市场的衔接问题。中国碳交易试点期将于2016年结束,全国统一碳市场能否及时衔接上来?全国统一碳市场启动后,试点地区企业手中剩余的试点配额是否能继续使用以及怎么使用?部分试点可能存在超出国家覆盖范围的行业和企业,是否允许试点继续保留以及如何分配?这些问题在进行全国碳交易市场的制度设计时,都必须予以认真考虑并提出切实可行的解决办法,以保证碳交易试点与全国碳交易市场顺利衔接。

---

[1] 水晶碳投:《国家发改委气候司:积极推动全国碳市场立法,打好数据基础》,2015年8月17日。

G.15
灾害风险预警与中国的实践

矫梅燕 翟建青 张迪 姜彤*

摘　要：	2015年3月，联合国主办的第三次世界减灾大会通过《仙台减灾框架（2015～2030）》，把以早期预警系统为核心的减轻灾害风险列入未来15年全球减灾4个优先行动事项。为落实联合国《仙台减灾框架（2015～2030）》，世界气象组织制定了《WMO减轻灾害风险路线图》，旨在利用世界气象组织现有机构开展活动和项目，实现以早期预警系统为核心的减轻灾害风险服务。早期预警系统作为减轻灾害风险的有效手段，经历了由传统天气预报向基于影响和风险的预警转变的历程。而作为全球气象灾害损失最严重的国家之一，中国已经建立起集气象灾害风险评估、早期预警、信息发布、应急响应、恢复重建和风险应对于一体的气象灾害风险预警业务体系，并开始由传统天气气候要素预报向灾害风险预警转变。
关键词：	早期预警　减轻灾害风险　预警服务实践　中国

随着地球气候系统正在经历以变暖为主要特征的变化，极端天气气候事

---

* 矫梅燕，中国气象局副局长，研究员，研究领域为暴雨和中小尺度天气应用研究；翟建青，中国气象局国家气候中心副研究员，博士，研究领域为气候变化、旱涝灾害及水资源；张迪，中国气象局应急减灾与公共服务司；姜彤，中国气象局国家气候中心首席研究员，博士，研究领域为气候变化、风险评估和灾害综合管理。

件增多趋强，已经影响到人类赖以生存的环境。《加强国家和社区的抗灾能力：2005~2015年兵库行动纲领》（本文以下简称《兵库行动框架》）执行期间[1]，全球灾害共造成约70万人死亡、2300万人无家可归和超过1.3万亿美元的总经济损失。因此，如何应对气候变化已成为当前各国关注的热点问题。而适应气候变化和灾害风险管理是当前国际社会应对气候变化的重要举措。其中，灾害风险管理是通过分析灾害致灾因子、承灾体暴露度和脆弱性，采取有效应对措施来预防和控制灾害发生的行为过程，从而有效控制和减轻灾害风险。在诸多应对措施中，早期预警系统作为灾害风险管理策略不可或缺的部分，是抵御灾害风险、减轻灾害损失的有效手段。在此背景下，《仙台减灾框架（2015~2030）》（本文以下简称《仙台框架》）[2] 继续将减轻灾害风险、提高抗灾能力作为其最优先领域之一。世界气象组织（WMO）为落实《仙台框架》目标，随之制定了《WMO减轻灾害风险路线图》[3]，旨在利用WMO现有机构开展活动和项目，指导成员国为减轻灾害风险加强相关服务，实现减轻灾害风险的愿景。在气候变化背景下，中国气象灾害损失日益加重，其中2001~2013年气象灾害直接经济损失约相当于同期年均GDP的1.07%，这一比重为全球平均水平的近8倍，为美国的3倍。因此，加强灾害风险管理，减轻灾害风险同样成为中国迫切需要解决的问题。

一 灾害风险预警

灾害风险由致灾因子（如极端天气和气候事件）、暴露度和脆弱性构

---

[1] UNISDR, "Hyogo Framework for Action 2005 - 2015: Building the resilience of nations and communities to disasters," 2007, http://www.unisdr.org/we/coordinate/hfa.
[2] UNISDR, "Sendai Framework for Disaster Risk Reduction 2015 - 2030," 2015, http://www.wcdrr.org/uploads/Sendai_Framework_for_Disaster_Risk_Reduction_2015-2030.pdf.
[3] WMO, "A Disaster Risk Reduction Roadmap for the World Meteorological Organization," 2015, http://www.wmo.int/pages/prog/drr/documents/Zero-Draft_WMO-DRR-Roadmap.pdf.

成。应对灾害风险就要解决两个基本问题：一是如何降低或消除灾害风险；二是当灾害风险难以消除时，如何减少灾害造成的损失。通过降低暴露度和脆弱性，可以降低或消除灾害风险，而灾害风险预警则可有效减少灾害造成的损失。

（一）早期预警系统及其演变

WMO 和各国气象水文部门的主要任务之一是通过向灾害管理部门提供气象和水文灾害早期预警服务，保障人民生命财产安全，减少灾害风险。建立灾害早期预警系统，是提供早期预警服务最为基本和有效的手段。早期预警系统是一个国家灾害风险管理策略不可或缺的部分，其使中央和地方政府直至社区层面采取适当措施，挽救生命和财产，并建立抗灾能力[1]。早期预警系统一般包含 4 个组成部分：一是风险认知，就是对风险进行分析并将风险信息纳入预警信息；二是监测和预警服务，对灾害进行检测、监测和预测，并开展灾害预警；三是预警信息的发布，指预警信息向政府和处于风险中的公众及时发布和有效传播；四是应急响应能力，是指从中央、地方到社区的应急预案需要对预警信息做出有效响应，以减少对生命和生计的潜在影响。

从 1949 年檀香山地震海浪预警系统（后更名为太平洋海啸预警中心）投入运行至今，全球很多国家和地区开发了诸多早期预警系统。早期预警系统也经历了 6 个阶段的演变过程[2]，包括：①一般天气预报，仅向公众和相关部门提供常规要素如降水、气温和风速等预报信息；②基于固定气象阈值的天气预警，这类预警不是常规发布的信息而是基于需求发布预警信息，通常描述为固定阈值被达到或超过的概率，如有 60% 的概率风速至少达到

---

[1] Golnaraghi, M, "2009 Global Assessment Report on Disaster Risk Reduction," Thematic Progress Review Sub – Component on Early Warning Systems, 2009.
[2] WMO, "Guidelines on Participation of National Meteorological and Hydrological Services in the WMO World Weather Information Service", http：//www.wmo.int/pages/prog/amp/pwsp/publicationsguidelines_ en. htm.

"x"千米/小时;③依据用户提供阈值的天气预警,指由国家水文气象部门和其他非气象组织合作,共同量化阈值,开展有目标的预警服务工作,这样的阈值往往是基于给定风险的发生概率,从而帮助相关组织开展决策和管理活动,如机场天气预警服务;④随时空变化的阈值驱动的天气预警,此阶段阈值不再是预先设定,而是根据实际情况变动。美国山洪预警系统正是由非固定可变降水阈值驱动灾害气象预警的案例。该系统根据流域初始水文条件、实时累计降水量和能够引起流域内山洪灾害的总降水量,快速计算引发山洪所需要的额外降水量(阈值),这一额外降水量会随初始水文条件等要素的变动而不断变动;⑤基于影响的预警(Impact-based Warning,IBW),本阶段更关注灾害的影响,即更关注暴露度和脆弱性两个要素,例如,当预报高温出现时,一般气象预警会发出高温预警,但基于影响的预警会考虑高温发生在初夏或盛夏,发生时间不同则预警级别亦不同;⑥基于风险的预警(Risk-based Warning,RBW),基于风险的预警需要考虑灾害发生的概率,受灾害影响人群(或其他承灾体)的暴露度和脆弱性,也就是将基于影响的预警与灾害发生概率相结合。

过去10年间,早期预警系统在全球范围内取得快速发展。尤其在发达国家,早期预警系统在灾害监测、预测和风险事件分类方面取得显著进步,但依然存在许多不足。随着人口增加和基础设施日益复杂的演变,自然或人为事件发生时两者之间的内在联系更加密切。早期预警系统当初开发被用于应对风险和单灾种事件的响应功能已经远远不能满足需求,这就需要预警系统演变成一个多灾种系统,用于处理"级联灾害"(例如,热带气旋不仅其带来的风暴会对各类承灾体产生破坏,其引发的洪涝亦会对基础设施等各类承灾体造成破坏)和复杂的自然和人为事件(例如,日本地震,同时又引发海啸和核事故)。多灾种早期预警系统旨在应对多个同时发生或随时间推移累积发生的灾害,以及任何潜在的层叠影响,通过提供相关的影响和风险信息,使受到灾害威胁的个人、社区和组织做好准备,有足够时间采取适当的行动来减少可能的损害和损失。早期预警系统的有效性还与国家政策、法律及机构间的合作密不可分,同时需要国家对预警系统的正确定位及支持预警系统

持续发展。从地方到中央各个机构各个层面的合作非常重要,任何环节失败或机构间合作出现问题,都会导致整个系统的瘫痪。

(二)《WMO减轻灾害风险路线图》

为减轻灾害风险,提高灾害风险预警服务的能力和水平,也为落实联合国《仙台框架》提出的未来15年减轻灾害风险目标,世界气象组织编制了《WMO减轻灾害风险路线图》[①] (*A Disaster Risk Reduction Roadmap for the World Meteorological Organization*, WMO DRR Roadmap, 本文以下简称《路线图》),动员各国加强对灾害风险的认识和管理,在减轻灾害风险上以早期预警系统为核心,增加投入,加强防灾准备,以有效响应、恢复和重建,并确定利益相关者、国际合作和全球伙伴关系的作用。WMO将通过《路线图》的制定,切实可行地推动《仙台框架》的实施,提高世界各国气象和水文部门参与国家减轻灾害风险方案的程度和能力,增强国家抗灾减灾能力。

《路线图》指出WMO减灾的关键要素包括专题领域、核心内容和机构间的合作和联系。减灾专题领域包括风险识别、风险降低和风险融资与转移。各国气象和水文部门应在上述3个专题领域内围绕早期预警服务做出贡献,并促使各国气象和水文部门围绕这3个专题领域的如下核心内容提高天气、水和气候服务的水平,包括提高气候服务知识产品水平、发展气候服务试点和示范项目、提高服务交付和利益相关者的参与水平、提高研究和开发能力、增强伙伴关系及其合作等。《路线图》提出将继续在WMO相关方案和项目内协调一致地落实减轻灾害风险这一优先事项,并加强与其他国际机构和组织的联系。《路线图》指出WMO各项优先活动将根据以上专题领域及核心内容来安排,2016~2019年期间将继续开展现行2012~2015年减轻灾害风险计划中的各项活动,包括与减轻灾害风险相关的国家层面的培训工作、相关文档库的建立工作、

---

① WMO, "A Disaster Risk Reduction Roadmap for the World Meteorological Organization", 2015, http://www.wmo.int/pages/prog/drr/documents/Zero - Draft_WMO - DRR - Roadmap.pdf.

初期试点项目及通过已有的伙伴关系或潜在伙伴关系设置初期核心活动。这些优先活动会跨越所有专题领域、核心内容和《仙台框架》的优先事项。

各国气象和水文部门，WMO及其各个区域协会、技术委员会、专家团队、工作组和世界气象组织秘书处作为《路线图》的实施机构，为实现减轻灾害风险愿景，不仅需要各相关机构和组织之间密切协作，充分发挥各自作用，而且需要整合各自工作方案中与减轻灾害风险有关的部分，此外，还需要加强同相关学术界、其他机构及其他利益相关者之间的联系和协作。世界气象组织执行理事会和世界气象组织代表大会等组织将对《路线图》的实施开展监督和评估。《路线图》的实施不仅需要各国政府向其气象和水文部门以及WMO提供常规预算和预算外支持，而且需要发达国家开发银行、利益相关者组织和联合国机构的财政和资源支持。此外，WMO建设了一个减轻灾害方案的网站作为其成员国、外部合作伙伴、利益相关者和用户交流的主要沟通渠道。

《路线图》是WMO用来指导其成员国和其他组织通过减轻灾害风险行动方案来提高社区、地区和国家抗灾能力的行动计划。通过密切配合现有国际公约、国际发展框架和WMO战略文件实现减轻灾害风险的愿景，同时为各成员国提供指导，提高各国气象和水文部门在国家减轻灾害风险活动中的作用，并提供一种机制来增强WMO在国家减轻灾害风险方面的合作，促进各国基于影响的预报和多灾种风险预警能力的发展；加强各国气象水文部门和WMO在全球和区域减轻灾害风险论坛中的作用。与此同时，《路线图》的实施有助于WMO制定2015年后减轻灾害风险实施计划，特别是《仙台框架》、《全球气候服务框架的减轻灾害风险优先性》以及《联合国关于抗灾能力的减轻灾害风险行动计划》等。

二 中国气象灾害风险预警实践

中国是世界上气象灾害最严重的国家之一，1984~2014年气象灾害每年造成约2341亿人民币的直接经济损失及3970人死亡。为有效降低灾害风

险，基于全球灾害风险管理的发展趋势，中国已开始推动传统灾害性天气预报向基于气象灾害影响预报和风险预警转变。2012年起，中国气象局在暴雨洪涝灾害风险评估和精细化降水预报业务试点基础上，开展了暴雨诱发中小河流洪水、山洪、城市内涝和地质灾害气象风险预警服务业务，与此同时，相继制定了一系列的技术规范和指南，包括《中小河流洪水和山洪灾害风险普查技术规范》、《泥石流和滑坡风险普查技术规范》、《山洪灾害实地调查指南》、《暴雨洪涝灾害风险普查数据质量控制规范》、《城市内涝灾害风险普查数据采集指南》、《暴雨洪涝灾害致灾临界面雨量技术指南》和《台风灾害风险区划技术指南》等，出版了气象灾害风险预警服务业务技术指南丛书，为气象灾害风险管理业务的开展提供了技术支持。目前已形成包括气象灾害风险普查、科学确定致灾阈值、灾害风险区划、基于阈值和定量化风险评估的风险预警、业务检验和效益评估技术体系，并初步建立了国家、省、市、县四级气象灾害风险预警服务业务体系。

截至2014年底，中国共完成了1704个县（占总数的70%），5646个中小河流流域、17267条山洪沟、11363个泥石流隐患点和51790个滑坡隐患点的普查工作，北京、天津等7个城市完成了964个易涝点的城市内涝风险普查。共确定致灾临界（面）雨量115132个。建立了覆盖中国2300余县近30年的历史气象灾情数据库，涉及干旱、暴雨洪涝、台风、低温冷害、高温热浪、雪灾等28种气象灾害，逐步建立包括风险普查信息、承灾体脆弱性曲线以及致灾临界（面）雨量在内的灾害风险数据库。在福建、广东等8省开展了气象灾害风险区划试点工作。在31个省级气象局、343个市级气象局、2154个县级气象局安装部署了中小河流洪水和山洪地质灾害气象风险预警服务业务平台并投入运行。

致灾临界（面）雨量是将传统天气预报向灾害风险预警领域推进的核心技术，2012~2013年，随着中国气象局灾害风险普查的深入和致灾临界面雨量的研究，根据不同灾种致灾机理和资料情况，考虑灾害实际情况，将中小河流洪水按水位分成4个预警等级：警戒水位（四级预警）、60%汛限保证水位（三级预警）、汛限保证水位（二级预警）和漫坝水位（即堤防高度，一级预警）。依据此预警等级标准，中国气象局针对中国三级水文分区确定了其致灾临界面雨量（见图1）。山洪灾害则考虑洪水淹没深度对人可能造成的影响，同样分为四个预警等级，当山洪漫坝（沟）时为四级预警、淹没预警点0.6米、1.2米和1.8米时分别为三级、二级和一级预警。不同时效内，达到不同预警等级的中小河流洪水和山洪对应的降雨量，为不同灾害等级的致灾临界（面）雨量，主要采用统计分析或水文水动力模型等方法，确定不同等级的致灾临界（面）雨量。同时，对城市内涝、滑坡泥石流等灾害也开展了致灾临界（面）雨量的确定工作。

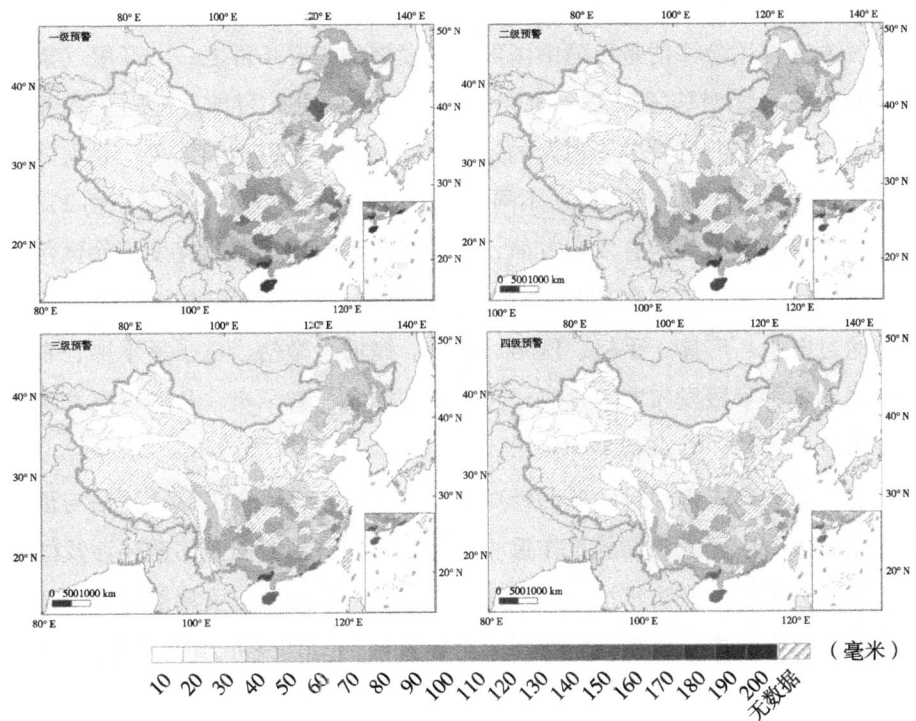

图1 中国三级水文分区流域洪水四个预警等级临界面雨量示意

强降水是诱发中小河流洪水、山洪、地质灾害的主要原因，因此对强降水的预测就显得尤为重要。目前中国气象局已建立经过质量控制的融合地面降水自动站网观测资料、格点化卫星降水估测产品、雷达估测降水产品等资料的定量降水估测（QPE）业务试验系统。产品空间分辨率为0.05°×0.05°，覆盖中国及周边海域；时间分辨率分别为1小时、3小时、6小时和24小时，并可实现任意时段的累加。定量降水预报（QPF）方面，主要采用雷达回波外推和高分辨率数值预报结果相结合，形成0~6小时短临QPF产品，以及7日内逐6小时、24小时的QPF产品。目前已建立以多种观测资料和数值天气预报产品为基础，充分利用数值模式释用、集合概率预报等客观预报技术，并通过发展新型格点编辑和插值技术、集合预报产品检验订正技术、多模式降水集成技术、基于Logistic回归的6小时强降水等级预报技术等，逐步向定量降水预报格点化、概率化、精细化方向迈进的业务格局。

气象灾害风险评估是保障中国可持续发展的必要条件之一，开展气象灾害风险评估与管理是国家安全研究的重要组成部分。目前，中国正在参考IPCC第五次评估报告中关于风险的定义，绘制基于灾害致灾因子、承灾体暴露度和脆弱性的针对不同部门、不同承灾体的气象灾害风险图谱（见图2）。

在灾害风险预警信息发布方面，中国气象局承建了国家突发事件预警信息发布系统，建立了多部门预警信息共享机制，完善预警信息快速发布机制，通过电视、广播、手机、网络、电话、微博、微信、电子显示屏、农村大喇叭等多种手段发布灾害预警信息，实现国家、省、市、县四级突发事件预警信息的采集、共享和快速发布。

为提高气象灾害预警服务的针对性和实用性，气象灾害风险评估与预警服务已经成为中国气象局的工作重心。此外，中国预警服务体系还涉及国务院应急办公室、国家防汛抗旱总指挥部、水文部门和国土资源部等多个部门和组织。目前，中国气象局已经开始与相关部门合作发布预警信息。例如，2003年中国气象局与国土资源部开始共同发布地质灾害风险预警信息，10余年来共成功预报地质灾害6210起，避免35万人伤亡，减少经济损失近千亿元；2015年中国气象局又与中国水利部就加强山洪灾害气象预警合作签订备忘录，确定由双方联合发布全国范围山洪灾害气象预警，并就相关工作制定了工作方案，明确了责任分工和发布流程。中国气象灾害风险预警体系的建设及与多部门的有效合作，必将在防灾减灾气象服务中发挥积极的作用。

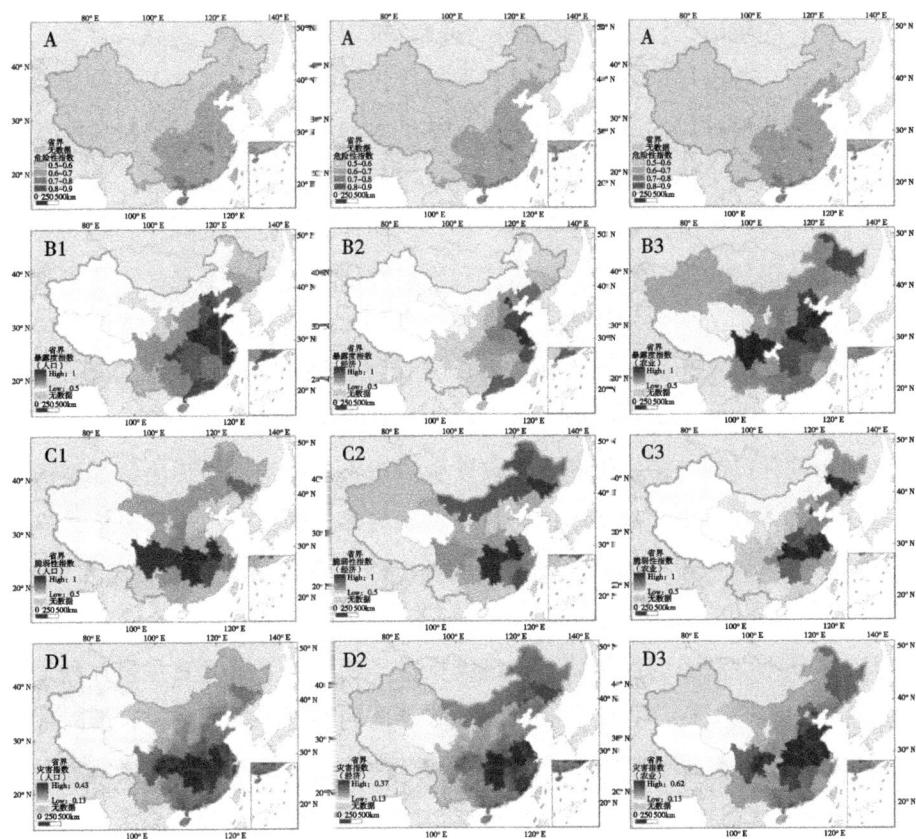

图 2 中国暴雨洪涝灾害风险评估图谱示意

（A：暴雨洪涝危险性指数；B：暴露度指数；C：脆弱性指数；D：暴雨洪涝综合评估指数；1：人口；2：GDP；3：农业）

三 启示和展望

早期预警系统从风险认知、风险检测与监测、预警信息发布和应急响应能力4个方面帮助提升各国抗灾能力，是各国减轻灾害风险的有效手段之一，处于灾害风险管理的最前端。自《兵库行动框架》以来，预警系统在各国迅速发展，尤其在发达国家迅速演变，而在发展中国家演变较慢，这主

要归因于各国政治支持、机构间协调和财政资源的差异。

近年来，各国早期预警系统虽然取得巨大进步，但仍存在不足并面临挑战。中国气象局开展的暴雨诱发中小流域洪水和山洪地质灾害气象风险预警服务，仅是实现由传统天气预报向灾害风险预警转变的初步探索，初步实现了从气象预报到风险预警转变的第一步，但同样面临巨大挑战：一是对灾害风险的认知仍然有限，尤其对暴露度和脆弱性信息的认识不足；二是灾害风险的实时检测和监测能力仍需发展，对灾害风险预报时效和准确性有待提高；三是预警信息的发布和有效传播以及对预警信息的有效反应仍待加强；四是预警系统由单一灾种向多灾种的转变面临着巨大的挑战。

中国灾害风险预警工作是贯彻落实党的十八大精神和中央决策部署的重要战略举措，也是建立健全中国特色防灾减灾体系的重要组成部分，适应了防灾减灾和服务的新形势和新要求。该项工作在发展过程中面临诸多困难，需在《仙台框架》和《路线图》的指导下，加快对灾害风险的认知，尤其是对灾害暴露度和脆弱性的认识；继续推进早期预警系统尤其是多灾种早期预警系统的建设工作；提高对灾害的检测和监测能力，提升灾害预警时效和预报准确度，保障预警信息的权威发布和有效传播，提高受灾害影响地区人们的响应能力。这些都需要政府在法律、财政、组织、技术、操作、训练和能力方面的支持，加强气象、水文、民政、国土资源、交通运输、安全监管、农林、卫生、电力等各个政府管理部门的合作。同时，中国需利用《路线图》的实施契机，加强国际合作，借鉴和学习各国气象和水文部门的先进经验，努力提高中国减轻灾害风险相关服务能力和水平，加快中国减轻灾害风险管理的进程，增强中国防灾减灾及抗灾能力。

研究专论

Special Research Topics

G.16 地球工程研究综述

翁维力*

摘　要：	自2009年以来，国际社会关于地球工程问题的研究升温，发展势头迅猛，各种研究项目和研究成果层出不穷，特别值得关注。本文通过对最新发表的文献资料和会议发言等相关信息的梳理，分析主要争议问题，总结最新研究动向和趋势，以及对开展中国地球工程问题研究工作的启示。
关键词：	地球工程　太阳辐射管理　国际治理

---

* 翁维力，中国社会科学院城市发展与环境研究所博士研究生，主要研究领域为可持续发展经济学、气候变化政策和地球工程的国际治理。

一 引言

近年来,越来越多的科学证据揭示了全球气候变化这一不争的事实。IPCC第五次评估报告(AR5)指出更多的观测和证据证实全球气候变暖;进一步确认了人类活动和全球变暖之间的因果关系以及气候变化对自然和人类系统的负面影响;未来气候变化将持续,气候变化风险将加大;如不采取行动,全球变暖将超过4℃;如积极行动,仍有可能实现2℃温升目标。① 要实现在21世纪末2℃温升的目标,要求将温室气体浓度控制在450ppm二氧化碳当量;2030年全球排放量要限制在2010年排放水平,即500亿吨二氧化碳当量;2050年要在2010年的基础上减少40%~70%;2100年要实现二氧化碳零排放。②

与2℃目标下的强减排情景相对比,现实社会的减排和适应气候变化的努力却不容乐观。自1990年启动的国际气候变化谈判,作为共同应对气候变化努力的一个国际合作行动,进展缓慢。虽然2015年年底有望在巴黎举行的联合国气候变化大会(COP21)上达成新的协议,二氧化碳浓度和温度的上升、全球范围极端天气的日益频繁,却加重了公众、科学界和政策制定者的担心:减缓和适应,作为两种常规手段,是否已经不足以应对气候变化?是否可以,或者说,是否有必要通过其他非常规手段来替地球降温,帮助人类应对气候变化的不良影响?地球工程(Geoengineering)就是作为这样一种非常规手段被提出,引起广泛关注和讨论。

二 地球工程的定义和方法

与气候相关的地球工程(Climate Geoengineering)通常被简称为地球工

---

① IPCC, 2013, *Climate Change 2013: the Physical Science Basis.* Cambridge: Cambridge University Press. http://www.climatechange2013.org/images/report/WG1AR5_ALL_FINAL.pdf.
② IPCC, 2014, *Climate Change 2014: Mitigation of Climate Change.* Cambridge: Cambridge University Press. http://mitigation2014.org/report/publication/.

程。地球工程可以说由来已久。自古以来就有对人工影响天气（主要是降雨）的各种探索，以及在战争中的应用。早在1965年，美国总统科学顾问委员会便建议利用增加云层、在热带地区安置反射性材料等人工手段对抗气候变化。① 地球工程一词则最早出现在1977年Marchetti的研究报告中②，提出可以将二氧化碳注入海洋以减轻温室气体效应。在此后的几十年里，地球工程逐渐成为人为改变地球气候各种设想的代名词，但目前学术界尚无一个统一的定义。

IPCC第五次评估第一工作组的报告中，将地球工程定义为所有旨在改变气候系统以应对气候变化的方法。③ 目前被引用较多的定义则是英国皇家学会（The Royal Society）在其2009年报告提出的，即"为了应对气候变化及其影响，对地球环境和气候进行干预而采取的大规模的人工技术和方法"④，也有学者认为地球工程应该着眼于减少于有效管理气候变化带来的风险，而人为对地球系统的物理、化学或生物特质反应过程等进行干预。⑤ 一般而言，地球工程包括所有能源生产和消费以外的，不涉及工业生产过程管理，在较大的生产尺度或规模上，去除大气中的二氧化碳或直接控制太阳辐射而降温的各种人为的工程技术和手段。⑥

目前国际社会讨论的地球工程主要包括两大类技术：二氧化碳移除（Carbon Dioxide Removal，CDR）和太阳辐射管理（Solar Radiation Management，SRM）。二氧化碳移除主要通过三种途径：生物、物理和化学

---

① Climate Engineering Timeline, http：//dcgeoconsortium. org/climate - geoengineering - timeline/.
② Marchetti, Cesare, "On geoengineering and the CO_2 problem." *Climatic Change* 1. 1 (1977)：59 - 68.
③ IPCC, 2013, *Climate Change 2013：the Physical Science Basis.* Cambridge：Cambridge University Press. http：//www. climatechange2013. org/images/report/WG1AR5_ ALL_ FINAL. pdf.
④ The Royal Society, 2009. Geoengineering the climate：science, governance and uncertainty. https：//royalsociety. org/ ~ /media/Royal _ Society _ Content/policy/publications/2009/8693. pdf.
⑤ 胡国权等：《地球工程》，引自王伟光、郑国光、罗勇等：《应对气候变化报告（2011）》，社会科学文献出版社，2011。
⑥ 潘家华：《"地球工程"作为减缓气候变化手段的几个关键问题》，《中国人口·资源与环境》，2012年第5期。

移除法,在土地和海洋上吸收、移除大气中的二氧化碳,从根本上解决温室效应问题,主要包括:海洋施肥(Ocean Fertilization)、土地利用管理(Land Use Management)和二氧化碳的捕集与储存(Carbon Capture and Storage,CCS)等。太阳辐射管理则通过减少到达地面的太阳辐射和减少地面对太阳辐射的吸收来缓解温度上升,主要包括:平流层气溶胶注入(Stratospheric Aerosols Injection)、海洋云层亮化(Marine Cloud Brightening)、太空反射方法(Space Albedo Approaches)和地面反射方法(Surface Albedo Approaches)等。

二氧化碳移除方法,因其通过减少空气中积聚的二氧化碳来应对气候变化,与常规减排方法本质相同,已有不少实验、示范和商业应用项目在技术上相对更成熟,风险和不确定性相对较小,因此在伦理上的争议少一些。生物能源结合碳捕集与封存(BECCS)作为一种负排放技术,已被列入IPCC第五次评估报告减排情景中,并且是实现2℃温升目标的一项重要减排手段。① 而与之相对应的,太阳辐射管理方法不在实质上减少温室气体的排放,又有着高度的不确定性和风险性,因此引发更多的争议和讨论。本文后面关于地球工程的论述主要针对太阳辐射管理方法。

三 地球工程的主要争议问题

以太阳辐射管理方法为主的地球工程手段,一个显著的特点是能快速减缓地球地表增温的幅度或速度,甚至可以直接带来温度的下降。但是,这些方法的作用机理、技术成熟度、大规模实施的效果和短期、长期的副作用等方面目前还存在高度不确定性和风险,还有太多未知的因素需要科学界去探索。但是可以基本肯定的是,一旦大规模实施这些方法,将会在相当长的时间内,对大范围乃至全球的气候系统产生影响。可以说,围绕地球工程的主

---

① IPCC, 2014, *Climate Change 2014*: *Mitigation of Climate Change*, Cambridge: Cambridge University Press. http://mitigation2014.org/report/publication/.

要争议问题，一方面取决于对这些技术的科学认识，另一方面则取决于社会伦理原则和价值判断。

（一）地球工程的利与弊

面对因人类活动带来温室气体浓度上升的各种不良影响，人类可以从以下四个方面去努力。第一，减少二氧化碳等温室气体的排放。第二，适应气候变化，增强生存的能力。第三，减少大气中的二氧化碳存量。第四，减少到达地表的太阳辐射从而降低地球系统的温度。这四个方面中，最根本最谨慎也是最可靠的方法可以说是减排和适应，这也是目前国际社会致力于做的两个方面。另外两个方面则分别对应于二氧化碳移除和太阳辐射管理等地球工程方法，究竟它们是否应该被考虑呢？简单归纳一下，目前学术界和社会支持地球工程的理由主要有以下几个方面。

（1）因其成本相对较低，可以降低人类应对气候变化的投入，达到"事半功倍"的效果；

（2）可以通过降低温度为减排和适应争取时间（buying time），因此可以作为减排和适应的补充手段；

（3）通过快速降温能阻止或抵消极端高温天气带来的灾害性事件的发生，减少人类的伤亡和其他损失。

相对应的，反对地球工程的主要理由有以下几点。

（1）有不可预料的后果（unintended consequences），有高度的不确定性和风险；

（2）是一种道德危害或滑坡（moral hazard & slippery slope），会鼓励人类将地球工程视作减排和适应的替代选项，从而削减应对气候变化的其他努力；

（3）没有从根本上解决减少温室气体排放和海洋酸化等一系列问题；

（4）实施和影响的空间分布不对等，容易引起区域间的冲突；

（5）长期的影响可能会带来代际不公平；

（6）一旦停止，其终止效应（termination effect）将使温度快速恢复至工程实施前的水平甚至更高水平，有可能带来更大的危害。

在所有这些争议的点上,科学家和社会学家正展开激烈的争论,在某些点上的知识多一些、共识多一些,在另外一些点上则未知因素更多,争议更大。但是对于以上所有的论述,尚无统一定论。综合目前的研究成果,对于以太阳辐射管理为主的地球工程方法,多数学者认同以下几点。

(1) 在技术上、成本上地球工程的不确定性和风险性较大,未知的因素较多;

(2) 目前主要的研究停留在计算机模拟的阶段,模型本身的设置、分辨率等方面都有局限性,如何解读模型和参数亦存在不足之处;简而言之,模拟的地球工程模型在多大程度上可以值得信赖是一个问题;

(3) 实地实验和大规模应用的时机未到,应该慎之又慎,在实地实验之前得有治理和监管的体制;

(4) 根据对现有减排力度的判断和未来情景的模拟,小概率灾害性事件发生的可能性在增多,而地球工程研究和实施的必要性在增强。

可以说多数学者认为地球工程作为一项科研活动应该得到鼓励,只是在实地实验(field experiment)和大规模实施等方面在取得共识之前应该受到严格限制,而且,由于常规减排努力的进度不尽如人意以及温室气体浓度和温度的快速上升,地球工程研究活动的必要性和紧迫性在增强,应该加大科研投入。当然也有少数学者对此仍坚持反对意见,认为应该禁止任何关于地球工程的研究活动。他们认为一旦某个技术开始被研发,研发者和社会其他群体出于既得利益和道德滑坡等原因的考虑,必然会将该技术投入应用①,为了不影响减排和适应的努力,应该严格禁止一切地球工程的活动,包括科学研究。

(二)地球工程的可行性评估和风险

尽管减排和适应是应对气候变化最根本、最谨慎、最科学的手段,减排的效果是永久的、可预见的、明晰的。但是,减排和适应需要投入大量的资

---

① Jamieson, Dale, "Ethics and intentional climate change." *Climatic Change*, 1996, 33 (3): 323 – 336.

金，需要改变社会、经济运行的轨迹和惯性，很难有立竿见影的效果。作为全球性的公共产品，"搭便车"的问题使得减排的努力缺乏足够激励。因此，在现实中，根据目前的速度，全球减排行动很难实现预定的目标。在这样的背景下，"便宜、快速、不完全"的地球工程方法作为减排和适应的补充手段得到很多认可①②③。虽然如前文所论述的，太阳辐射管理等方法没有减少温室气体的排放或累积，在降温之外无法解决海洋酸化等一系列问题，还可能带来额外的污染物，但是相对较低的成本和快速的降温效果让地球工程占据较大的优势。

若干研究认为，太阳辐射管理的成本非常小，以至于资金投入问题在是否采用该方法的决策中基本上可以不用考虑。④ 相对于常规减排手段，可能只需千分之一的成本即可通过太阳辐射管理方法稳定整个地球的温度。然而确实如此吗？学术界亦存在对立的观点。对于很多地球工程方法，成本的核算方法还不够科学、精确。有可能单纯资金的投入不高，但综合的显性和隐性成本却很高。例如，将太阳辐射管理中的气溶胶注入平流层，也许短期的注入成本不高，但长期的维护和监管成本不小；再如，屋顶白化虽然技术上很安全可行，但对人力成本和时间的投入需求则很高。

事实上，高度不确定性和风险性仍极大影响了对地球工程方法可行性的衡量和评估。比如说注入平流层的硫酸盐气溶胶将对臭氧层、降水、生态系统和人类健康产生怎样的影响基本还处于未知的状态。⑤ 用何种手段将气溶

---

① Keith, David W., Edward Parson, and M. Granger Morgan, "Research on global sun block needed now", *Nature*, 2010, 463: 426~427.
② Barrett, Scott, Geoengineering's Governance. Prepared for the U. S. House of Representatives Committee on Science and Technology Hearing on "Geoengineering III: Domestic and International Research Governance", 18 March 2010.
③ Moreno - Cruz, J. B., K. L. Ricke and G. Wagner, 2015, "The Economics of Climate Engineering", Geoengineering Our Climate Working Paper and Opinion Article Series. Available at: http://wp.me/p2zsRk-cL.
④ Barrett, Scott, "The incredible economics of geoengineering", *Environmental and Resource Economics*, 2008, 39 (1): 45~54.
⑤ https://www.sciencemag.org/content/320/5880/1201.abstract?cited-by=yes&legid=sci; 320/5880/1201.

胶送入高空、发射多少、发射什么样的气溶胶等亦是有待解决的问题。英国 SPICE 项目剑桥大学的负责人 Hugh Hunt 教授在一次国际研讨会上表示若用飞机每年传输 1000 吨的硫酸盐粒子进入平流层（20 千米以上），将会使得全球航空交通流量翻倍，每天大约需要 3 万次航班，这会引致很多额外的显性和隐性成本。另一种方法是将用绳索固定的巨大的气球升入 20 千米以上的高空，气球同时连接软管，以每秒 300 千克的速度源源不断地传送硫酸盐气溶胶颗粒，相比使用飞机，这是一种更便宜、更安静的方法。然而，考虑到风速的影响等，能把巨大的气球固定在 20 千米以上的高度的绳索目前还不存在，而且将二氧化硫通过长距离软管运输到高空需要极大的压力，在这样的压力下，二氧化硫很可能会固化，而不是可以像设想中的"平稳地流动"到高空。其他如气球的放置地点、当地气候、人口和飞行航线等因素也会影响这一方法的可行性和安全性，都需要一一讨论和解决。

可以说，在地球工程问题上，传统的成本效益分析方法存在很大的局限性。因为该方法一个隐含的假设是可量化的少量的风险。在地球工程决策问题上，不管是气候变化的成本和收益还是地球工程的成本和收益都不符合可量化的少量的风险的假设。针对这样一些问题，有学者提出新的评估方法和思想，特别是包含对风险和不确定性的考量，强调厚尾（fat tail）和极端风险（extreme risks）的估算，从全球的风险管理和保险的角度去评估地球工程问题，通过减排的风险与地球工程方法的风险之间的比较，来进行更为科学的决策。① 此外还有对直接成本之外的社会成本的计算和衡量的方法也在探索之中，需要更深入的思考和广泛的探讨。

（三）地球工程的监管与治理

在成本和收益的各种分析之外，地球工程方法对不同国家的影响和意义也是不同的。简单来说，不同的国家有不同的价值判断，比如说小岛国相对

---

① Wagner, Gernot, and Martin L, *Weitzman. Climate Shock: the Economic Consequences of a Hotter Planet*, Princeton University Press, 2015.

于其他国家更容易受海平面上升的威胁，如果全球减排协议难以达成，或者说全球的减排努力不够成功，在生存受到威胁的时候，小岛国是否可以率先使用地球工程手段来保护自己的家园？小岛国出于自身利益的考量，有其自我伦理基础。但是这些基于自我伦理和利益上的地球工程行动，极有可能对他国或政治实体形成威胁，这时候就迫切需要国际治理机制来规范和制约各国单方面的行动。否则，国际争端甚至战争可能就因此而起。天气具有重要的军事含义，以减缓气候变化的名义干预太阳辐射，改变地球环境格局，将硫酸盐气溶胶注入大气等太阳辐射管理方法，若被别有用心的人利用，极容易成为战争武器。

就二氧化碳的捕获和储存等移除技术而言，IPCC已经有系统的评估，有关政策建议在联合国气候变化框架公约的谈判进程中得到了体现，可以说，现有的国际气候治理框架已经能够大体涵盖与二氧化碳移除技术相关的地缘政治、国际经济和环境关系问题①，但在技术的更新和细节的规范上仍需努力。目前尚未有任何一个国际条约就某个国家或政治实体进行太阳辐射管理进行规范。② 自2010年以来，一些国家和机构就地球工程的国际治理问题开展了研究、交流和研讨。IPCC第五次评估报告也曾举办"地球工程专家研讨会"综合评估地球工程的相关文献和结论③，认为现有的关于太阳辐射管理的知识非常有限，有待进一步研究，未就治理问题提出具体建议。④

2009年，英国牛津大学牛津地球工程项目（Oxford Geoengineering Program）的几位学者提出地球工程国际治理的五项原则（Rayner et. al., 2013)，包括以下几个方面。①作为公共产品加以管制；②公共参与决策；③公布地球工程研究公开发表研究成果；④对影响开展独立评估；⑤修订现

---

① 潘家华：《"地球工程"作为减缓气候变化手段的几个关键问题》，《中国人口·资源与环境》，2012年第5期。
② Parson, Edward A., and Lia N. Ernst, "International governance of climate engineering", *Theoretical Inquiries in Law*, 2013, 14 (1): 307–338.
③ http://www.ipcc-wg3.de/meetings/expert-meetings-and-workshops/em-geoengineering.
④ IPCC, *Climate Change 2014: Mitigation of Climate Change*, Cambridge: Cambridge University Press, 2014. http://mitigation2014.org/report/publication/

有治理框架然后付诸实施。这五点后被广泛引用，被誉为"牛津原则"。牛津原则明确了地球工程作为全球公共产品的属性，强调了基于科学和信息透明、独立客观的重要性，提议公共参与决策，在一定程度上保证了客观、公平和公正的伦理原则。美国气象学会（American Meteorological Society）在2009年亦发表声明，指出要加强对地球工程的科学研究，并从历史、社会、伦理和法律等方面对地球工程的政策选择和国际治理开展跨学科的研究。①

对于地球工程的治理态度，有四种可供选择的方向：①绝对禁止；②将地球工程视为应对气候变化的一种常规手段；③将地球工程视为减排和适应以外的第三种方法，通过利用地球工程延缓温度的上升，为减排和适应赢得更多的时间；④严格限制，只在遭遇"突然和灾害性"的气候事件时使用。② 总体上而言，地球工程作为应对气候变化的补充和保险措施得到较多的认可，尤其是第4种定位中，地球工程作为应对气候变化的一种保险手段而存在，其自身的风险处在严格的监控之下，只有在气候变化问题爆发出更严重的风险时，才根据"两害相权取其轻"的原则而采用，更符合环境伦理。

大多数国际科学界人士也认为，作为气候变化保险手段而值得存在的地球工程，应该遵循现有的气候变化国际治理的框架和原则，而不应该被割裂出来，作为一个新的、独立的问题去讨论。在现在气候变化国际治理框架下，地球工程的实施应该受到严格限制，任何一个国家都不应该脱离框架单独行动，只有所有国家达成一致决定可以实施地球工程时才可以实施。任何单方面的行动都将是对协议的背离，将会受到相应的制裁。同时，在气候变化国际治理框架下，应尽快建立起研究监管体系，建立信息披露机制和共享

---

① American Meteorological Society, "Geoengineering the Climate System – A Policy Statement of the American Meteorological Society", https://www.ametsoc.org/policy/2013geoengineeringclimate_amsstatement.html.

② Barrett, Scott, "Geoengineering's Governance", Prepared for the U.S. House of Representatives Committee on Science and Technology Hearing on "Geoengineering Ⅲ: Domestic and International Research Governance", 18 March 2010.

平台，成立专家委员会，规范研究活动，促进合作研究，对实地实验进行登记、审批和监管。

四 地球工程研究动向和对中国研究工作的启示

（一）加大研究投入，加快研究步伐，跟上国际社会的节奏

国际上对地球工程的研究起点早、投入多，进展很快，有加速发展的趋势。目前对地球工程问题的研究主要发生在美国、英国、德国和加拿大等发达国家，发展中国家较少。从20世纪70年代开始就有一些著名的科学家在 Climatic Change 等知名杂志上发表支持开展地球工程研究的文章。从20世纪90年代开始，对地球工程的讨论不再集中于科学领域，开始延伸到经济、政策和伦理等方面。2009年9月英国皇家科学会（The Royal Society）发表题为 Geoengineering the Climate-science, Governance and Uncertainty 的报告，引发政界、学术界和公众对地球工程的广泛关注和讨论。同年，被寄予厚望的哥本哈根谈判没有达成理想中的协议，此后对地球工程的研究热度持续上升。一些发达国家的政府和科研机构、国际组织和NGO纷纷成立地球工程研究项目，发布研究报告。例如，英国政府支持多所高校联合开展气候工程平流层粒子注入项目（Stratospheric Particle Injection for Climate Engineering, SPICE）和以牛津大学牵头的气候地球工程治理项目（Climate Geoengineering Governance, CGG）等。美国国会也曾就地球工程问题举行多次听证会，发布一系列报告。联合国机构如UNESCO和IPCC分别组织地球工程专家研讨会。相应的，国际交流和研讨活动也不断增多，如2014年8月在德国柏林举办的为期4天的气候工程大会CEC14，吸引了350多名专家、学者参与。领域内出现一批著名的专家学者，如David Keith、Clive Hamilton、Steve Rayner 和 Martin Weitzman，等等。

中国在地球工程问题上的研究虽然起步较晚，最近几年才有相关研究活动和文献出版，但亦做了不少工作，尤其是在二氧化碳的捕集、利用与封存

（CCUS）上已有不少示范项目。在太阳辐射管理的模型和治理等方面，由北京师范大学、浙江大学和中国社会科学院联合开展的研究项目"地球工程基础理论和影响评估研究"，得到国家重大科学研究计划支持。但是在模型研究、地球工程的评估、伦理和治理等问题上，仍需加大研究力度和支持。只有跟上并领先于国际社会的研究进展，才能和国际社会进行有效的对话，维护话语权和国家主权利益。不然在构建地球工程全球治理平台上有被忽视或排除在决策层之外的风险。

（二）构建全球治理框架和方法，强调正义与公平，维护发展中国家权益

国际上对地球工程的研究投入（人员和资金）越来越多，进展很快。研究的内容也逐渐细化，从理论到实施，不管是在科学技术上还是在社会伦理治理方面，都越来越具体，越来越关注细节的操作问题。例如，专门讨论如何用管道将气溶胶注入平流层，地球工程的评估工具和标准，公众参与，等等。同时，在地球工程的治理问题上，国际社会已经提出了各种各样的主张和建议。最近一两年，在国际研讨会上出现不少忽视公平和公正的原则，抹杀发展中国家的权益，强调多边治理取代全球治理的论调。例如，2015年7月在柏林举行的地球工程研讨会上，哈佛大学的学者Joshua Horton提出气候俱乐部制（climate club），主张通过成立俱乐部的方式将地球工程这一全球公共产品转化为私有产品，主张少数几个减排"达标"的国家才有资格享有地球工程的研究和实施的"特权"，而其他没有俱乐部资格的国家如果单方面实施地球工程，则会受到俱乐部国家的联合制裁；还有其他学者亦主张从效率角度出发，由少数几个或几十个国家组成地球工程治理机构，取代全球所有的国家进行决策。这些构想和主张一旦得到广泛的传播和讨论，赢取支持和推广，对中国等发展中国家是极其不利的。中国等发展中国家的学者应该根据地球工程在技术、经济、伦理等方面的可行空间，尽快提出地球工程全球治理的原则、要素等框架性意见，强调区域和代际的公平与正义，维护发展中国家的发展权益。

（三）积极参与国际交流，消除误解，促进合作研究

值得注意的是，在地球工程问题上，国际社会对中国还存在一些误解。某些学者认为中国拥有先进的人工影响天气的技术和严密的组织实施体系，因而可能是世界上最有能力实施地球工程的国家之一；[1] 或认为在中国现行的政治、经济体制下，一旦出现严重的气候变化相关的气象灾害，或者减排目标无法完成等情况，中国很可能会单方面实施地球工程。这样的怀疑和误解，若得不到及时澄清，对中国是不公平的，也是不利的，容易使得中国在地球工程全球治理架构的设计中被孤立。中国学者要加强同国际社会的合作研究，增加对话和交流，增进国际社会对中国地球工程研究活动的客观理解，消除误解，在地球工程的全球治理框架制定中发挥积极的和建设性的作用。

---

[1] Weng, W. L and Chen. Y, 2014, "A Chinese Perspective on Solar Geoengineering", Geoengineering Our Climate Working Paper and Opinion Article Series. Available at: http://wp.me/p2zsRk－a1.

G.17 内蒙古西部绿色低碳发展的探索与展望

董恒宇 赵吉*

摘 要：	我国西部地区自然资源禀赋独特，科学认识西部地区沙漠、戈壁、沙地和荒漠的生态价值与功能，大力发展绿色产业，将资源环境优势转变为经济发展动力，将生态优势转化为特色产业优势。内蒙古西部地区的能源禀赋特征是"富煤、少气、缺油"，资源环境禀赋特征是"地广、光强、风多"，协同构建沙生生物产业和再生能源经济有巨大潜力。一方面，提升特色沙生植物资源利用的科技支撑能力，延伸新型沙生野生植物资源产业链，发展沙漠生态经济，推动沙化土地的治理；另一方面，充分利用丰富的风、光、热资源，构建风力发电和光伏发电优势产业，进而实现生态与能源协同推进绿色化发展的目标。
关键词：	西部地区 沙生生物 再生能源 生态经济 绿色发展

我国西部地域占全国国土的半壁江山，除煤、油、气、矿等地下资源丰富外，地上的林、草等生物资源以及太阳能、风能、生物质等能源资源也很

---

* 董恒宇：全国政协委员、内蒙古政协副主席、民盟内蒙古区委主委、中国生态道德教育促进会会长；赵吉：内蒙古政协常委、民盟内蒙古区委副主委、内蒙古大学环境与资源学院院长、中国社会科学院可持续发展中心内蒙古气候政策研究院副院长。

丰富,是我国重要的能源基地。① 西部地广人稀,生态环境、自然景观、文化民俗均呈现多样性。西部广阔地域较少受到生态破坏和环境污染,破除资源诅咒,探索西部绿色发展之路,将为中华民族未来发展提供巨大的生存空间。

内蒙古战略发展思路确定了建设清洁能源输出基地和北疆生态安全屏障的双重定位。② 一方面,生态屏障的定位需要加强生态环境保护;另一方面,内蒙古拥有优化区域能源布局、减少碳排放、减轻大气跨界污染和建设"上风、上水"清洁带的多重责任。把生态优势转化为特色产业优势,内蒙古西部绿色化发展前景广阔。

一 内蒙古西部地区沙生生物的固碳空间与产业的发展

内蒙古境内不仅有大草原、大森林,大湿地和大空间,也有大量的浩瀚沙漠。分布于内蒙古12个盟市、90个旗县境内的巴丹吉林、腾格里、乌兰布和、库布齐等沙漠和毛乌素、浑善达克、科尔沁、呼伦贝尔等沙地,连同阴山北麓严重风蚀沙化土地,总面积达4159万公顷,占内蒙古面积的35.16%。这些地区生态环境脆弱,经济发展相对滞后。特别是位于蒙宁交界处的贺兰山以东、以西地区是我国沙漠化最快和最大的地区,也是全球四大沙尘暴源区之一,这里的生态环境状况直接关系到内蒙古各族群众的生存与发展,也关系到"三北"地区乃至全国的生态安全。

生物物种资源是人类赖以生存和发展的宝贵财富和战略性资源,是发展现代草原畜牧业、中蒙医药产业和生态环境建设的物质基础。③ 生物物种资

---

① 武钢:《重塑能源结构,加快西部电力通道建设,促进可再生能源发展》,《风能》2014年第3期,第18~20页。
② 杨臣华:《内蒙古自治区"8337"发展思路的内涵和路径选择》,《内蒙古金融研究》2013年第10期,第26~30页。
③ 董恒宇:《内蒙古西部植物多样性的调研情况、分析、建议》,《草原与草业》2014年第26期,第3~7页。

源的拥有和开发利用程度已成为衡量一个国家综合国力和可持续发展能力的重要指标之一。钱学森先生提出："中国的绿色发展必须服从世界趋势，走新技术革命的道路，要转变关于西部沙漠的思维定式，看到沙漠上也有搞农业的有利条件，要将治理蕴涵于开发之中。"①

内蒙古有沙生植物48科、177属、378种。在荒漠、沙漠、沙地、沙化土地生长的沙生生物资源开发利用研究尚处在起步阶段，其生物潜能和资源价值尚未为人所知，具有自身的后发优势。沙地野生植物是中草药的重要来源，仅毛乌素沙地药用植物就达200种，大多已成为重要的药品原料。许多沙生植物不但是理想的防风固沙植物，也是沙区畜牧业的重要饲料。在适宜的地区种植当地原生沙生植物，发展沙草产业，可以保护沙地生态系统，恢复绿色植被。肉苁蓉、锁阳是阿拉善知名的特色中药材，对于人体保健医疗具有独特价值。而肉苁蓉、锁阳是寄生在梭梭、白刺这些灌木根系上的，所以种肉苁蓉必须先种植梭梭林，种植梭梭林国家林业部门每亩补贴120元，农牧民种植梭梭林的积极性很高。充分认识沙漠地区特殊环境下各类植物、动物的特性，进行深入的科学研究，提纯有效成分，形成绿色、有机、野生的生态品质产品，对于人类的生命健康、身体保健，乃至生存发展具有重要的价值。沙生生物健康产业科学研究刚刚开始，发展的空间很大，产业创新的前景广阔。

近年来，内蒙古草原生态特别是荒漠区治理不仅具有巨大的生物固碳空间和潜力，而且有明显的产业发展优势。以阿拉善盟为例，人工种植技术推动了沙、草、林产业的发展，进而带动了生态环境持续改善。全盟天然梭梭林面积达1450万亩，人工梭梭林170万亩，接种肉苁蓉44万亩，年产干肉苁蓉1000吨以上；天然白刺面积2300万亩，人工接种锁阳面积达3万亩，年产干锁阳1500吨左右。

但是，要利用内蒙古沙生生物资源的绿色固碳空间和发挥产业化的优势，还有一些问题需要引起注意。

---

① 夏日、郝诚之：《航天奠基人的绿色贡献——纪念钱学森院士沙草产业理论创建30周年》，《实践（思想理论版）》2014年第11期，第39~40页。

由于植被破坏、樵采、过度放牧和气候变化等因素的影响,沙漠化进程加剧,大风频繁,遍布许多流动沙丘,流沙部分会直接进入黄河河道。从干旱荒漠区治理实践来看,生态建设中的水资源供应仍是主要瓶颈,沿黄地区水资源合理利用也是有关高效发展的重要问题。管理体制和生产方式不适应生态文明建设等一系列深层次的矛盾和问题凸显出来,荒漠地区生态保护和建设面临的形势依然严峻。①

我国特色生物资源产业起步不久,体系建设尚待完善,科学化发展水平有待提高。在推动沙生生物产业从初级向高级迈进的过程中,科学技术显然是至关重要的支撑,它是沙生生物产业拥有核心竞争力的关键。这就需要进一步加大沙生植物人工抚育方法的研发与推广,加大试验示范力度,不断提高覆盖面,推行标准化生产,用行业标准规范沙生生物各生产建设环节。我们需要从绿色低碳发展和可持续发展的战略高度,科学认识沙草产业的重要作用和发展前景。②

二 西部地区发展再生能源产业的背景

我国经济正处于快速发展时期,对能源的需求将持续增长,能源和环境对可持续发展的约束将越来越严重。发展清洁能源技术、加速本地化清洁资源的开发是必然的选择。③ 西部发展再生能源产业对于"新常态"下在丝绸之路、"一带一路"发展中调整结构、转变方式、实现产业升级意义重大。优先在沙漠地区发展太阳能、风能等再生能源,比如在阿拉善这样降水 200 毫米以下的地区发展太阳能;在相对丰水区减少开发这类项目,以加强天然草原保护。

---

① 李富荣、塔娜:《内蒙古沙产业与生态环境建设》,《北方经济》2010 年第 17 期,第 35~37 页。
② 任继周、侯扶江、张自和等:《发展草地农业推进我国西部可持续发展》,《地球科学进展》2000 年第 15 期,第 19~24 页。
③ 杜祥琬、黄其励、李俊峰等:《我国可再生能源战略地位和发展路线图研究》,《中国工程科学》2009 年第 11 期,第 4~9 页。

根据IPCC第五次评估报告结论，未来全球气候变暖仍将持续，限制气候变化需要大幅度持续减少温室气体排放。① 2015年七国集团（G7）峰会做出了一项跨越85年的承诺：到21世纪末彻底告别化石燃料，实现全球经济"去碳化"，到2050年实现全球温室气体排放量较2010年减少40%~70%。2015年8月3日美国发布《清洁电力计划》最终方案，该方案增加了对再生能源扶持力度，到2030年美国再生能源发电占美国总装机容量的比例将增至28%。长远看来，自工业革命以来推动经济发展的化石燃料时代趋于结束，100%利用再生能源的愿景开始成形。

国务院《能源发展战略行动计划（2014~2020年）》提出我国要实施绿色低碳战略，着力优化能源结构，把发展清洁低碳能源作为调整能源结构的主攻方向，大幅度增加风电、太阳能等可再生能源消费比重，大幅度减少能源消费排放，促进生态文明建设。②到2020年，非化石能源占一次能源消费比重达到15%，天然气比重达到10%，煤炭消费比重控制在62%以内。提出要大力发展风电，重点规划建设酒泉、内蒙古西部、内蒙古东部等9个大型现代风电基地以及配套送出工程。加快发展太阳能发电。有序推进光伏基地建设，同步做好就地消纳利用和集中送出通道建设。

中国"十三五"新能源目标预计将会上调，相关行业的发展目标将比"十二五"规划中展望的（到2020年实现风电2亿千瓦、太阳能发电1亿千瓦）数值大幅提升，太阳能发电装机总量有望达到1.5亿千瓦，风电2.5亿~2.8亿千瓦。基于中国政府自主决定的贡献目标，要实现到2020年非化石能源消费占比20%的目标，推算表明，只能通过发展核电、水电、风电和光伏实现。③

---

① 秦大河、Thomas Stocker等：《IPCC第五次评估报告第一工作组报告的亮点结论》，《气候变化研究进展》2014年第10期，第1~6页。
② 《国务院办公厅关于印发能源发展战略行动计划（2014—2020年）的通知》，国办发〔2014〕31号。
③ 《"十三五"新能源目标上调 两大行业最受益》，《中财网》2015年8月7日。

内蒙古属于典型的能源输出地区，在国家综合能源基地中处于重要的战略地位。对于清洁能源发展，自治区党委和政府提出了"追风逐日"和"就地转化"的发展战略：一方面，大力发展风能、太阳能等可再生能源，做足"追风逐日"文章；另一方面，大力推进煤的清洁生产和高效利用，积极发展高效率火电，提高煤炭的就地转化率。

内蒙古作为大型能源基地，距离华北、华中、华东等负荷中心地区600~1500公里，在特高压输电的经济合理距离之内。按照国家电网总体规划，到2020年内蒙古境内将建成12条特高压电力外送通道。届时，内蒙古电力外送规模将达到1.3亿千瓦，年外送电量8300亿千瓦时，增加当地煤炭就地转化量3.8亿吨。2014年11月19日，国务院发布《能源发展战略行动计划（2014~2020年）》，提出要"发展远距离大容量输电技术，扩大西电东送规模，实施北电南输工程。大力发展可再生能源，重点规划建设内蒙古西部、内蒙古东部等9个大型现代风电基地以及配套送出工程"。

内蒙古自治区历来重视开发和利用再生能源，并把风力发电产业持续发展作为战略重点。内蒙古风能资源总储量13.8亿千瓦，技术可开发量3.8亿千瓦，占全国陆地可开发风能总量的50%左右，位居全国第一。[1]年风能有效利用小时数为4380~7800小时，年风能利用率为50%~90%，而且风能品质具有连续性、稳定性高的特点。2014年全区风力发电量为386.17亿千瓦时，位居全国之首。内蒙古12个盟市基本上都具备建设百万千瓦级，甚至千万千瓦级以上风电场的条件。目前内蒙古风电上网电价为0.42~0.54元/千瓦时，与东部沿海发达省份的燃煤火电上网电价相当，是全国风电电价最低的地区之一。全年风电利用小时数为2002.05小时。[2]鉴于发展空间和发展规模优势，电价仍有较大下降可能性。

---

[1] 董军、冯天天：《内蒙古新能源发展现状与战略研究》，《电子世界》2014年第9期，第191~193页。

[2] 内蒙古自治区能源开发局提供部分数据。

内蒙古地处内陆,平均海拔约 1000 米,太阳能资源丰富。太阳能年辐射总量为 4831 兆~7012 兆焦/平方米,仅次于西藏,居全国第二位。年日照时数 2600~3400 小时,是全国太阳能高值地区之一,是全国高日照时长地区。内蒙古太阳能资源分布特点是自东向西递增,阿拉善盟、鄂尔多斯市和巴彦淖尔市等地区太阳能资源较好。随着国家太阳能补贴电价(蒙西地区 0.9 元/千瓦时)等配套扶持政策的出台,太阳能电池组件价格的不断下跌,太阳能发电项目的经济性有了显著的提高。截至 2014 年底,全区太阳能发电装机容量为 284.40 万千瓦,太阳能发电量为 24.46 亿千瓦时。

内蒙古生物质能资源储量居全国之首。近几年内蒙古秸秆资源量基本稳定在 1900 万吨左右,主要分布在通辽、赤峰、兴安盟、巴彦淖尔市等粮食主产区。据内蒙古自治区沙草产业协会的统计数据,内蒙古有大约 52 万平方千米土地存在沙漠化或荒漠化趋向。据调查,可治理的沙地就有 6 亿亩。可治理沙区面积广袤、土地集约度高使得这里成为中国最大的发展生物质能源的潜在区域。

内蒙古形成了以 500 千伏为主干网架的电网结构,建成 500 千伏变电站 24 座,8 条 500 千伏向华北、东北电网送电的输出通道,线路长 7297 公里。围绕清洁能源输出基地建设,2014 年锡林郭勒盟—山东特高压外送电通道获国家核准,已开工建设;上海庙—山东、锡林郭勒盟—江苏泰州等电力外送通道已获国家同意开展前期工作。

三 内蒙古再生能源发展的前景

国务院《关于进一步促进内蒙古经济社会又好又快发展的若干意见》中将自治区定位为国家重要的能源基地;内蒙古确定了"保障首都、服务华北、面向全国的清洁能源输出基地"的发展定位,将大力发展新能源作为清洁能源基地建设的重要内容。① 2014 年年初国家能源局出台了《服务内

---

① 杨臣华:《内蒙古自治区"8337"发展思路的内涵和路径选择》,《内蒙古金融研究》2013 年第 10 期,第 26~30 页。

蒙古能源科学发展的若干意见》，明确了内蒙古"九大基地、四个通道"的建设布局，要把内蒙古建设成全国清洁能源输出基地、新能源和分布式能源综合高效利用创新示范基地。

据内蒙古电力行业协会统计数据，截至2015年7月底，区内并网风电2162万千瓦、地面光伏电站401万千瓦、水电237万千瓦、生物质发电17.5万千瓦，可再生能源发电装机合计2817.5万千瓦，为占全区电源装机9643万千瓦的29.2%。内蒙古自治区"十二五"发展规划纲要提出"非化石能源占一次能源消费总量比重达到5%"。围绕再生能源发展，自治区先后制订了《内蒙古自治区绿色能源发展规划（2009~2015年）》《内蒙古自治区"十二五"风电发展及接入电网规划》《内蒙古清洁能源输出基地产业发展规划（2013~2020年）》《内蒙古自治区太阳能发电发展规划（2013~2020年）》《内蒙古自治区生物质利用规划（2013~2020年）》等新能源发展规划，明确了再生能源发展目标。

内蒙古"十二五"规划中预计到2015年年底区内并网风电2500万千瓦、地面光伏电站550万千瓦、水电237万千瓦、生物质发电17.5万千瓦，可再生能源发电装机合计3304.5万千瓦。"十三五"规划预计到2020年年底区内可再生能源发电并网规模达7915万千瓦，其中风电5800万千瓦、太阳能发电1800万千瓦、水电250万千瓦、生物质发电65万千瓦。内蒙古提出集中打造蒙西、蒙东两大千万千瓦级风电基地，在提高就地消化比例的同时，依托规划建设的特高压外送电通道扩大风电送出规模。①

内蒙古政府办公厅《关于建立可再生能源保障性收购长效机制的指导意见》（内政办发〔2015〕25号）提出发展目标为"2015年各盟市区域内风电限电率控制在15%以内，今后力争限电率长期维持在15%以内；2015年各盟市区域内太阳能光伏发电限电率控制在6%以内，今后力争限电率长期维持在6%以内；生物质能发电、水电等再生能源发电原则上不限电。

① 内蒙古自治区能源开发局提供数据。

2015年内蒙古再生能源上网电量占全社会用电量达到15%，2020年达到20%"。

但是，太阳能、风能、生物质能源的利用在体制和管理上存在一些需要解决的问题，目前产能过剩也对再生能源入网产生压力，问题需要统筹解决。

存在"窝电"和"弃风"现象。从全国来看，新能源面临的消纳问题，成为行业提速发展的掣肘。根据能源局的数据，2015年上半年风电弃风率为15.2%，同比上升了6.7个百分点，上半年全国累计光伏发电量达到190亿千瓦时，弃光电量约18亿千瓦时。

内蒙古"窝电""弃风"的问题由来已久。由于电力外送能力不足及电网对风电消纳能力有限等原因，近年来内蒙古发电机组平均利用小时数逐年下降，火电面临"窝电"困境，风电陷入并网困难而被迫大量"弃风"的尴尬境地。近年来内蒙古风电机组平均利用小时数一直在2000小时以下的低位徘徊，比国内先进地区低800小时左右。

再生能源市场保障机制有待完善。目前，国家支持再生能源发展的政策体系还不够完整，没有形成支持再生能源持续发展的长效机制，也没有形成连续稳定的市场需求。国家《可再生能源法》规定"电网要保障性收购可再生能源上网电量"，但保障性收购一直没有明确标准和实施细则，给再生能源发电运行调度带来随意性。

内蒙古电力供需现状处于"供大于求"的局面，不仅要促进再生能源电力本地消纳，还要加强电力外送通道建设，提高电网调峰能力。

四 结论与建议

再生能源是解决全球气候变化与城市空气污染的利器和终极方法。未来一个时期，应高度重视再生能源发展，聚全国之力争取在20~30年内在太阳能、风能、生物质能的科学技术研究方面实现重大突破，尽快摆脱我国对化石能源的依赖。

首先，从维护国家安全、建设生态文明的高度重新认识沙漠、沙地、荒漠的价值与功能。这些地区不仅仅是"资源库"，同时也应该是"绿色屏障"。应像重视森林、草原一样重视荒漠区的沙漠和沙地，加大治理力度，统筹经济建设、生态保护与牧民致富三者的关系，保障我国西北部的生态安全。

国家和西部省份应制定出台发展沙生生物产业的一系列政策措施。这包括产业基地建设、项目开发、科学研究、龙头企业扶持、金融信贷支持、建立发展基金、拓展融资渠道、鼓励成立产业合作组织、强化技术培训等。

在合作社和股份制企业的注册中，一定要吸取城市企业改制中的教训，保证农牧民的利益，使其成为实体的主人。政府应聘请第三方站在公共利益和农牧民角度提出持股方案。

充分合理利用含水沙漠和沿黄河区位水资源条件优势，有效地利用各种水源，推广节水技术，因地制宜研究开发草、灌、林、果、药材、菌类、藻类的高效种植技术，开展灌木林平茬复壮技术和野生植物扦插繁育技术的科学推广。重点抓好植物资源的开发和种植，如沙生的绿化植物（梭梭、白刺、沙棘、沙地柏、沙冬青、蒙古扁桃等），药用植物（苁蓉、锁阳、苦豆子、甘草、疯草、麻黄草、黑果枸杞等），能源和油料植物（沙柳、山杏、文冠果、柳枝稷草等），优质牧草（拧条、沙葱、紫花苜蓿等）及各类经济果木（葡萄、枣、苹果、梨、桃等），延伸新型生态产业链的建设和高效经营，探索梭梭－苁蓉、白刺－锁阳、半日花－块菌，以及特有能源微藻的科技性开发和规模化生产，推动效益型生态产业的快速发展和壮大。[①]

采取"市场化、产业化、公益化"的治沙模式，建立特有沙生生物资源开发技术创新体系，走政府统筹规划、贸工农一体化、农牧民市场化参与、产学研相结合的产业化之路，延伸新型绿色生物资源及生物化工的产业链，使其成为农业型知识密集产业和新型绿色产业，成为产业转型新方向和经济发展新亮点，实现沙漠增绿、资源增值、牧民增收、企业增效、地区增

---

① 金正道：《我国沙产业发展现状及对策建议》，《林业经济》2011年第1期，第36~39页。

税的积极效果。

国家、西部省份应加大对肉苁蓉、锁阳等沙生植物产品申报新食品原料的支持力度,积极协调国家相关部委,开辟绿色通道,从根本上解决制约沙生植物产业发展的政策瓶颈。

其次,将西部再生能源产业基地及能源储备基地规划纳入国家相关规划予以实施。加大清洁能源基地建设力度,大力发展风能、太阳能等清洁能源,高标准建设国家清洁能源输出基地。

做大做强太阳能光伏发电场,研究薄膜太阳能发电等新型技术的应用和推广,使整个产业链更加环保,促进太阳能发电产业健康发展。加快太阳能光热发电站建设,同时鼓励单晶硅、多晶硅企业开展切片、电池、电池组件等光伏产业深加工项目,推动光伏产业从原料型向产业链型转变,努力做大光伏产业规模。积极争取国家调整太阳能发电项目年度建设规模计划管理指标,使内蒙古更多备案的太阳能发电项目能够并网发电。

推动风力发电产业发展的同时要抓好蒙西电网抽水蓄能电站建设。抽水蓄能电站对储蓄风电电能,调节电网峰谷,增加电网容纳风、光电能力作用明显。

推动我国"西电东送"和"北电南送"工程,建议国家加快实施有关内蒙古电力外送通道建设项目,实施"天上架虹桥,电送全中国"工程,努力满足我国中东部地区的用电需求。加快智能电网建设,围绕特高压输电线路建设和太阳能发电、风力发电系统的接入需求,推进智能电网和微电网建设,提高电网接纳新能源电力能力。

内蒙古"十三五"规划中应将阿拉善纳入蒙西大型风力发电和光伏发电的可再生能源基地。在阿拉善规划建设1~2条电力外送通道,按照"风光火打捆"原则,通道要配比风电等可再生能源,配比应不低于可再生能源规划发展的比例。特高压外送风电基地规划也应该把阿拉善考虑在内。

最后,完善再生能源保障性收购政策。制定保障性收购主体、调峰主体、保障性收购标准实施方案,出台《可再生能源发电运行管理办法》。推动再生能源发电上网电量大幅提升。进一步强化电网企业收购再生能源的责任和义务，促进自治区再生能源产业和市场健康快速发展。

积极开展公私合营模式（PPP）融资模式，有效解决资金不足问题。尝试探索建立企业、政府、当地群众共享资源开发成果的模式，建立"以工补农"和谐发展的长效机制。将再生能源项目开发权公开拍卖，所得价款由开发方以现金和股权两种形式支付，所得收益纳入当地各级政府的专项资金管理，专项用于当地生态建设等公共资源发展。改善当地群众生产生活条件。

G.18 蓝碳研究进展与中国蓝碳计划*

焦念志 骆永明 周云轩 张 锐 章海波 张永雨 刘纪化**

摘 要: 气候变化是当今世界各国面临的重大环境问题,涉及经济、社会,乃至国际政治问题。我国面临严峻的气候谈判和二氧化碳减排压力,增加碳汇成为一个必选的应对措施。海洋及海岸带是地球上最大的活跃碳库,海洋及海岸生态系统捕获的碳汇被称为"蓝色碳汇"(以下简称蓝碳)。我国特殊的地理环境优势和研究基础,使得蓝碳成为我国碳汇事业必不可少的组成部分。我国科学家相继成立了"全国海洋碳汇联盟"和"中国未来海洋联合会",推出了"中国蓝碳计划",研究我国近海及海岸典型环境中蓝碳的形成过程与调控机制,进行海岸带蓝碳现状评估、规划及增汇技术开发,建立永久性蓝碳监测站体系和信息系统,模拟气候变化与人为活动压力下的海洋生态系统实验体系大科学工程,进行陆海统

---

* 资助项目:国家重大科学研究计划(2013CB955700),国家海洋局"全球变化与海气相互作用"专项(GASI-03-01-02-05)。

** 焦念志,厦门大学"长江学者"特聘教授、中国科学院院士、发展中国家科学院院士、中国未来海洋联合会理事长。主要研究领域为微型生物与海洋学碳汇,提出了"海洋微型生物碳泵"(MCP)理论。骆永明,中国科学院烟台海岸带研究所常务副所长、研究员、博士研究生导师。研究领域为土壤及沉积物环境与生物修复等。周云轩,华东师范大学河口海岸学国家重点实验室主任、教授、博士研究生导师。研究领域为河口海岸资源与环境遥感。张锐,厦门大学教授、博士研究生导师。研究领域为海洋病毒生态学及其储碳效应。章海波,中国科学院烟台海岸带研究所副研究员、硕士研究生导师。研究领域为海岸带土壤环境生物地球化学、滨海土壤环境质量与碳库变化等。张永雨,中国科学院青岛生物能源与过程研究所副研究员、硕士研究生导师。研究领域为近海养殖环境浮游生物储碳与生态开发、生境修复与资源养护等。刘纪化,山东大学海洋研究院助理教授。研究领域为海洋微型生物代谢和有机碳储存的关系。

筹海洋增汇的技术研发与示范，形成蓝碳标准体系和管理体系。"中国蓝碳计划"的产出将引领国际前沿（蓝碳形成过程调控机制），支撑碳交易体系（海洋碳汇标准），对外可服务于我国气候谈判和 21 世纪海上丝绸之路战略，对内可实现陆海统筹的定量化生态补偿，支撑海洋生态文明建设和沿海经济社会可持续发展。

关键词： 气候变化 人类活动 蓝碳 海洋碳汇 海岸带 中国蓝碳计划

气候变化影响到人类社会可持续发展，是当今全球面临的重大环境问题，各国政府都予以高度重视。联合国政府间气候变化委员会（IPCC）指出[①]，二氧化碳是最主要的温室气体，对工业革命以来地表升温的贡献约占 70%。地球历史时期大气二氧化碳浓度与全球温度有显著相关性。大气二氧化碳浓度升高打破了地球原有各圈层之间的平衡，导致了包括气候带变化、陆地生态系统演变以及海洋酸化等生态环境效应。目前，二氧化碳浓度变化问题已经超出了科学本身，成为涉及气候谈判、环境政策、生态文明、经济社会，乃至国际政治的全球性问题。

1992 年，联合国大会通过了《联合国气候变化框架公约》，首次把全面控制二氧化碳等温室气体排放、应对全球气候变暖给人类经济和社会带来不利影响纳入国际法框架。2005 年《京都议定书》正式生效，首次以法规的形式限制主要发达国家温室气体排放指标。2009 年，我国超过美国成为二氧化碳排放量世界第一的大国。在 2009 年哥本哈根世界气候大会上，中国

---

① Pachauri R. K., Allen M. F., Barros V. R., et al., "Climate Change 2014: Synthesis Report", Contribution of Working Groups I, II and III to the Fifth Assessment Report of the Intergovernmental Panel on Climate Change, IPCC, 2014.

政府承诺到2020年单位GDP的二氧化碳排放量减少到2005年的40%~45%。2014年北京APEC会上发表的《中美气候变化联合声明》则进一步明确：中国在2030年前后二氧化碳排放达到峰值。然而，众所周知，二氧化碳减排在一定时期及程度上影响经济发展。因此，在保障经济发展的同时，增加二氧化碳的吸收和储藏（碳汇），即"增汇"，是当前我国应对二氧化碳减排和全球变化的一个积极措施。近十年来，我国政府多次发出号召："把积极应对气候变化作为经济社会发展的重大战略""探索建立碳交易市场""努力增加碳汇""结合海洋经济发展和海岸带保护，积极探索利用海洋生物进行固碳""开展碳排放和排污权交易试点，加快建立完善生态补偿机制""推进节能减排和生态环境保护""研发重大生态恢复工程碳汇功能评估技术"等。研发海洋碳汇势在必行。

一 蓝碳及其意义

海洋是地球上最大的活跃碳库，其容量约是大气碳库的50倍、陆地碳库的20倍。海洋储存了全球约93%的二氧化碳，吸收了工业革命以来30%人类活动产生的二氧化碳。海洋生态系统捕获的碳汇被称为"蓝色碳汇"（本文以下简称蓝碳）。2009年联合国环境署、粮农组织和教科文组织、政府间海洋学委员会联合发布了《蓝碳报告》[①]，引起了世界各国政府和科学家的高度关注。该报告指出，全球光合作用捕获的碳中，有55%是蓝碳。海洋蓝色碳汇的构成包括占海洋生物量90%以上的微型生物固碳，以及海岸带红树林、盐沼和海草床等生态系统的固碳；后者的碳汇能力远远超过亚马孙雨林。然而，在自然和人为活动的多重压力下，这些蓝碳正在以比雨林快5~10倍的速度减少和消失。气候变化导致的海洋增温、海平面上升、海洋酸化和人类活动引起的海岸带湿地面积锐减、近海富营养化等全球化问题，

---

① Nelleman C., Corcoran E., Duarte C., Valdes L., DeYoung C., Fonseca L. & Grimsditch G., *Blue Carbon: the Role of Healthy Oceans in Binding Carbon*, 2008.

已给海洋生态系统和海洋及海岸带碳汇带来严重影响。了解和认识海洋生态系统结构与功能变化和蓝碳的形成过程与调控机制，对缓解气候变化的战略制定至关重要。

我国海洋国土（管辖海域300万平方千米，其中主权国土30万平方千米）占全国国土总面积的1/3。①自北向南的渤海、黄海、东海以及南海北部都具有较高的生产力和三大的碳汇潜力。我国拥有18000公里长的海岸线，超过1500条河流入海，形成面积近700万公顷、类型多样的滨海湿地，跨越多个气候带，生物多样性丰富、储碳能力巨大。长江、黄河、珠江等大江大河的河口海域还是陆地来源的有机碳的加工场、中转站和归宿地。在广阔的南海，有200多个珊瑚礁岛（主要成分是碳酸钙），在自然资源（包括石油、可燃冰以及丰富的生物资源）、交通运输、政治和军事等方面都有极为重要的战略意义。然而，在全球变化背景下，海平面上升、海流冲刷、季风影响、台风侵袭等对珊瑚礁岛构成严重威胁。海洋酸化导致了珊瑚钙化率的大幅度下降。南海的有些岛屿的面积正在以惊人的速度减小，有些岛礁甚至已经消失（如咸舍屿），这一局面正在危及我国海洋权益（渔业、海底油气资源等）乃至国土安全。除了自然生态系统生产力以外，我国也是世界第一大水产养殖国，科学合理的海水养殖不仅为人类提供了优质的食物来源，同时又可以贡献于海洋碳汇和低碳经济。除了自然因素，人为活动对我国海洋生态系统的影响同样需引起高度重视。我国人工海岸线占自然海岸线的比例高达60%②，各类开发和生产活动（围填海、油气开发、海水养殖、海上航运等）以及陆源营养物和污染物排放急剧增加，导致海岸带湿地面积锐减、湿地的碳汇功能退化，近海生态灾害频发（如富营养化、赤潮、缺氧区扩大等）、沿海地区遭受巨额经济损失，严重危及生态系统和社会可持续发展。对此，我们必须从海洋碳汇这类生态系统综合服务功能出发，深入系统地开展研发，才有可能

---

① 中国海洋年鉴编纂委员会：《2011中国海洋年鉴》，海洋出版社，2011。
② Wu T., Hou X. Y. & Xu X. L., Spatio - temporal characteristics of the mainland coastline utilization degree over the last 70 years in China. *Ocean Coast Manage*, 2014, 98: 150~157.

做到"全力遏制海洋生态环境不断恶化趋势,让我国海洋生态环境有一个明显改观"。①

二 国内外蓝碳研究和实践进展

2009年,继发布了具有广泛和深远国际影响的绿碳(陆地碳汇)报告后,联合国环境署、粮农组织和教科文组织政府间海洋学委员会发布了《蓝碳报告》,提出了蓝碳的概念。2010年第16届联合国气候变化大会上正式提出"蓝色碳汇计划",强调要重视沿海海洋生态系统对降低二氧化碳水平的作用,指出如果能重视并正确的管理,蓝碳对减缓气候变化有很大的潜力。联合国环境署(UNEP)等联合发布蓝碳专题报告,呼吁各国和学术界关注河口与海岸湿地在调节全球大气二氧化碳浓度、减缓气候变化等方面的重要性。2013年来自美国与比利时等国家的科学家们在 Nature 杂志上发表题为"近海海洋的碳循环变化"的文章②,首次定量化地指出近海海洋可能已经成为后工业时代大气中二氧化碳的碳汇,以往 IPCC 及其他机构的评估报告中忽略了近海对二氧化碳格局的贡献。据模式估算,内陆水体在向海洋的水平输送过程中,每年有 5.5±2.8 亿吨碳被水体及海岸带地区固定下来,而这部分碳过去一直被包括在陆地的净固碳量中。③ 人类对近海区域的持续压力很可能对未来近海海洋的碳汇格局产生重要影响。同时,一些近海环境仍然在释放二氧化碳。现代和地质时期全球碳循环的研究则证实了海洋碳库影响全球气候变化,进而直接和间接导致海洋缺氧、生物大灭绝等重大地球历史事件。此外,蓝碳也是实施应对气候变化地球工程的重要潜在场所,若干具有可实施性的增汇地球工程(如施铁肥、人工上升流等)均以提高海

---

① 《十八大后中国共产党治国理政新方略》编写组:《十八大后中国共产党治国理政新方略》,中共中央党校出版社,2013。
② Bauer J. E., Cai W. J., Raymond P. A., Bianchi T. S., Hopkinson C. S. & Regnier P. A., The changing carbon cycle of the coastal ocean. *Nature*, 2013, 504: 61-70.
③ Regnier P., Friedlingstein P., Ciais P., et al., Anthropogenic perturbation of the carbon fluxes from land to ocean. *Nature Geoscience*, 2013, 6: 597~607.

洋储碳能力和增加海洋碳汇为目标。

我国科学家对国际蓝碳研究做出了重要贡献，在若干方面引领了国际前沿发展方向。2008年以来，我国科学家提出的"海洋微型生物碳泵"（Microbial Carbon Pump，MCP）① 概念引起国际同行的广泛关注和认同，据此，国际海洋科学研究委员会（SCOR）设立了MCP科学工作组SCOR－WG134，由我国科学家领衔，成员包括来自美、欧、亚的12个国家的26名科学家。美国 Science 杂志采访了7个国家的十多名科学家后对MCP进行了专题报道，将MCP称为"巨大碳库的幕后推手"②。我国科学家在著名国际学术品牌美国"戈登论坛"（Gordon Research Conference）发起并获批设立"海洋生物地球化学与碳汇"永久论坛等，都彰显了MCP理论及其研究的国际影响力，标志着我国在该领域走在了国际前沿。

2013年9月，来自全国30多个涉海高校和研究院所的科研人员，中国科协、中国科学院、国家海洋局、国家气象局、教育部等部门的专家以及中国海洋石油总公司等企业科技人员，秉承"自发、自愿、贡献、分享"的原则，共同组建"全国海洋碳汇联盟"（COCA），形成了"产学研政用"协同创新群体。COCA联合全国优势力量，探求海洋储碳过程机制；会聚"产学研政用"资源，研发减排增汇两全其美之策。COCA的启动有利于联盟成员发挥各自所在领域的优势，推动各方资源与平台的开发利用，并协同攻关重大科技难题。在国家科研投入的同时，企事业合作将弥补"基础"与"应用"的脱节，化解"经济利益"与"环境效益"冲突；企业可提供技术装备方面的支撑，既解决科研投入问题，又提升企业形象，宣扬企业的环境义务意识和社会责任感。COCA各成员单位积极合作，沿中国近海从北向南选择典型海洋环境区域，包括陆海相互作用及人为扰动影响极为强烈海区、低碳示范海水养殖区、陆架海关键渔业区、寡营养自然海区等，初步建

---

① Jiao N., Herndl G. J., Hansell D. A., et al., Microbial production of recalcitrant dissolved organic matter: long-term carbon storage in the global ocean. *Nature Reviews Microbiology*, 2010, 8: 593-599.

② Stone R., The invisible hand behind a vast carbon reservoir. *Science*, 2010, 328: 1476-1477.

立了包括渤海、黄海、东海及南海四大海域的系列近海海洋碳汇观测站，为系统深入开展中国近海海洋碳汇研究、开发近海海洋储碳技术奠定了良好的基础，也为蓝碳生态模型的建立提供了必要的平台。

此外，我国科学家结合中国近海实际，创新性地提出了一个可检验、可实施的减排增汇生态工程策略：降低陆地营养盐输入施肥，增加近海碳汇。① 在海陆统筹思想的指导下，合理减少农田土壤施用的氮、磷等无机化肥（目前我国农田施肥严重过量、大量流失），从而减少河流营养盐排放量，使微型生物在近海更加有效地将有机碳惰性化，并随后由海流带入大洋进行长期储碳。美欧科学家在各种自然环境的统计资料以及河流实验结果都印证了这一创新性观点。② 这将是一个既现实可行、又无环境风险的增汇途径，也为我国实现陆海统筹生态工程、为生态补偿提供量化的科学依据，是落实我国海洋强国战略与低碳经济政策，保障生态系统可持续发展的一个重要途径，可望为海洋生态安全和生态文明建设做出前所未有的贡献。

三 中国蓝碳计划

2014 年 8 月，在中国科学院学部学术委员会发起举办的"海洋科学与技术前沿战略论坛"上，来自我国 30 余个涉海科研院所和大学院校的学科带头人和教育部、国家海洋局、国家气象局、国家气候委员会的有关专家百余人，展开了热烈研讨，在可持续发展共识下成立了"中国未来海洋联合会"，推出了"中国蓝碳计划"。在新的科学认识下，蓝碳的概念涵盖了海岸带、湿地、沼泽、河口、近海、浅海和深海等海洋生境的碳汇。同时，蓝碳与陆地碳汇（绿碳）息息相关：陆地每年向海洋输出的碳通量与陆－气界面和海－气界面相当；而大部分陆地上形成的有机碳，在输入河流和近海

---

① Jiao N., Tang K., Cai H. & Mao Y., Increasing the microbial carbon sink in the sea by reducing chemical fertilization on the land. *Nature Reviews Microbiology*, 2011, 9: 75 – 75.
② Taylor P. G. & Townsend A. R., Stoichiometric control of organic carbon – nitrate relationships from soils to the sea. *Nature*, 2010, 464: 1178 – 1181.

时被降解呼吸转化为二氧化碳，引发河口碳源效应。陆海统筹调整沿海产业结构布局、实施生态补偿、保障生态系统和经济社会可持续发展成为亟待研究的重点任务。

围绕海洋碳汇这个核心主题，"中国蓝碳计划"将科学前沿理论与先进技术手段应用于陆海统筹、减排增汇、保护环境和生态文明建设。长远来看，"中国蓝碳计划"将建成和完善中国近海蓝碳监测站系统，实现实时监测和数据共享；摸清我国蓝碳规模的家底，揭示蓝碳变动规律和主控因素；在查明蓝碳主要生态过程与机制的基础上，建立海洋碳汇国际标准体系（草案）；通过陆海统筹实现绿碳－蓝碳全链条部署，建立包括蓝碳在内的碳交易技术体系；建立有效的蓝碳增汇－生态灾害控制示范工程，并在典型区域实施应用；实现海洋生态系统的动态模拟和蓝碳源汇的短、中、长期预测；实现在认识生态系统的基础上的蓝碳科学管理，为海洋强国战略决策提供量化的科技支撑。总体上，"中国蓝碳计划"链接自然海洋生态系统和沿海经济活动，覆盖流域和我国管辖海洋区域，跨行业、跨部门、跨地区整体布局，从自然规律出发，抓住环境问题的"瓶颈"环节，提出了成套应对措施和解决方案。

结合我国蓝碳研究和技术开发的现状和特点，"中国蓝碳计划"的主要研究内容拟包括以下几个方面。

1. 我国近海典型环境中蓝碳的形成过程与调控机制研究

研究河口、近海、陆架、深海等典型海域环境中各类微型生物功能类群（自养、异养、原核、真核生物）、浮游动物和代表游泳生物的生态特性及其在相应海洋环境碳循环中的地位与作用；研究典型海洋生态系统群落结构与生态演替规律，揭示不同尺度上碳汇格局的时空分异、演化及其影响因素，阐明碳循环与其他元素循环的生物、物理和化学耦合机制；揭示固碳、储碳各个环节（碳吸收、生产、转化、释放）的过程与机理；古今结合评估海洋环境碳汇过程及其源汇格局在全球变暖、海洋酸化、海洋缺氧等全球变化环境下的反应及反馈；通过实验模拟和模型预测实现微观过程与宏观过程的链接，揭示蓝碳的形成过程与调控机制，及其与环境与气候变化的关系。

2. 我国海岸带蓝碳现状评估、规划，以及增汇技术研发

通过对红树林、盐沼湿地、海草床、滨海养殖等海岸带和岛礁生态环境蓝碳的系统调查，摸清我国海岸带蓝碳的家底；联系流域-潮滩-河口-近海的整体性以探究海岸带蓝碳的沉积、输运、埋藏速度及其时空变异性；查明主要自然蓝碳生态系统的受损程度和致损原因；综合分析影响海岸带蓝碳的各种因素；阐明高强度人类活动及全球气候变化对海岸带碳汇功能的影响机制；建立海岸带蓝碳储量及其价值估算的方法学体系；评估我国海岸带不同生态系统的蓝碳能力和潜力，提出我国海岸带蓝碳发展规划；① 在已有科研基础上采取人工措施分别针对红树林、盐沼湿地、海草床、海藻养殖等各类生态系统固碳减排的效果，建立固碳增汇的技术体系；重建高生物量、高碳汇型水生生物群落、改善湿地土壤及水体环境等措施，建立海岸带退化湿地的固碳增汇技术体系；提升滨海土壤的固碳能力，完善以海藻养殖为主题的人工海洋牧场生态系统。

3. 永久性蓝碳监测站体系和信息系统建设

在我国主要海洋环境代表点建立永久性蓝碳监测体系，形成海洋碳汇的时间序列监测能力；在我国重要河口区域及主要河流流域代表站点建立碳汇监测站，形成流域-潮间带（湿地）-河口-近海一体化的海陆统筹的监测网络；在全国建立蓝碳信息网，实现实时数据采集、传输和共享，建立综合分析数据库，建立预测预警技术，适时发布蓝碳现场情况报告。

4. 模拟气候变化/人为活动扰动的海洋生态系统实验体系大科学工程

建立我国近海"中宇宙体系"，模拟现场条件下生态系统关键指标对气候变化和环境扰动的响应与反馈；试验关键指标用于海洋增汇实践的边界条件；建设高达50米的"海洋环境模拟实验舱"（MECS），填补大型海洋垂直过程实验体系这一国际空白，模拟研究近海全水柱过程对气候变化的响应与反馈，实现全人工控制条件下的全参数全程监测，获取前所未有的过程参

---

① 章海波、骆永明、刘兴华、付传成：《海岸带蓝碳研究及其展望》，《中国科学：地球科学》2015年第45期（待刊）。

数、解析目前面临的重大海洋生态环境问题（全球变暖、富营养化、海洋酸化、氧化还原变化梯度等）的机理。

5. 陆海统筹海洋增汇的技术研发和示范区建设

结合航次调查、"中宇宙体系"和 MECS 实验数据，逐步量化概念模型，最终建立数值模型；古今结合，反演地质事件及其碳循环情景，研发有效反演过去、合理评估现状、科学预测未来各种情景下海洋固碳储碳效果的方法技术；在上述基础上，研发陆海统筹海洋增汇的实施方案，建立固碳储碳各个环节的技术流程；提出气候变化大环境下我国近海碳源汇过程的适应及对策；选择合适的海区，进行典型流域－海岸带－近海可控范围的海洋增汇的示范，并为生态补偿机制提供系统的量化指标。

6. 蓝碳标准体系和管理体系研发

建立蓝碳相关的生物、化学、沉积等监测方法与技术、计量步骤，以及操作规范、评价体系，建立反映海洋固碳与储碳潜力的技术指标和评估指标体系，研发制订国际海洋碳汇标准（草案）；根据蓝碳现存量和研发潜力，制定流域和海岸带区域碳排放清单，建立相应的地理信息系统和生态系统碳汇基线，以及流域－海岸带－近海的碳核算体系；建立基于蓝碳增汇方案的自愿减排交易运行框架和交易流程与技术支撑体系。

四 结语

"中国蓝碳计划"涉及科学研究、技术开发、标准建立、设施建设、行政管理等不同层次的内容，需高校和科研院所，以及国家和地方各部门、各系统的全盘布局和全链条设计，其实施无疑面临诸多挑战，急需国家战略层面的统筹和协调。同时，"中国蓝碳计划"的客观属性（多学科、跨时空以及前沿性与实用性的统一）为跨学科协同创新和跨部门、跨行业、跨区域联合提供了一个有效的组织实施平台；为形成共识、化解近期与长远、发展经济与保护环境的矛盾提供了一个各方均可接受的方案；为解决海洋资源开发和生态环境保护的对立矛盾提供了协同创新的平台；为落实协调演进、可

持续发展提供了一条实施方案主线。沿着"蓝碳计划"这条主线，设立生态补偿机制与低碳经济和生态文明建设示范区，海洋低碳经济就有了一个具体可行的"抓手"，陆海统筹的生态补偿机制就有了科学的定量指标体系，海上丝绸之路就增添了鲜明的"21世纪特色"、"政（府）产学研用（户）"就有了一个牢靠的链条；学科发展、人才培养与基地建设三位一体就落到了实处。"中国蓝碳计划"的产出将引领国际前沿（蓝碳形成过程调控机制），支撑碳交易体系（海洋碳汇标准）。对外可服务于我国气候谈判和21世纪海上丝绸之路战略，对内可落实生态补偿定量化，支撑海洋生态系统和沿海经济社会可持续发展。"中国蓝碳计划"是一个全链条创新设计，可望近期在海洋与海岸科学领域形成我国引领国际前沿的若干学科方向，提供我国在全球变化与低碳经济以及人类社会生存与发展主题上国际话语权的有力支撑。

G.19
适应气候变化的协同治理
——美国城市适应气候变化的经验和启示*

郑艳**

摘　要： 城市是适应气候变化的热点地区和重点领域，国际上一些城市通过制定城市适应战略和规划以提升城市应对气候变化风险的能力。美国城市的适应政策和行动有不少有益的经验，尤其是在加强不同风险、不同部门和全社会的协同治理方面，具有一些可供中国城市决策者借鉴的经验。

关键词： 气候变化　风险　协同治理　韧性城市　适应规划

中国早在2007年就成立了以国家发展改革委牵头的气候变化决策协调机制，2013年11月，中国发布了《国家适应气候变化战略》，要求从国家到地方省份积极推进适应规划工作，其中，城市地区被列为适应工作的重点区域。在全球环境和气候变化的大背景下，国内城市近年来不断遭遇水旱台风等极端天气和气候灾害，城市发展过程中长期忽视风险治理和适应能力的建设，城市地区的气候灾害损失总量持续增大①。

目前城市层面的适应政策和行动还处于起步阶段，比较突出和共性的问

---

*　资助项目：国家自然科学基金青年项目"适应气候变化治理机制：中国东西部地区案例比较研究"（编号：71203231）。
**　郑艳，中国社会科学院城市发展与环境研究所，经济学博士，副研究员。研究领域：气候变化经济学，适应气候变化政策，气候风险治理等。
①　秦大河等主编《中国极端天气气候事件和灾害风险管理与适应国家评估报告》，科学出版社，2015。

题，一是城市相关部门的规划很少考虑长期气候变化风险，适应意识和研究支持都不足；二是部门之间的规划缺乏衔接，导致无法形成合力。中国一些城市正在按照新近发布的《国家适应气候变化战略》《国家应对气候变化规划（2014~2020年）》等战略文件的要求，启动城市适应规划和战略的编制，或开展示范项目以积累经验。此外，国家发改委也在积极编制《城市适应气候变化行动方案》，旨在为城市地区开展适应工作提供行动指南。对此，在理论、政策或实践层面，了解国际上一些城市适应气候变化的政策行动及其进展，将是一项非常有现实意义和决策支持的工作。在城市适应气候变化领域，美国一些城市已经走在世界前列，具有不少可供借鉴的经验。

一 城市适应气候变化的长远目标：构建韧性城市

1. 韧性城市的概念和内涵

韧性城市（Resilient City）：是指城市系统通过政策机制设计和人财物等资源配置，能够更加灵活地应对气候变化、管理气候风险。从国际相关研究来看，"韧性城市"不仅要求城市具有适应气候变化风险的能力，同时还需增强整个城市系统的"韧性"，即在经济能力、社会参与、文化意识、基础设施建设等方面都需要考虑到应对现代社会多重、复杂风险的需求。

近年来，国外城市规划领域开始重视对韧性城市的研究，强调城市韧性是城市可持续竞争力的表现，是城市系统应对内外部变化和风险的综合能力。例如，①应对外部经济动荡的能力：强调多元化和富有弹性的经济结构，可持续、包容性、新知识驱动的智慧发展理念（Smart Development）；②应对外部风险的能力：城市空间及城市基础设施规划留有余地，灾害来临后能够自我承受、消化、调整、适应，实现再造和复苏；③应对社会变化的能力：增强社区归属感，通过社会整合实现自我振兴的能力。韧性城市规划的原则和途径包括：实现多元化、鼓励模块化经济（modularity）、培育社会资本和风险意识、鼓励创新和试验、协同管理、信息沟通和反馈机制、生态系统管理、情景规划途径。①

国外一些城市从不同角度开展了对城市韧性的评估。例如，美国加利福尼亚州伯克利大学城市研究所从经济能力、人口素质和社会发展三个方面设计了"韧性城市指标"（Resilience Capacity Index），对美国361个城市地区进行韧性能力评估，发现韧性具有地理和政治社会分布的差异，体现为北部经济发达、政治和社会参与度更高的地区较南方城市具有更大的韧性；此外，一些社会经济发展指标如收入、健康、教育、社会保障等对于城市韧性具有较为明显的正向影响②。研究表明，美国城市的治理结构、人口的文化多样性、风险意识和态度等社会文化特征对于提升城市韧性也有显著的影响。例如，Saavedra等人按照应对气候变化的能力将美国城市分为高韧性城市与低韧性城市两类，其主要差别在于是否制定了应对气候变化的目标，及是否实施了减排和适应行动；此外，社会资本、创新思维和文化多样性对于提升适应能力和城市韧性也具有非常积极的作用③。

2. 全球城市推动适应规划及韧性城市的努力

根据美国麻省理工学院的估计，全球约有1/5的城市制定了不同形式的适应战略，但是只有很少一部分制定了翔实的行动计划。表1是全球具有代表性的几个城市适应规划④。这些城市适应规划各有特色，具有不同的气候风险，规划的侧重点和投资力度也各有不同，但是其适应战略或规划都具有一个共同目标，即提升城市韧性和应对气候变化风险的能力⑤。

---

① 张庭伟：《弹性城市研究新发展》，http://citiesheart.com/2013/06/a-new-perspective-of-planning-theory/，2013年6月22日。
② Resilience Capacity Index, Institute of Governmental Studies, The University of California Berkeley. http://brr.berkeley.edu/rci.
③ Saavedra, C., William W. Budd, Nicholas P. Lovrich, Assessing Resilience to Climate Change in US Cities, Urban Studies Research, 2012, http://www.hindawi.com/journals/usr/2012/458172/.
④ Gallucci M., 6 of the World's Most Extensive Climate Adaptation Plans, Inside Climate News, 2013.6.20, http://insideclimatenews.org/news/20130620/6-worlds-most-extensive-climate-adaptation-plans.
⑤ 郑艳：《推动城市适应规划，构建韧性城市——发达国家的案例与启示》，《世界环境》2013年第11期。

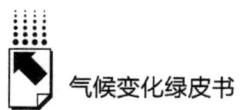

表 1　全球典型城市的适应规划

城市	适应规划名称	发布时间	主要气候风险	目标及重点领域	投资（美元）	总人口（人）
美国纽约	《一个更强大,更有韧性的纽约》（A Stronger, More Resilient New York）	2013年6月	洪水、风暴潮	修复桑迪飓风的破坏,改造社区住宅、医院、电力、道路、供排水等基础设施,改进沿海防洪设施等	195亿	820万
英国伦敦	《管理风险和增强韧性》（Managing Risks and Increasing Resilience）	2011年10月	持续洪水、干旱和极端高温	管理洪水风险、增加公园和绿化,完成2015年100万户居民家庭的水和能源设施更新改造	23亿（根据伦敦洪水风险管理计划）	810万
美国芝加哥	《芝加哥气候行动计划》（Chicago Climate Action Plan）	2008年9月	酷热夏天、浓雾、洪水和暴雨	目标:"人居环境和谐的大城市典范" 特色:用以滞纳雨水的绿色建筑、洪水管理、植树和绿色屋顶项目	—	270万
荷兰鹿特丹	《鹿特丹气候防护计划》（Rotterdam Climate Proof）	2008年12月	洪水、海平面上升	目标:"到2025年对气候变化影响具有充分的恢复力,建成世界上最安全的港口城市" 重点领域:洪水管理、船舶和乘客的可达性、适应性建筑、城市水系统、城市生活质量。 特色:应对海平面上升的浮动式防洪闸、浮动房屋等	4000万	130万
厄瓜多尔基多市	《基多气候变化战略》（Quito Climate Change Strategy）	2009年10月	泥石流、洪水、干旱、冰川退缩	重点领域:生态系统和生物多样性、饮用水供给、公共健康、基础设施和电力生产、气候风险管理	3.5亿	210万
南非德班市	《适应气候变化规划:面向韧性城市》（Climate Change Adaptation Planning: For A Resilient City）	2010年11月	洪水、海平面上升、海岸带侵蚀等	目标:"2020年建成为非洲最富关怀、最宜居城市" 重点领域:水资源、健康和灾害管理	3000万	370万

二 气候变化背景下美国灾害风险治理的转型

气候变化背景下，美国城市遭受的极端天气和气候灾害风险不断加剧。2006年袭击美国新奥尔良的卡特琳娜台风、2012年年底的纽约桑迪飓风，都造成了巨大的经济损失，暴露出城市风险管理和社会公平等方面的问题。从新奥尔良重建到纽约适应计划，地方政府的适应行动不但引发了国家层面的许多新举措，实际上也在潜移默化地带动美国传统的风险管理体系走向转型。一些专家学者已经敏锐地觉察到了气候变化对美国联邦和地方政府在风险管理、防灾减灾这一传统领域的变革性影响。例如，美国的灾害管理一直是由"联邦应急管理委员会"（FEMA）单一部门组织实施的。2006年美国遭受卡特琳娜飓风之后，政府和公众开始意识到气候变化引发的灾害强度及损失可能是史无前例的。从卡特琳娜飓风开始，美国改变了由单一防灾减灾部门进行灾害风险防范和投资的机制，主要表现在两个方面的新变化。[①]

一是美国联邦政府的介入。灾害风险的防范与救济不仅是州和地方政府的主要任务，巨大的灾情及损失需要联邦政府投入更多的资源（救援人员物资和资金，甚至包括出动军队维持社会治安）予以支持。

二是城市不同管理部门的介入。例如联邦政府针对灾后的重建需要，赋予城市发展规划和建设部门以更多的投资预算，用于灾害的预防和灾害建设。在许多地方城市，许多机构和部门（包括不同层级的政府及不同部门）各自争取到了不同来源和途径的资金（政府预算及社会资金，例如纽约适应计划中就利用了大量的社会资金），用于城市社区改造、生态建设、海岸带防护等灾害防范等领域，但是这些投资项目之间互相很少衔接与协调，有可能导致资金和资源的重复与浪费。

---

① Fossett, James W., "Let's Stop Improving Disaster Recovery", http://www.rockinst.org/observations/fpssettj/2013-07-09-Improving_Disaster_Recovery.aspx.

实际上,这是一个在全球范围内都在出现的风险治理模式的转型。这一新现象和新问题表现在:传统的灾害风险管理部门(如美国 FEMA)已经无法单独应对全球气候变化带来的风险压力,需要更多管理部门及全社会公众的积极参与。这是因为气候变化使得传统灾害风险更有不确定性、复杂性、长期性,更加难以预测和防范。因此,有必要因地制宜、根据国情和地方需求,探索一种新的更有(领域)综合性、(部门)协同性、(社会)参与性的城市风险治理体系。对此,一些学者提出了"气候变化风险的协同治理模式",指出气候变化风险所具有的不确定性、复杂性、长期性带来了诸多公共风险,具体表现为"风险社会"的内在特征,对传统灾害风险管理模式形成了诸多挑战,因而需要建立一种新的治理方式,即全灾害治理途径(all-hazard approach)、全政府(whole government)的适应性管理模式①②③④⑤。

协同治理(collaborative governance),也被称为协作治理、网络治理、系统治理、整体性治理,是在西方国家产生的一种多主体治理结构,多应用于行政管理、政治学、环境管理等领域。美国在这一领域具有许多理论、政策和实践经验。全灾种、多部门、多目标的协同治理方式在美国城市案例中得到不少体现。

---

① Beck, U. 2000. "Risk Society Revisited: Theory, Politics, and Research Programmes." In *The Risk Society and Beyond: Critical Issues for Society Theory*. eds. Adam Barbara et al., 211 - 229. London: Sage Publications.

② Berke, P., Ward Lyles. 2013. Public risks and the challenges to climate change - adaptation: a proposed framework for planning in the age of uncertainty, *A Journal of Policy Development and Research*, Vlo 15, No 1, 181 - 208.

③ IRGC, International Risk Governance Council. 2005. "Risk Governance: Towards an Integrative Approach." White Paper No. 1, Author Ortwin Renn with an Annex by Peter Graham. Geneva: IRGC.

④ May, B., and R. Plummer 2011. Accommodating the challenges of climate change adaptation and governance in conventional risk management: adaptive collaborative risk management (ACRM). *Ecology and Society* 16 (1): 47.

⑤ Emerson, K., P. Murchie., 2010. "Collaborative Governance and Climate Change: Opportunities for Public Administration." In *The Future of Public Administration, Public Management, and Public Service around the World: The Minnowbrook Perspective*, edited by Soonhee Kim Rosemary O'Leary and David Van Slyke, 141 - 161. Lake Placid, NY.

三　美国典型城市开展适应规划的案例

近年来，美国一些城市不断遭遇极端天气和气候事件引发的灾难，随着美国政府和社会公众对气候变化问题的日益重视，许多城市已经率先推动了地方的适应政策和行动。根据对美国298个地方政府的调查研究，有2/3的地方城市已经制定了各种形式的适应规划，纽约、华盛顿、芝加哥等城市是适应战略设计的先锋①。其中比较成功的适应行动包括适应服务基础设施、洪水管理、城市造林、土地利用规划及政策等。这些城市案例各有特色，从中可以看到协同治理思路在不同规划上的侧重点。

1. 纽约：适应气候变化与灾害风险管理的协同

由于位于美国东北沿海地区，在气候变化背景下，近些年纽约市经常遭受飓风、洪涝、暴雪等极端天气气候的侵袭。2012年10月底，纽约市遭受了强热带风暴"桑迪"飓风的袭击，造成43人死亡，9万栋房屋被淹，200万人遭遇断电，1100万人的交通出行受到影响，直接经济损失高达190亿美元②。这一极端灾害事件直接导致了"纽约适应计划"的出台。

2013年6月11日，美国纽约市长发布了名为"一个更强大、更具韧性的纽约"的城市适应计划，旨在通过长期的城市更新项目和基础设施投资，增强城市抵御未来飓风洪涝等气候风险的适应能力③。该计划被认为是全球城市中投资力度最大、涉及领域最为深入全面的城市适应行动方案。

从纽约的适应计划来看，有以下几个突出的经验。一是领导重视，纽约市的前任市长布隆伯格组建了一个跨部门的决策机构（气候变化委员会），市长亲自牵头，并动员其社会关系和各界力量募集了巨额资金。纽约计划设计了为期

---

① 郑艳：《推动城市适应规划，构建韧性城市——发达国家的案例与启示》，《世界环境》2013年第11期。
② "Sandy and Its Impact"，http：//www.nyc.gov/html/sirr/downloads/pdf/final_report/Ch_1_SandyImpacts_FINAL_singles.pdf.
③ New York City，"A Stronger, More Resilient New York"，http：//www.nycedc.com/resource/stronger-more-resilient-new-york.

十年、总额高达129亿美元的投资项目，90%用于基础设施和灾后重建项目。

二是科学的决策支持。纽约计划采用了IPCC第五次科学评估报告的最新的、精度更高的气候模式，对于纽约市2050年之前的气候风险及其潜在损失进行了评估，并与传统的FEMA依据历史灾害损失测算的风险地图进行了比较，指出如果未来发生与桑迪同等规模的飓风，经济损失将高达900亿美元，为目前经济损失的5倍，海平面上升及飓风导致的洪水淹没人口数字则是传统评估结果的2倍。此外，纽约气候变化委员会还推动研究机构开发了《气候风险信息》《适应评估指南》《气候防护标准》等决策工具书，提出新的气候防护标准以及多种适应政策选项，供城市管理者选择。

适应规划需要有相当大的资金投入作为落实的保障。例如810万人口的伦敦，仅用于洪水风险管理一项就高达23亿美元，相当于人均283美元。纽约适应计划拟十年投资195亿美元，相当于820万纽约人每人平均投资2378美元，其中90%的资金用于基础设施和受灾社区重建，包括修复住宅和道路，提升医疗、电力、地铁、航运、饮水系统等城市公共基础设施，改进沿海防洪设施等。

2. 波士顿：适应与长远发展战略的协同

波士顿位于美国东北沿海地区，主要的气候变化风险是暴雪寒流、高温、海平面上升等。2014年，包括100多个市政府的大波士顿城市地区制订了《区域气候变化行动计划》，旨在以城市区域为中心针对土地利用、经济发展、风险管理等领域，开展联合协作的中长期行动规划。2011年的地球日，大波士顿都市圈的核心城市波士顿市政府发布了《波士顿气候行动计划》，之后每3年修订一次[1]。目前最新修订的2014年气候行动计划草案正在向全社会征集意见和建议。《波士顿气候行动计划》中包括几个主要的"气候适应性指标"，其中有全市的热岛指数、年平均温度、林木覆盖率、公众参与等衡量气候风险和社会经济适应能力的指标。[2]

---

[1] City of Boston, Boston's Climate Plan, http://www.cityofboston.gov/climate/bostonsplan/default.asp.
[2] City of Boston, 2014 Draft Climate Action Plan for Public Comment, http://www.cityofboston.gov/images_documents/Draft%202014%20CAP%20Update%20For%20Public%20Comment_12NovFINAL2_tcm3-48598.pdf.

对于波士顿而言，应对极端天气灾害突发事件已经有一套比较成熟高效的管理体系，未来继续改进和提高的途径主要是在公共健康、经济发展、应急规划、能源、绿地和开放空间等领域的项目的实施中加强风险防范，将一些气候变化的原则、指标纳入现有的项目、信息、指南等政策文件中，确保居民、企业、旅游者的安全。此外，报告也强调了要加强与其他周边城市的政策衔接与信息沟通机制。

《波士顿气候行动计划》设有专门的"气候防护"（Climate Preparedness）章节，主要讨论适应的目标及行动。其中包括4个方面内容：①规划及基础设施：强调气候风险防护目标的长期性，及其在城市各类规划、部门协调及区域开发活动中的优先地位；②社区参与：强调项目示范主导的适应行动，尤其是界定脆弱的地区和群体，关注公共健康和低收入家庭，针对特定的脆弱社区、低收入群体、户外和体力工作者进行专门的投资和支持（提供工作培训、创造就业、提供气候信息和发布社区预警指标、提供保险计划等）；③绿地和开放空间：增加城市绿色基础设施（如公园、绿地、湿地、海滩等）及林木覆盖率，探索社区邻里的洪水管理措施，鼓励都市农业及区域食品供应体系；④建筑及能源：通过增加能源利用效率、开发太阳能等分布式能源增强建筑的适应性。

波士顿市政府很重视报告的操作性和应用性，其中也设计了一些用于评估和监测工作进展的指标。报告中强调，适应不同于减排目标，很难有一个普遍适用的评估指标，对此，应对气候风险的目标必须纳入城市的各种规划、项目发展和评估过程，并对适应进展进行长期的可持续的监测与评估。波士顿用于风险监测的指标包括海平面上升、年平均温度、超过华氏90度的高温天数、降水模式等。此外，针对某些特殊地区，还选择了一些有针对性的指标，如林木覆盖率（Tree Canopy）、透水地面的比例、公众参与相关项目的人数等。此外，报告还指出将加强与研究人员、其他城市的合作，更好地理解城市与社区增强气候防护的指标体系监测工作。

3. 芝加哥：减排与适应目标的协同

《芝加哥气候行动计划》（Chicago Climate Action Plan）[①] 中设有专门的适应章节，其中提到的适应战略包括8类数十条具体措施，分别是管理热岛效应、创新性的降温项目、保护空气质量、管理洪水、实施城市绿色设计、公众参与、企业参与、建立城市绿色委员会推动未来规划等。

在城市适应规划中，不同目标（减排、生态保护、防灾减灾、就业等）如何协同也是一个值得探索的重要问题。减排从长期来看，也是适应的重要手段。一些美国城市将此作为一个重要原则纳入城市适应战略之中。例如，芝加哥的气候行动计划将"保护空气质量"作为适应战略的主要目标之一，包括通过城市绿化、低碳出行、电厂减排等降低臭氧的产生及危害等内容。

四　美国经验对中国城市的借鉴意义

在气候变化风险的协同治理层面，尽管美国城市也尚在探索和发展中，但是这些城市开展适应规划的过程、政策内容及其实践行动都有许多可借鉴之处。

一是多主体参与的协同决策过程。美国是"自下而上"的以州为治理主体的行政管理模式，地方城市政府拥有较大的自治权，城市治理模式包括市长负责制、城市经理人制、管理委员会制等，这使得这些城市能够因地制宜、根据自身情况和需求制定最适合自己的气候行动方案[②]。这些城市的适应战略和行动计划都有科学的决策程序，尤其是比较重视科学研究和公众参与，强调将气候风险和适应目标纳入城市各部门的发展规划及政策评估过程。这种科学的、严格依照程序进行的决策过程，确保了适应规划的严谨性和科学性，也使得规划从一开始就具有很强的法律效力和可操作性。

[①] *Chicago Climate Action Plan*, http://www.chicagoclimateaction.org/filebin/pdf/finalreport/CCAPREPORTFINALv2.pdf.

[②] Schroeder. H, Bulkeley, H. 2009, Global cities and the governance of climate change, what is the role of law in cities *Fordham Urban Law Journal*, XXXVI（2），313－359. http://dro.dur.ac.uk/6042/1/6042.pdf.

二是部门协同的合作治理。美国城市的适应规划非常翔实，例如美国芝加哥、波士顿等城市的适应战略中，都强调了"示范先行"（leads by examples），通过实施一些具有优先性和重要性的示范项目（例如针对重点领域、脆弱地区、脆弱群体的政策设计或投资项目），不断积累经验，查漏补缺。此外，国外城市的规划文件都有较强的现实操作性，纽约适应计划尤其突出，针对未来可能影响纽约安全的主要风险，如海平面上升、飓风、洪水、高温热浪等，详细列举了250条适应气候变化的行动计划，明确了各个重点领域、优先工作等，体现出纽约适应计划坚实的可操作性。这些工作都需要不同部门之间的密切配合与协同合作。

三是注重全社会参与的治理理念。社会公众对环境和气候变化问题的重视，对于城市开展成功有效的适应行动尤为重要。美国城市开展适应规划重视利益相关方的参与，关注社区和民生，注重适应项目与城市的长远发展、城市更新和可持续发展等政策目标的协同。美国纽约、芝加哥、波士顿等城市在适应计划编制和实施过程中，广泛征集社会各界的意见和建议，使得每一项适应举措都能够得到认可与实施。此外，适应规划尤其关注贫困社区、少数族裔等脆弱群体，通过适应项目推动社区、企业和就业等发展目标。例如纽约的适应计划投资推动了旧城更新改造，尤其是边缘群体居住的老旧社区的基础设施建设，既可以消除灾害隐患，还可以创造就业计划，减小城市社会阶层的分化，从而提升社会凝聚力和城市竞争力。

我国2007年以来"自上而下"设立了以国家发改委牵头的应对气候变化决策领导小组这一综合协调机构，各省份都设有相关执行机构。这一系统可以在我国地方政府的适应政策和行动中发挥积极的综合与协同作用。一方面，弥补传统的灾害风险管理体系的不足，推动国家应急管理体系、民政部门等从应急、灾后救济转向事前的风险规划与风险防范，尤其是利用国家发改委综合协调的优势，可以加强城市规划、建筑、交通、能源、生态、环保等部门在应对气候变化领域的政策规划的衔接。另一方面，需要与新建的国家安全委员会相衔接，关注气候变化可能引发的各种城市安全问题，例如气候变化及极端灾害事件可能引发的城市能源安全、生态安全、社会安全等问题。

G.20 中国暴雨洪涝对社会经济的影响

王艳君 苏布达 李修仓*

摘 要： 中国是世界上洪涝灾害发生最为频繁的国家之一。灾害波及范围广，损失严重。1984~2013年中国暴雨洪涝灾害的人口暴露度和经济暴露度均呈增大趋势，受灾人口和直接经济损失显著增大；人口脆弱性显著增强，但经济脆弱性随着经济的飞速发展呈现减弱趋势。在未来全球变暖条件下，中国洪涝灾害风险将进一步增大，最大限度地减少暴露度和增强社会经济的恢复力与适应性是降低灾害风险的有效途径。

关键词： 暴雨洪涝 暴露度 脆弱性 社会经济影响

一 引言

中国是世界上洪涝灾害发生最为频繁的国家之一，灾害波及范围广，损失严重。1984~2013年，中国暴雨洪涝灾害多年平均受灾面积达9.35万平方千米，多年平均受灾人口达8661万人，多年平均直接经济损失达793.78亿元，并且受灾人口和直接经济损失呈现逐渐增加的趋势。进入21世纪，中国暴雨洪涝呈现新的特征，主要体现在中小河流洪水、山洪、暴雨诱发的

---

* 王艳君，南京信息工程大学地理与遥感学院副教授，研究领域为气候变化影响与灾害风险评估。苏布达，国家气候中心副研究员，中组部"千人计划"特聘教授。李修仓，国家气候中心助理研究员。

泥石流和滑坡，以及城市内涝灾害频发，造成人民生命伤亡和财产巨大损失。在全球变暖背景下，未来强降水等极端气候事件出现的频率和强度都将增加。伴随着中国城镇化进程的加快，人口的集中和经济的快速发展，洪水灾害必将给社会经济带来严重影响。政府间气候变化专门委员会（IPCC）的《管理极端事件和灾害风险，推进气候变化适应》（SREX）特别报告指出，极端和非极端事件的严重程度及影响，以及它们能否构成灾害，在很大程度上取决于暴露度和脆弱性水平，暴露度和脆弱性是灾害风险及其影响的关键决定性因素。灾害经济损失增长的主要原因是人和经济资产暴露度的增加。在暴露的条件下，不利影响的程度和类型取决于脆弱性。暴露度是指人员、生计、环境服务和各种资源、基础设施，以及经济、社会或文化资产处在有可能受到不利影响的位置，是灾害影响的最大范围。脆弱性是指受到不利影响的倾向或趋势，包括承灾体的灾损敏感性和应对恢复力。[1] 本文从灾害的暴露度和脆弱性特征阐述洪涝灾害对社会经济的影响，以期为灾害管理部门制定有的放矢的防灾减灾措施提供科学依据。

二 暴雨洪涝暴露范围特征

中国各省份均遭受暴雨洪涝灾害不同程度的影响。根据1984~2013年中国暴雨洪涝灾害受灾面积数据统计，中国大陆多年平均的灾害暴露范围为9.35万平方千米，约占全国国土面积的1%。各省（自治区、直辖市）多年暴露范围均无明显变化趋势，总体上以20世纪80年代中后期平均暴露范围最小，20世纪90年代平均暴露范围显著增大，21世纪的前13年平均暴露范围有所缩减，但仍比20世纪80年代中后期年平均高出1.36万平方千米（见表1第2列）。30年来灾害暴露范围最大的省份是湖北省，多年平均受灾面积达到1.17万平方千米，约占该省行政面积的6%；其次是安徽和

---

[1] IPCC. *Managing the Risks of Extreme Events and Disasters to Advance Climate Change Adaptation: A Special Report of Working Groups I and II of the Intergovernmental Panel on Climate Change*, New York: Cambridge University Press. 2012, pp. 2-18.

湖南省，其多年平均受灾面积分别为0.87和0.83万平方千米，约占其行政面积的6%和4%；再次是黑龙江、河南和江苏省，其多年平均受灾面积分别为0.69万，0.65万和0.60万平方千米；灾害暴露范围最小的省份为上海、西藏、北京和青海，其多年平均受灾面积均为0.01万平方千米（见图1）。

表1 中国暴雨洪涝灾害主要影响指标及其变化（1984~2013年）

时段	受灾面积（万平方千米）	受灾人口（万人）	直接经济损失（亿元）	人口脆弱性（%）	经济脆弱性（%）
1984~2013年	9.35	8660	793	6.9	0.9
1984~1990年	7.40	3622	96	3.3	0.8
1991~2000年	11.48	8747	869	6.4	1.6
2001~2013年	8.76	11305	1111	8.7	0.4

注：表中数据为各时段多年年均值。

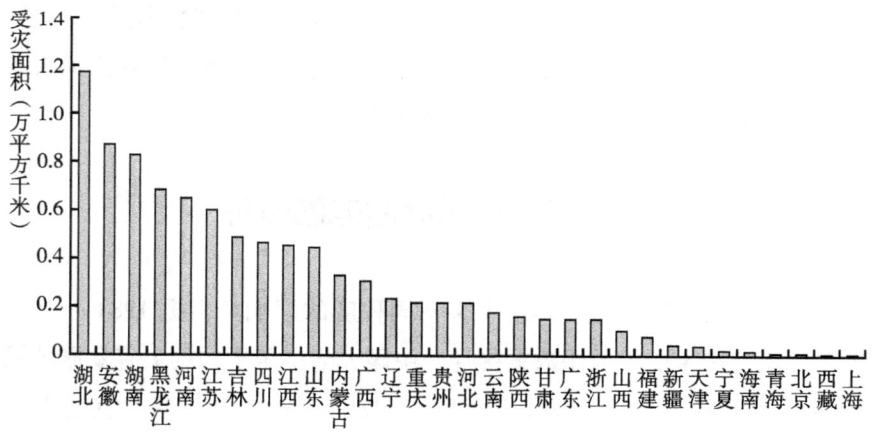

图1 1984~2013年中国各省份暴雨洪涝灾害年均受灾面积

三 暴雨洪涝对人口的影响

（一）暴雨洪涝的人口暴露度

选用人口密度作为人口暴露度的指标。1984~2012年（缺2013年的数据），中国除港澳台以外的地区多年平均人口密度为126人/平方千米，空间上总体表现为由东部沿海省份向中西部省份减小的特征，东部沿海的上海市人口密度高达2556人/平方千米，其次为天津和北京，人口密度分别为879人/平方千米和791人/平方千米，西部的西藏、青海、新疆等省份多年平均人口密度则在10人/平方千米以下。近30年来，中国及各省（自治区、直辖市）人口密度呈现显著增大趋势，至2012年，中国平均人口密度增大为140人/平方千米，上海市人口密度达3754人/平方千米，天津和北京分别增长到1250人/平方千米和1231人/平方千米。随着中国人口密度的显著增大，暴雨洪涝灾害的人口暴露度也呈现不断增大的特征。

（二）暴雨洪涝的人口脆弱性

随着人口的增多和聚集，暴露在洪涝灾害危险中的人口不断增加。1984年以来，中国由暴雨洪涝引起的受灾人口显著增加，由20世纪80年代中后期的3622万人增加到20世纪90年代的8747万人，至21世纪前13年，年平均受灾人口增加到11305万人（见表1第3列）。其中以湖南省多年平均受灾人口最多，达1277万人，占该省总人口的20%左右；其次为四川省，多年平均受灾人口为1013万人，占该省总人口的13%；再次为安徽省，多年平均受灾人口为902万人，占该省总人口的15%；上海市多年平均受灾人口最少，为0.6万人，约占该市总人口的0.04%（见图2）。

以各省份受灾人口与总人口的比重作为各省份人口脆弱性指标，1984年以来，中国暴雨洪涝的人口脆弱性逐渐增强，由20世纪80年代中后期的3.3%增加到20世纪90年代的6.4%，至21世纪前13年，年平均人口脆弱性增加到8.7%（见表1第5列）。在空间表现为湖南省最强，重庆市和安徽省次之，上海、北京、天津市最弱，并且人口脆弱性强的区域不断扩大，脆弱性弱的区域逐渐缩小，由此可见，中国暴雨洪涝灾害的人口脆弱性在时间尺度上强度逐渐加大，在空间尺度上高脆弱区的范围不断扩大。

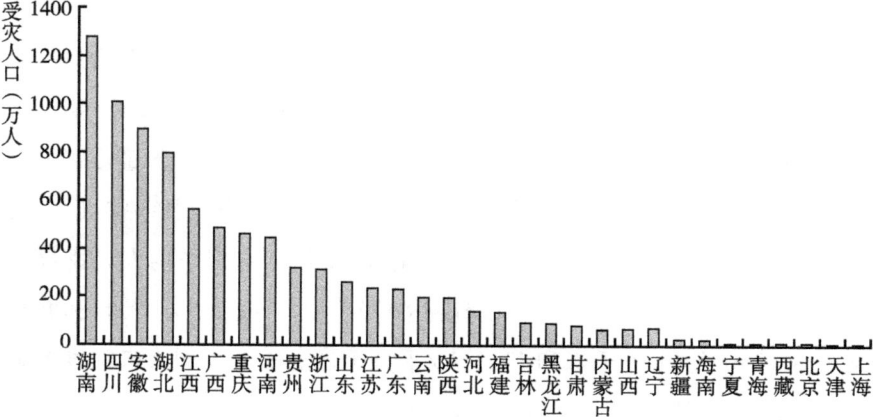

图 2　中国各省（自治区、直辖市）1984～2013年暴雨洪涝灾害年均受灾人口

四　暴雨洪涝对经济的影响

（一）暴雨洪涝的经济暴露度

自改革开放以来，中国经济飞速发展。以地均 GDP 为经济暴露度指标，中国除港澳台以外的地区 1984～2013 年多年平均地均 GDP 为 149 万元/平方千米，以每年 17.34 万元/平方千米的速度显著增长，由 20 世纪 80 年代中后期的 15.47 万元/平方千米，增长到 20 世纪 90 年代的 81.23 万元/平方千米，到 21 世纪前 13 年，地均 GDP 达到 335.93 万元/平方千米。空间上总体呈现由东部沿海向中西部内陆地区减小的特征，东部的上海市地均 GDP 最高，达到 9430 万元/平方千米，其次为北京和天津市，其地均 GDP 均超过 2000 万元/平方千米，而新疆、青海、西藏 3 个省份地均 GDP 均在 12 万元/平方千米以下。由此可见，中国地均 GDP 的显著增长，必然使暴露在暴雨洪涝灾害影响下的经济财产呈现明显增大特征。

（二）暴雨洪涝的经济脆弱性

随着中国经济的飞速发展，洪涝灾害造成的经济损失也越来越严重。

1984~2013年,中国暴雨洪涝灾害的多年平均直接经济损失为793亿元,并且呈现逐渐增大的特征。由20世纪80年代中后期的96亿元增大到2013年的1846亿元(见表1第4列)。在空间分布表现为由长江中游地区向西、向北、向南逐渐递减的趋势,湖南省多年平均直接经济损失最大,达到98亿元,其次为四川省和湖北省,其多年平均直接经济损失分别达到63亿元和55亿元;上海市和西藏自治区是直接经济损失最少的地区,损失均在1亿元以下(见图3)。

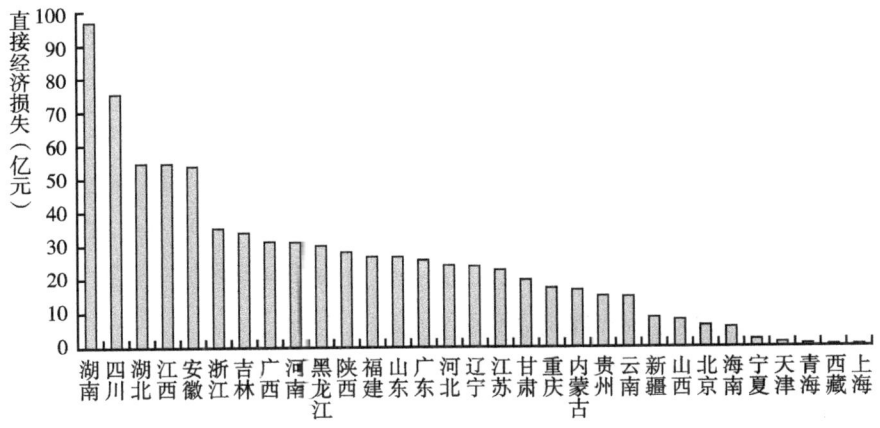

图3 中国各省(自治区、直辖市)1984~2013年暴雨
洪涝灾害年均直接经济损失

以直接经济损失占GDP的比重为暴雨洪涝灾害的经济脆弱性指标,自1984年以来,中国暴雨洪涝灾害的经济脆弱性表现为先增强后减弱的特征,20世纪90年代的经济脆弱性较80年代有所增强,成为近30年来脆弱性最强时期;进入21世纪,由于GDP的增长速度远远高出直接经济损失的增长速度,因此,尽管21世纪前13年洪涝灾害带来的直接经济损失显著增大,但经济脆弱性在这一时期反而是最低的(见表1第6列)。在空间上,经济脆弱性的高值区主要分布在长江中游地区的湖南、江西、安徽省,由此向四周递减,脆弱性最低区在上海、北京和天津市,并且经济脆弱性高值区面积出现先增大后减小,脆弱性低值区面积出现先减小后增大的趋势,因此,从

总体上来看，经济脆弱性呈现先增强后减弱的趋势。同时，经济的发展在灾害影响中表现出"双刃剑"的作用：一方面，财富的集中会加剧灾害的损失；另一方面，充足财源有利于加大防灾设施投资力度、改善社会的减灾体制从而增强社会抵御灾害的综合能力。①

五 挑战和展望

从中国暴雨洪涝灾害的历史灾情和社会经济数据出发，自1984年以来，中国暴雨洪涝灾害的暴露范围没有明显变化，但由于人口暴露度和经济暴露度的显著增大，造成受灾人口和直接经济损失也呈现显著增大的特点。人口脆弱性虽不断增强，但经济脆弱性由于 GDP 的快速增加反而减弱。但上述结论仅仅是根据几个指标进行的初步分析，开展暴雨洪涝对社会经济影响的定量风险评估，还存在很大的挑战。其一，缺少不同行业和土地利用类型上的暴雨洪涝灾害脆弱性曲线。其二，缺少以乡镇为基本单元的经济发展统计数据，更加缺乏按行业和部门划分的灾害统计数据。

目前，暴雨洪涝对社会经济影响风险评估已经是国际研究的热点问题。《联合国2015~2030年仙台减轻灾害风险框架》明确未来15年国际减灾7个目标，其中减少死亡率和减少经济损失是两个重要目标。② 本文从社会经济对暴雨洪涝的暴露度和脆弱性风险评估出发，认为减少因灾死亡人口和减少灾害造成的经济损失，必须降低暴露度和削弱脆弱性。此外，经济的发展会增大灾害的直接经济损失，同时也能增强人类的防灾减灾能力，减少经济损失。在未来 RCP8.5 排放情景下，中国 2016~2035 年逐年连续5日最大降水量和大于20毫米的降雨日数均较基准期（1986~2005年）有所增加，致灾危险度较高的区域集中在中国东南部，并且危险度较高的范围不断扩大；未来随着人口和经济的发展，中国洪涝承灾体的平均易损度变化不大，

---

① 石勇、许世远、石纯等：《沿海区域水灾脆弱性及风险的的初步分析》，《地理科学》2009年第6期。
② 史培军：《仙台框架：未来15年世界减灾指导性文件》，《中国减灾》2015年第7期。

但最高值逐渐增加，高值区主要在中国的东部地区，并且范围逐渐扩大，由基准期（1986~2005年）的0.1%扩大到2080~2099年的1.4%。[①] 因此，在未来气候变化和社会经济变化条件下，加强暴雨洪涝灾害的社会经济影响风险评估方法和技术研究，把风险纳入社会经济发展规划之中，减少高危险区域尤其是中国东部地区的人口和经济暴露度、增强社会经济的恢复力和适应性，是降低灾害风险的有效途径。

[①] 徐影、张冰、周波涛等：《基于CMIP5模式的中国地区未来洪涝灾害风险变化预估》，《气候变化研究进展》2014年第4期。

G.21
气候承载力评估的意义及基本方法

於琍 卢燕宇 黄玮 徐雨晴*

摘　要： 生态文明建设需要兼顾资源环境保护和经济社会发展。气候是重要的环境资源之一，也是人类社会赖以发展的基础，气候变化已经在全球范围内产生了重要的影响并还将持续，进而影响到人口、生计、经济、资源、生态等诸多方面。在未来的发展规划中，需要统筹考虑气候要素的变化和气候变化的影响，充分遵循气候规律，考虑气候资源的承载能力，界定气候资源所能承载的自然生态系统和人类社会与经济活动的强度和规模。本文介绍了资源环境承载力相关的研究背景，给出了气候承载力的概念，并提出气候承载力评估的一般方法，结合实际评估案例，阐明气候承载力评估的迫切性和重要性，以及其对社会经济发展的现实意义。气候承载力评估刚刚起步，还面临很多挑战。首先亟待构建并完善气候承载力理论基础及评估框架。其次是气候承载力评估需要因地制宜地开展，注重实用性和可操作性；开展气候承载力评估需要与其他学科的交叉融合，拓宽气候承载力评估的应用领域和服务对象。最后开展气候承载力评估，特别是定量化的承载力评估还需要不断创新，融入新的技术方法。

---

* 於琍，国家气候中心高级工程师，研究领域为气候变化影响评估。卢燕宇，安徽气候中心副研究员，研究领域为气候变化。黄玮，云南省气候中心高级工程师，研究领域为气候变化。徐雨晴，国家气候中心副研究员，研究领域为气候变化。

气候承载力评估的意义及基本方法

关键词: 气候变化 气候承载力 评估方法 发展建议

社会经济的发展必须控制在资源环境可承载的范围内,才能以资源的可持续利用来实现社会经济的可持续发展。近几十年来,我国经济社会快速发展的同时,资源与环境的矛盾也日趋严重,成为我国经济社会发展的重要制约因素。十七大报告中强调要建设"生态文明",这一概念的提出,是与全球日趋严重的环境问题密切相关的。生态文明建设必须兼顾资源环境保护和经济社会发展,统筹区域协调发展,对资源环境承载力进行综合评价,将人类活动控制在资源环境承载力范围之内。在全球变化背景下,气候系统的变化尤为显著,已经在全球范围内产生了重要的影响,并还将持续,气候变化叠加人类活动进一步加剧了目前资源和环境的矛盾。一些地区的气候资源配置发生了变化,相应地导致了生态、环境、社会、发展等多方面的问题,如城市"雾霾"、粮食安全、作物产量和品质的变化、生物多样性下降、物种濒危或灭绝、生态系统服务功能的变化、旅游资源和旅游环境的改变等。日趋紧张的资源和恶化的环境警示我们发展的同时必须要考虑资源、环境的合理利用和保护,以最小的环境代价获得最佳发展效益。因此,在生态文明建设和社会经济可持续发展规划的决策和部署中,需要统筹考虑气候变化及其影响,充分遵循气候规律,考虑气候资源的承载能力,界定气候资源所能承载的自然生态系统和人类社会与经济活动的强度和规模。

一 承载力研究背景及气候承载力的概念

"承载力"最早为一个物理学的术语,指物体在不产生任何破坏时所能承受的最大负荷。在研究区域系统时,承载力被借以描述区域系统对外部环境变化的最大承受能力。英国学者 Malthus 在其《人口论》一书中,论述了生物(人口)与自然环境(粮食)之间的关系,认为生物具有无限增长的趋势,而自然因素是有限的,生物的增长必然受到自然因素的制约。

Malthus 的人口理论基本体现了"耕地—食物—人口"承载力的概念基础，并对后来的人口学和经济学研究产生了重要影响。[1] 20 世纪 80 年代初，联合国教科文组织及世界粮农组织提出了资源承载力的概念，即"在可预见的时期内，利用本地资源及其他自然资源、智力、技术等条件，在保护符合其社会文化准则的物质生活水平下所持续供养的人口数量"[2]；认为"可持续发展是生存不超过维持生态系统承载力的情况下，改善人类的生活品质"[3]。1992 年联合国环境与发展大会通过的《21 世纪议程》提出"持续发展战略的基础必须是准确评估地球负载能力和对人类活动的恢复能力"[4]。2002 年，《中国大百科全书（环境科学卷）》明确定义了环境承载力，即"在维持环境系统功能与结构不发生变化的前提下，整个地球生物圈或某一区域所能承受的人类作用在规模、强度和速度上的限值"[5]。

在各种自然资源承载能力研究中，土地资源承载能力研究最为成熟。1978 年联合国粮农组织发起了"发展中世界土地的潜在人口支持能力研究"，开始了土地资源承载力的系统研究。1986 年我国也开展了"中国土地资源生产力及人口承载量"的研究，讨论了土地与粮食的限制作用，回答了我国不同时期的食物生产力及其可供养人口规模。[6] 20 世纪 90 年代以来，我国学者广泛开展了对区域资源环境承载力的研究，根据不同的区域特点和研究对象陆续提出了各种资源环境承载力的概念和内涵，人口承载力、粮食承载力、水资源承载力、生态承载力等研究也应运而生。经过 20 多

---

[1] Seidl I., Tisdell C. A., Ccarrying capacity reconsidered: from Malthus population theory to cultural carrying capacity. *Ecological Economics*, 1999, 31: 395 – 348.

[2] UNESCO & FAO. *Carrying Capacity Assessment with a Pilot Study of Ken Ya: A Resources Accounting Methodology for Exploring National Options for Sustainable Development*. Paris and Rome, 1985.

[3] IUCN/UNEP/WWF, 1991.

[4] UNCED, 1992.

[5] 中国大百科全书编委会：《中国大百科全书（环境科学卷）》，中国大百科全书出版社，2002。

[6] 陈百明，《"中国土地资源生产能力及人口承载量研究"开始进行》，《自然资源学报》1987 年第 1 期。

年的深入研究，承载力的研究方法已由过去的单一指标、静态分析发展到现在的系统化、多指标、动态综合阶段。承载力评估的方法和技术手段也很多，如生态足迹、系统动力学、多目标综合分析、遥感与地理信息系统等。

纵观"承载力"研究的发展演变历史可见，承载力研究已经成为全球环境变化及可持续发展科学领域关注的热点问题和重要分析工具，尤其是其考虑了环境状态的变化和人类的各种决策对社会-经济-生态综合系统的影响，为人们研究经济、社会和生态系统之间的内在联系提供了一个全新的视角，对可持续发展规划和资源的有效利用起了积极作用。但在现有的研究中，对气候因素，特别是气候系统的变化及其导致的社会经济和生态环境的变化考虑非常有限。气候因素是环境状态的重要构成要素，是自然系统的重要组成部分，也是人类赖以生存和发展的重要基础。气候系统的变化，直接导致了生态系统的变化，进而影响经济社会及整个人类系统。气候承载力反映人类发展和自然环境之间的相互影响、相互适应的程度，准确评估气候系统的承载能力是可持续发展的前提基础，而对气候系统承载能力的维系和提高则是可持续发展的必要条件，同时也是尊重自然、顺应自然，实现人类和自然和谐统一的具体体现。基于此，我们提出气候承载力的概念，将之定义为气候系统对可持续发展的承载能力，指在一定的时间和空间范围内，气候资源（如光、温、水、风……）对社会经济某一领域（如农业、水资源、生态系统、人口、社会经济规模……）乃至整个区域社会经济可持续发展的支撑能力。气候资源与耕地、水资源一样，在一定的时空范围内，所能承载人口、经济、社会等要素的能力是有限的。气候承载力是与社会经济发展和人类活动密切相关的动态阈值，强调人类活动不能超出特定生态环境所能承载的范围，其本质是界定气候资源对人类可持续发展的影响，将资源的利用和社会经济发展规模或强度限定在合理的程度或范围内。

实际上，我国在气候资源评估与利用方面开展了很多工作，涉及农业气象、资源科学、环境保护等多个领域，相关概念如气候生产潜力、气候资源承载力、大气环境容量、气候容量等多有应用。例如，气候生产潜力是指在最优的技术、管理和投入条件下,由温、光、水等气候资源共同决定的最大理论产量,常用来估算植被的气候生产潜力和作物的气候生产潜力。气候资源承载力是在气候生产潜力确定的基础上,理论上单位面积土地最大可能承载的人口量,与此类似的还有草地载畜量。大气环境容量是指在达到大气环境目标值(即能维持生态平衡并且不超过人体健康要求的阈值)的条件下,某区域大气环境所能承纳污染物的最大能力,或所能允许排放的污染物的总量。在气候变化背景下,承载力的概念得到拓展和深化,如潘家华等提出"气候容量"的概念,认为气候容量是一个地区特定气候资源所能够承载的自然生态系统和人类社会与经济活动的数量、强度和规模,并以此作为气候变化经济学的概念分析工具,开展气候变化影响和风险评估及适应规划研究。① 以上这些概念都与气候或气候变化建立了联系,因此这些概念既有一定的相似之处,也存在一定的差别。其相似之处在于都是基于气候要素的影响或气候资源利用的程度对社会经济的某一领域或者具体的研究对象进行评估或度量;差别在于,气候承载力和气候容量一样,将关注对象扩展到社会经济领域,并包含气候变化所造成的气候风险,但气候承载力更强调气候系统的变化导致与其相关的社会-生态系统与气候系统的相互作用的改变,从而影响到气候资源的利用以及气候风险的变化。

二 气候承载力评估的一般方法

开展气候承载力评估主要包括气候要素背景及现状分析,未来气候趋势及其承载对象变化趋势分析,气候系统及其承载对象与关键社会及经济系统的相互作用分析,以及气候承载力的维系与提高。其技术路线主要可概括为以下几个步骤:①问题的确定(确定具体目标);②气候要素对研究对象影响评估指标遴选;③阈值确定,参照相关的标准或已有的研究成果界定阈

---

① 潘家华等:《气候容量:适应气候变化的测度指标》,《中国人口(资源与环境)》2014年第2期。

值；④采用适宜的技术方法或可利用的资料，评估气候要素或气候资源配置与承载对象相互作用的时空变化模式；⑤定性分析或定量计算一定时空范围的气候要素或气候资源对承载对象的负荷能力；⑥针对性地给出维系或提高承载力的对策或建议。

气候承载力评估，其核心就是要明确气候变化及极端气候事件对具体研究对象的支撑状况，并且根据评估过程以及结果的不确定性解释这些影响的意义，给出具体的发展规划或应对措施，从而保障承载对象在气候系统变动范围内可持续地或良性地发展。气候承载力评估与气候变化影响评估类似，需要综合利用环境学、生态学、地理学、生物学、气候学、统计学等多学科的知识，采用数学、概率论、模型等量化分析技术手段来预测、分析和评估具有不确定性的灾害或事件对研究对象及其关键相关组件的支撑情况。其结果可以是定性的，也可以是定量的，或定性和定量相结合。气候承载力是一个综合的概念，具体的评估可视不同的地区、不同的评估对象，以及不同的评估目的而具体开展。因此，采用的方法、技术手段和数据也不一而论。

三 气候承载力评估案例介绍

气候变化涉及社会经济发展和日常生活的各个方面，本文特别选择政府和公众尤为关注的大气污染和粮食生产为案例，介绍开展气候承载力评估的基本思路以及现实意义。

（一）合肥市PM10大气环境容量测算及优化建议

城市发展与区域气候环境有重要的相互作用，一方面气候条件是城市规划发展中的重要影响因素，另一方面城市建设也改变了局部气候环境。而经济的快速发展导致了城市大气环境污染加剧、人居条件恶化等一系列环境问题。大气污染物总量控制是大气环境污染的主要管理手段，其核心内容包括大气环境容量测算和大气容量分配，而大气环境容量的确定是有效控制大气环境污染的基础，也是推动总量控制的主要依据。

本案例以合肥地区为例，采用合肥地区的气象观测数据、环境监测数据和污染源调查资料，将 CALPUFF 大气扩散模型作为区域气象场和环境质量模拟的基础模型，建立大气环境容量的线性优化模型，采用浓度－排放量反推模式测算 PM10 大气环境容量，以期为合肥市大气污染治理和总量控制提供依据。CALPUFF 模式是美国环保署和中国环境保护部推荐使用的大气质量评价、预测数值模式系统[1]，具有适用范围广、开放性强，在非稳态以及复杂地形条件下具有强大的模拟能力等优势和特点[2]。评估技术路线如图1所示。

评估依据合肥市区域环境功能区划、产业布局等情况，设定虚拟点源和控制点，以 CALPUFF 大气扩散模型和线性优化模型相结合的方式，按区域环境质量目标，采用浓度－排放量反推法测算大气环境容量。将研究区域内的污染源对各个关心点的浓度贡献进行统计，并形成浓度贡献的堆积柱状图（见图2），可以看出，对合肥市所设关心点大气污染物浓度影响较大的主要是合肥市面源，其次是肥东面源，同时工业点源对关心点的总体贡献值与面源贡献相比较小。肥东面源对合肥市 PM10 质量浓度的贡献主要是由于合肥冬季东风的盛行，风的水平疏散使大气污染物由东向西扩散，特别是对距离肥东较近的瑶海区子站、包河区子站等区域的影响更为明显。合肥市区面源对 PM10 质量浓度的贡献占了贡献总值相当大的比例，因此在合肥市各个监测站点 PM10 监测值均超标的情况下，降低市区 PM10 质量浓度的一个重要方向就是面源的控制和削减。

根据测算区域的大气环境功能及相应指标，以污染源的排放量之和最大化为目标，以所有源对每个控制点的总浓度贡献均小于控制目标值和各污染源排放量非负为约束条件，结合传输系数矩阵建立线性优化模型。线性规划模型的优点是在大气容量计算的过程中可以将城市区域的大气扩散能力、大

---

[1] 环境保护部：《环境影响评价技术导则 大气环境（HJ2.2 - 2008）》，中国环境科学出版社，2009，第 5~16 页。

[2] 伯鑫等：《大气扩散 CALPUFF 模型技术综述》，《环境监测管理与技术》2009 年第 3 期。

气候承载力评估的意义及基本方法

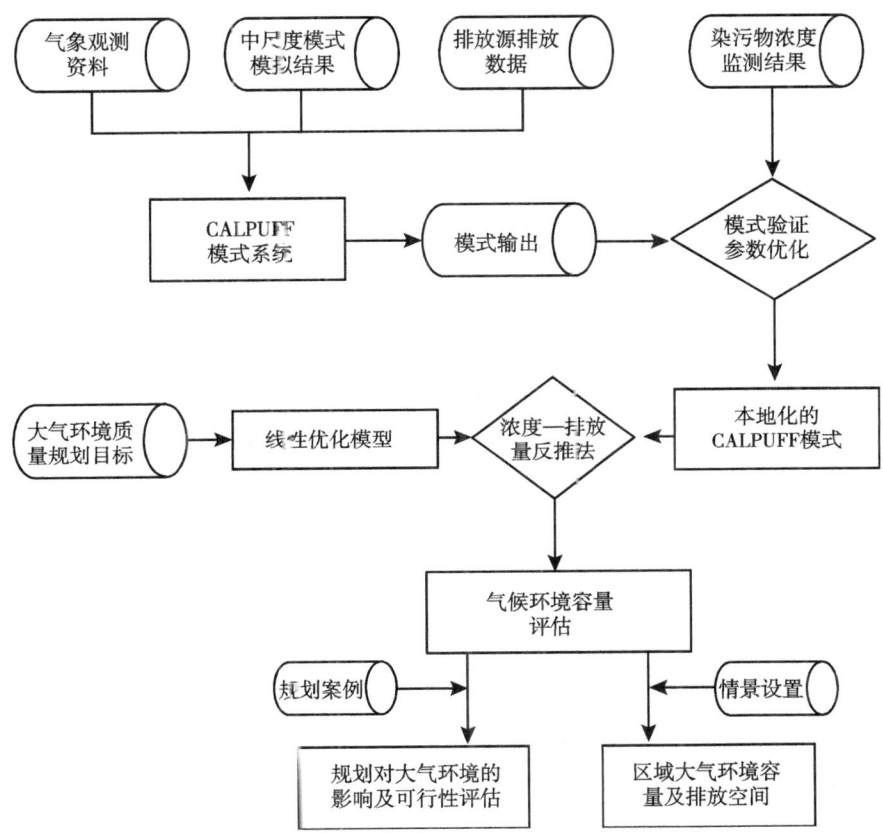

图1 合肥地区大气环境气候容量评估技术思路

气质量目标及所采取的大气污染控制措施等因素进行综合考虑,其计算得到的大气环境容量较符合实际情况①。其计算原理如下:

目标函数为:$\max F(Q) = \sum_{j=1}^{M} Q_j$

约束条件为:$\sum_{j=1}^{M} A_{ij} Q_j \leq C_i - C_i^0 (j = 1, 2, \cdots, N; i = 1, 2, \cdots, M)$

其中 $F(Q)$ 为目标函数,即区域所有污染源污染物排放量之和最大化;约束条件是区域内各质量控制点浓度达到目标值 C_i;A_{ij} 为区域内污染

---

① 马晓明等:《城市大气污染物允许排放总量计算与分配方法研究》,《北京大学学报(自然科学版)》2006年第2期。

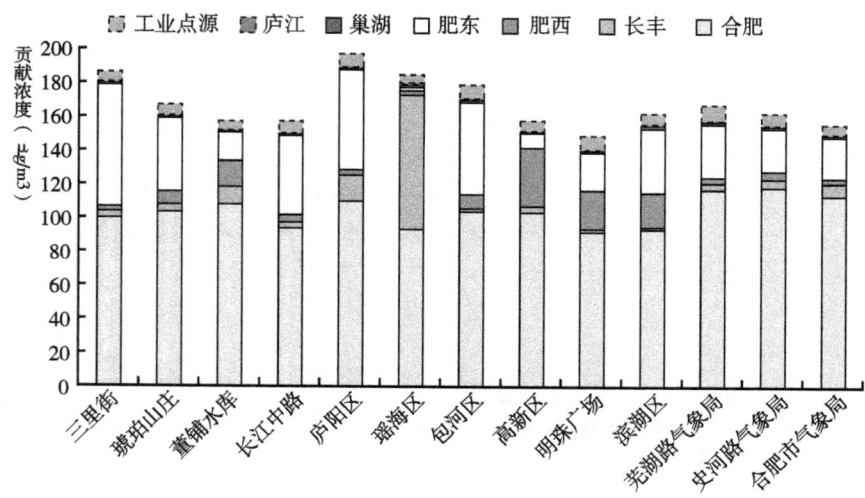

图 2　合肥市各污染源对 PM10 质量浓度的贡献

源 j 对控制点 i 的浓度贡献系数（即为污染源 j 对控制点 i 点的浓度贡献值/污染源 j 的污染物排放速度），Q_j 为污染源 j 的允许排放量；M 和 N 分别为区域质量控制点数和污染源总数。此外，区域的剩余大气环境容量不仅取决于区域大气扩散条件、区域环境质量要求和区域污染源排放条件，还取决于区域现状污染物浓度水平 C_i^0。环境质量目标值与现状污染水平的差越大，剩余容量值就越大；反之，差越小剩余容量值就越小。

表 1　合肥市面源和点源分担的 PM10 环境容量

单位：吨/年

污染源类型	污染源	环境容量
面源	合肥	-1833.10884
	长丰	-240.49669
	肥西	461.39691
	肥东	-471.92993
	巢湖	930.89226
	庐江	448.01303
点源	15 家废气国控企业	12935
合计		12230

通过本研究的计算可知,合肥市污染类型是以面源为主,虽然在当前污染现状下,合肥市已无排放空间和环境容量,但是通过优化污染源、削减面源排放量之后,合肥市尚有一定的气候环境容量。

(二)云南省粮食生产潜力评估

随着全球气候变暖以及能源危机的加剧,粮食安全面临的形势更加严峻。因此如何在全球气候变暖、极端天气气候事件增加的背景下,通过实施科学有效的农业适应措施,科学评估气候生产潜力,充分开发利用气候资源,减轻气象灾害影响和农业生产风险,提高粮食产量和粮食生产的稳定性,对于提高粮食安全具有重大的现实意义。该案例分析了云南各地及全省平均气候生产潜力的时空变化特征,研究未来不同气候变化情景对云南气候生产潜力的影响,以及未来云南各地的人口承载力。

气候生产潜力是指在一定时期内一定土地面积上,假设作物品种、土壤性状、耕作技术都适宜,在当地自然环境条件下作物可能获得的单位面积最高产量。根据"最适因子律"和"最低因子限制律",可以分为光合生产潜力、光温生产潜力和光温水生产潜力三个层次。对气候生产潜力的估算一般方法是从太阳总辐射出发,求出作物的光合生产潜力,然后根据温度、水分这两个主要限制因子对光合生产潜力进行订正,得到光温生产潜力和光温水生产潜力。其中光温水生产潜力就是通常所称的气候生产潜力。

本案例采用了 Thornthwaite Memorial 模型计算云南各地的逐年及多年平均气候生产潜力,计算方法如下:

$$T_{SPV} = 3000(1 - e^{-0.0009695(V-20)})$$

$$V = \begin{cases} V = 1.05R / \sqrt{1 + (1.05R/L)^2} \\ R \end{cases}$$

$$L = 300 + 25T + 0.05T^3$$

TSPV 为气候生产潜力;V 为年平均实际蒸散量(mm);L 为年最大蒸散量(mm);T 为年平均气温(℃);R 为年降水量(mm)。

评估结果表明云南各地气候生产潜力总体呈现上升趋势,在空间上呈现一定的纬向递减趋势,整体南高北低,全省平均气候生产潜力以每10年37千克/公顷的速度增加(见图3)。总体上,云南省的气候生产潜力利用水平较低,实际粮食产量仅占其潜力的19%~25%。对于未来不同气候变化情景的模拟计算表明,降水是影响云南气候生产潜力的主要决定性因素,若未来出现"冷干型"气候,云南的气候生产潜力下降最为明显;而未来以"暖湿型"为主要特征的气候情景下,气候生产潜力则显著增加;按目前"暖干型"的气候变化趋势,未来云南的气候生产潜力则略有下降。

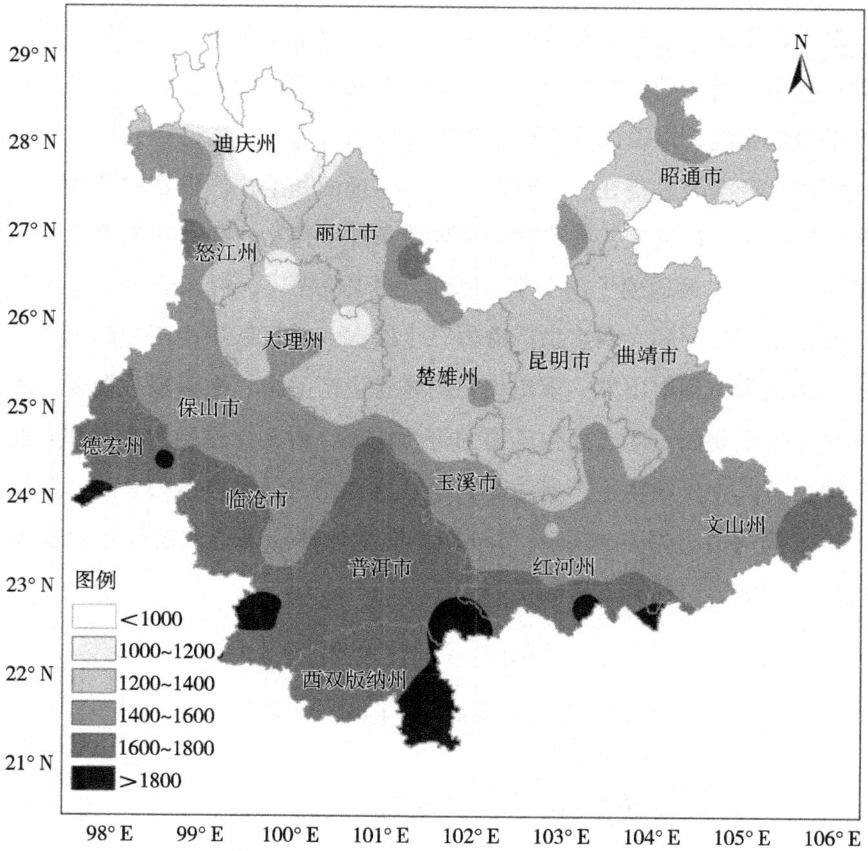

图3 云南气候生产潜力空间分布

参考 OECD 和联合国粮农组织的人均 400 千克粮食需求作为国家调控粮食安全的基本参考线，将气候生产潜力转化为作物产量，进而计算云南省县域粮食产量可承载的最大人口数量，并与实际人口数量进行对比分析，评估云南省各地气候生产潜力能承载的人口数量。云南单位面积最大可能的气候资源承载人口的能力为 5.5～19.8 人/公顷，全省平均值为 14.3 人/公顷。根据现有气候背景、耕地及生产力水平综合判断，云南省粮食供给不足，尚有 5% 左右的粮食需求亏缺。由于目前云南的气候生产潜力利用水平较低，粮食生产水平还有较高的提升空间，因此有必要不断提高农业生产技术水

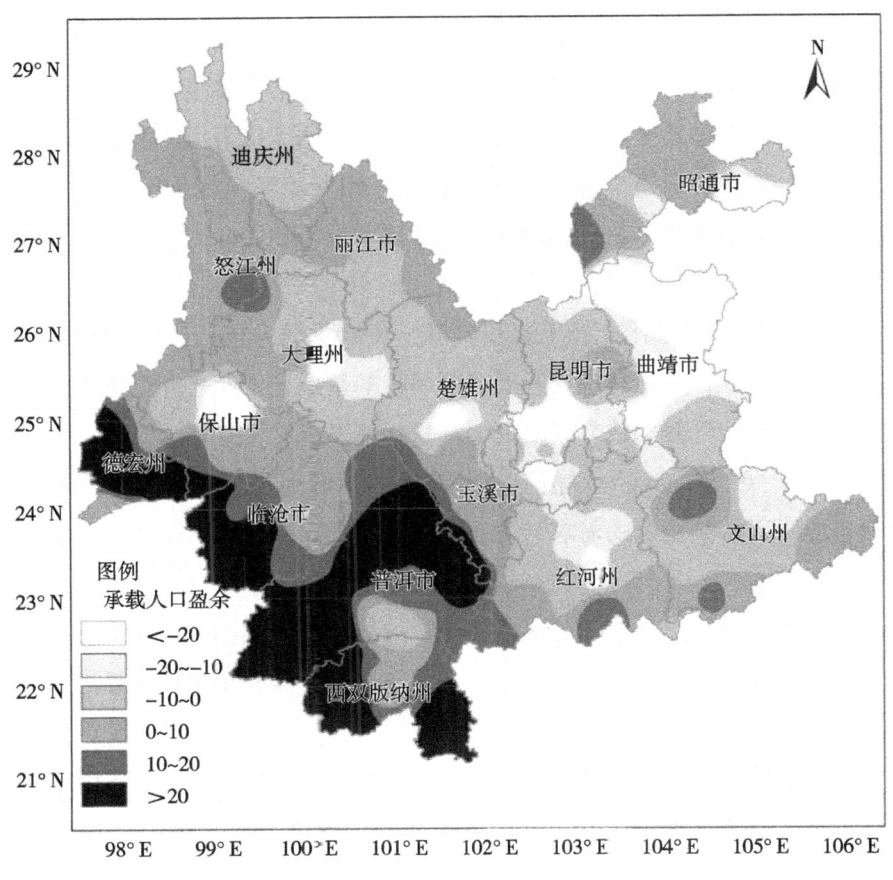

图 4 云南气候承载力空间分布特征

平、提高农业应对气象灾害和气候变化的能力，充分利用气候资源，实现该地区粮食生产的高产、稳产。

四 未来展望

已有的诸多研究案例都表明，受气候变化的影响，社会-生态系统面对环境风险具有脆弱性特征，并且有极强的地域特征，外部的适应措施和经济要素以及利益相关方的认识和应对能力都会影响到系统的承载能力，迫切需要将资源的利用和社会经济发展规模或强度限定在合理的或可持续的范围内。在气候变化及高强度人类活动的共同作用下，需要从多元化的角度，开展气候变化对人口、生计、经济、资源、生态等多因素多层次的气候承载力研究。资源环境和发展的矛盾也反映出气候系统的承载力工作的必要性和紧迫性。"生态文明"建设也要求我们必须兼顾资源环境保护和经济社会发展。鉴于气候承载力评估工作的必要性和迫切性，建议开展气候承载力评估时应该充分考虑以下几点。

（1）气候承载力评价处于起步阶段，气候承载力评估的理论基础和评估框架尚未形成，需要在广泛开展案例研究的基础上，建立并逐步完善具有实际可操作性的气候承载力评估框架和指标体系。

（2）开展气候承载力评估应充分考虑到不同地区、不同群体以及不同发展阶段下可持续发展的需求与适应能力的差异，积极探索因地制宜的评估方法。

（3）积极开展合作，充分利用资源，促进气候变化科学与其他学科的交叉融合，开展综合的气候承载力评估，特别是气候变化对社会经济发展承载力能力的评估。

（4）探索新的评估方法和技术手段在气候承载力评估中的运用，如系统动力学、遥感技术、地理信息系统技术等，推进气候承载力评估朝定量化、机理化的方向发展。

G.22
我国页岩气绿色开发的监管体系建设探讨

冯相昭　田春秀*

摘　要： 为保障能源安全供应和应对全球变暖的严峻挑战，伴随着钻井和水力压裂等关键技术的突破，近年来页岩气已成为国际能源领域关注的热点。不过，与常规天然气相比，页岩气开发面临较大的环境风险和气候风险，能否有效监管将影响其绿色开发进程。就中国而言，因受制于应对气候变化、优化能源结构以及提高大气环境质量等多重宏观约束，决策者对开发页岩气也给予厚望，但是我国现行条块分割的资源环境监管体制、适用性不足的环保法律体系、薄弱的环境监管能力以及对页岩气开发过程环境和气候风险认识不足，陡然增加了页岩气实现绿色低碳开发的变数。基于此，本文从阐述国内页岩气开发现状出发，探讨了我国页岩气开发环境监管存在的主要问题和障碍，总结了国外页岩气开发气候风险和环境风险综合防控的经验，最后基于环境风险和气候风险综合防范的现实需求，提出促进我国页岩气绿色开发监管体系建设的对策建议。

关键词： 页岩气开发　环境与气候风险防范　环境监管

---

* 冯相昭，博士，环境保护部环境与经济政策研究中心气候部副主任，副研究员，研究领域为能源与气候变化经济学，工业和交通领域温室气体与大气污染协同减排分析等。田春秀，环境保护部环境与经济政策研究中心办公室主任，研究员，研究领域为气候变化和技术支持。

随着能源紧缺和全球变暖问题的加剧，以及钻井和水力压裂等关键技术的突破，作为非常规油气资源的页岩气因其热值高、洁净等优势，正日益获得各国能源政策和气候变化政策制定者的青睐，比如页岩气在美国得益于各种政策激励成功地实现了商业化开采。就中国而言，在应对气候变化、大气污染防治以及生态文明建设等多重压力下，开发包括页岩气在内的非常规天然气，提高天然气在能源结构中占比也已逐渐上升成为我国能源发展规划的一项战略举措。

作为贮存于泥页岩中的一种非常规天然气资源，页岩气的成分以甲烷为主，与煤炭相比，页岩气燃烧排放的二氧化碳降低了50%、氮氧化物减少75%，且几乎没有二氧化硫、一氧化碳、黑碳、颗粒物和汞排放，所以页岩气也被称为清洁化石燃料。不过，与常规天然气相比，页岩气一般无自然产能或低产，单井生产周期长，开采过程中甲烷散逸排放的风险更大；同时，采用水力压裂和水平钻井技术开发带来的水污染、大气污染以及固体废弃物等诸多潜在环境风险也不容小觑，亟待强化开发进程的环境监管。基于此，本文从阐述国内页岩气勘探开发及其监管现状出发，探讨我国页岩气开发环境监管存在的主要问题和障碍，总结国外页岩气开发气候风险和环境风险综合防控的经验，最后基于环境风险和气候风险综合防范的现实需求，提出促进我国页岩气绿色开发监管体系建设的对策建议。

一 页岩气资源勘探开发及其监管现状

（一）页岩气储量丰富，勘探开发潜力大

页岩气资源在全球分布广泛，主要分布在北美、中亚、中国、中东、北非和非洲南部等国家和地区。根据2013年美国能源信息署（EIA）的预测，全球页岩气资源量高达1013.24万亿立方米，技术可采储量为206.69万亿立方米。根据国土资源部的最新研究结果，中国页岩气资源量为134万亿立方米，是常规天然气资源量的2.4倍，其中可开采量为25万亿立方米。从

地质分区分布来看，主要分布在上扬子及滇黔桂区，埋藏深度在500～4500米，资源较多的省份依次为四川、新疆、重庆、贵州、湖北、湖南和陕西等地，占中国页岩气可开采资源量的近70%。

（二）页岩气行业政策利好频现

为满足国内保障能源安全、优化能源结构以及促进大气污染防治的需求，近年来政策面暖风不断劲吹页岩气行业，推动页岩气行业快速发展。2011年12月国土资源部发布公告，将页岩气作为第172个独立矿种加强资源管理。2012年2月颁布的《国家能源科技"十二五"规划》提出到2015年年末完善复杂地质油气资源综合勘探技术，形成页岩气等非常规天然气勘探开发核心技术体系及配套装备。2012年3月国家能源局正式发布《页岩气发展规划（2011～2015年）》，旨在规范和引导"十二五"期间页岩气的开发和利用。2012年11月，财政部和国家能源局联合出台页岩气开发利用补贴政策。2013年10月国家能源局出台《页岩气产业政策》，将页岩气纳入战略性新兴行业，提出"将加大对页岩气勘探开发等的财政扶持力度"。2014年11月国务院印发的《能源发展战略行动计划（2014～2020年）》提出要重点突破页岩气开发，到2020年页岩气产量力争超过300亿立方米。

（三）我国页岩气勘探步伐不断加快

在政策驱动下，我国页岩气勘探开发呈现快速推进态势，页岩气产量逐年上升。2011年6月国土资源部首次针对4个页岩区块探矿权面向6家国有企业进行出让招标。2012年9月针对19个页岩气区块进行第二次探矿权出让招标。有关数据显示，现阶段我国已在南方下古生界海相、四川盆地侏罗系陆相、鄂尔多斯盆地三叠系陆相三个领域实现了突破，并由中石化、中石油和延长石油等传统油气开采巨头共形成了18亿立方米页岩气产能。截至2014年年底，中国累计完成页岩气钻井669口，其中水平井345口。就产量而言，2012年中国的页岩气产量仅为2500万立方米，2013年为2亿立

方米,2014年已增至13亿立方米,2015年有望实现65亿立方米的"十二五"规划目标。

(四)我国页岩气开发环境监管制度建设刚刚起步

页岩气与常规油气相比,具有禀赋较差、开采难度大等特点,采用水力压裂和水平钻井技术进行开采往往使作业区块的地表径流、地下水和空气质量等方面面临很大的环境风险。不过,我国迄今尚未出台一项专门针对页岩气开发环境保护的法律法规,对于页岩气开发的环境监管主要参照常规油气开发的环保法律法规、油气行业标准以及相关地方性政策性文件。在国家层面,环境保护部主要依据《环境保护法》、《水污染防治法》、《大气污染防治法》和《环境影响评价法》等法律和"环境影响评价技术导则:陆地石油天然气开发建设项目""石油天然气开采业污染防治技术政策"等技术规则对石油天然气开发进行环境监管。在地方层面,山东、河北、黑龙江、辽宁、陕西、甘肃、新疆等7个省份根据本地区油气开采环境监管的需求,颁布了陆上石油勘探开发环境保护的相关地方法规。在行业层面,2013年新成立的页岩气标准化技术委员会已制定了81项技术标准,不过专门涉及页岩气开发环境监管的内容并不多见。鉴于上述监管法律制度过于宏观,为加强页岩气开发环境风险防控,环境保护部门近年来一直在推动页岩气开发环境监管制度建设,不过,由于受限于体制、资金等因素,缺乏科研支撑,所以在研究制定页岩气开发污染物排放标准、污染防治暂行管理办法等方面明显滞后。

二 我国页岩气开发环境监管存在的主要问题

(一)条块分割的管理体制不利于页岩气开发环境风险和气候风险综合防控

与其他油气资源一样,我国针对页岩气行业也实行多部门共管的行政管理体制,即具体管理职能分散在不同的部委。其中,国家发改委负责油气定价，国家能源局主要负责油气资源的发展战略规划和发展政策的制定，国土资源部负责油气资源的矿权管理和油气勘探开发的监督管理，财政部和国家税务总局负责制定相关税收政策和油气项目国家的投资管理，环境保护部则致力于制定油气开发的环境监管标准、规范和政策以及对开发过程中的环境监管。现行条块分割管理模式使得油气行业行政管理部门在制定页岩气发展规划、管理政策以及监管措施的过程中，过于强化资源管理、产业发展等部门利益，与环境保护部门协调沟通不足，对页岩气开发的环境风险防控重视不够。例如，《页岩气"十二五"发展规划》的联合发文单位包括国家发改委、财政部、国土资源部和国家能源局，既没有环境保护部门的参与，也没有按照法律要求做规划环评；国土资源部、国家能源局分别和油气公司建立了多个页岩气开发示范区，但这些示范区均未作战略规划环评；国土资源部为推进矿权制度的市场化改革，在 2012 年第 2 轮页岩气探矿权招标中有意放宽了对投标人的资质要求，民营企业参与热情空前高涨，不过大多投资主体缺乏油气开采作业的技术及经验，开始出现盲目引进国外页岩气开采公司技术的现象，带来的潜在环境风险大幅度增加，环境保护部门防控难度加大。此外，页岩气开发消耗大量水资源，但水利部却没有参与水资源的分配利用管理。

（二）现有适用于页岩气开发的环境监管规定针对性不强，并且甲烷散逸排放未被列入环境监管范畴

页岩气开发过程的水污染、大气污染、甲烷逸散排放以及污染事故应急管理等环境问题是监管部门面临的主要挑战，而现行的环境监管制度适用性较差，甚至在某些方面缺失。就水环境保护而言，中国超过 60% 的页岩区块分布在基准水压力高到极高或者干旱的区域，其中塔里木区块超过 95% 的面积面临极高基准水压力或干旱情况；除塔里木和准噶尔区块，我国其他页岩气资源均分布在高人口密度区域，如四川、重庆等地区。目前国家层面在水资源和水污染防治方面的法律标准尚不健全，缺失针对石油天然气上游开采活动制定水污染物排放标准、生产废水和返排液处理处置技术规范；现

行水污染排放总量控制的对象限于废水化学需氧量、氨氮等,而这不是页岩气开发产生的特征污染物,并且排污许可制度尚无配套法规。页岩气开发过程主要排放的挥发性有机化合物(VOC)和硫化氢,迄今尚未成为我国大气污染防治的重点,并且甲烷这一短寿命气候污染物未被列入环境监管范畴,这将对管控油气行业的甲烷散逸性排放造成制度障碍。此外,我国还没有直接针对天然气上游开发可能产生环境突发事故的相关法律法规,已有的《石油化工企业环境应急预案编制指南》对于环境污染事故的处理仅做出概括性规定,对于页岩气开发等环境风险较大的作业活动没有严格的法律责任追究规定。

(三)单纯依靠建设项目环评和企业自律的监管实践存在不小环境隐患

由于不具备油气上游开采的污染排放标准规范,准入环节的环境影响评价制度俨然成了现阶段环境保护部门执行监管的唯一抓手,加上目前国家层面尚未制定专门针对页岩气开发建设项目的环境影响评价技术导则,实践中环评机构多参考《环境影响评价技术导则:陆地石油天然气开发建设项目(HJ/T349-2007)》有关要求编制环评报告,未能充分反映页岩气滚动开采存在的环境风险及其对应的环保措施;还有,鉴于页岩气开发项目整个建设周期相对较短,从环评报告编制到审批使整个页岩气项目建设施工时间延长50%以上,因此页岩气开发项目中环评未到位而工程先建甚至先采气的现象时有发生,如部分环保要求还未落实、环保措施还未完善,平台就已经结束钻井进入采气生产阶段,这可能导致环境污染事故发生。实践中,对油气开发活动的环境监管,主要依靠油气公司依据行业标准和自身 HSE(健康、安全与环境)标准体系的自律行动。

(四)压裂液披露存在技术和制度障碍

用于页岩气储层改造的压裂液主要组分为水,其他还包括各种添加剂。化学添加剂的数量视各气井具体情况而定，典型的压裂处理过程需要使用十多种低浓度的化学添加剂，具体数量依据水和压裂页岩储层的性质有所不同。采取标准化方式完整地披露此类化学添加剂不仅有助于公众了解潜在的环境风险，也有助于环境保护部门制定污染事故应急响应计划，同时也有利于支持医疗专业人员诊断和治疗患者。尽管我国已颁布《危险化学品安全管理条例》、《危险化学品环境管理登记办法（试行）》和《环境信息公开办法》等制度，不过对于监管页岩气开采企业披露压裂液组分方面，这些尚未形成有效约束。加上我国迄今未能实现压裂液等国外核心技术领域的国产化，甚至对于其中的化学成分组成也还处于未知状态，部分企业出于商业秘密角度考虑也拒绝向环境保护部门提供其试剂的化学组成进行备案，这非常不利于环境保护部门对页岩气开发特别是水力压裂过程的环境监管。特别是目前作业区块多处于典型的喀斯特地貌，地下溶洞、水系比较发达，而开发企业提供的压裂液返排率数据很低，加上化学添加剂组分不能公开披露，这无疑加剧了环境部门的风险防控压力。

（五）油基钻屑等固体废弃物处置标准缺失

目前，针对页岩气勘探开发活动缺乏油基钻屑的危险废物判断标准和相关处理规程。页岩气等非常规油气井为提高采收率，普遍使用多段压裂方式，为造斜段和水平段普遍采用油基泥浆以确保井壁稳定，产生的含油钻屑属危险废物，处理工艺复杂，处理费用高。油基钻屑具有较高热值，可进行多种形式的回收再利用，但依据现有危险废物判断标准，油基钻屑只能作为危废进行处理，这在一定程度上阻碍了其再利用的程度。对于钻屑的处理方式国家也缺乏统一要求和管理，目前各油气开发公司都沿用各自处理规程要求，在各个钻井平台分散处理或填埋，这虽然有利于废弃物快速处理、减少运输污染风险和运输成本，但存在占地面积过大、处理不完全、易对土壤形成二次污染等问题，难以统一监管。

三 美国页岩气开发环境监管和气候风险防控的主要经验

作为世界上页岩气商业化开发最为成功的国家，美国在2000~2013年页岩气的年产量由117.96亿立方米攀升至3025亿立方米，并且在页岩气环境监管方面积累了许多经验教训，具体归纳如下。

一是针对页岩气开发实行联邦－州－地方三级政府监管模式，并且在环境监管实践中州政府发挥主要作用。在联邦政府尚未针对页岩气或非常规天然气开发专门立法的情况下，一些州政府已根据辖区内页岩气区块特点和实际开发需要，因地制宜颁布水力压裂法案（如伊利诺伊州）或修订原有油气法案（如宾夕法尼亚州）。

二是许可证是美国环境管理的主要抓手之一，特别是在环境准入管理方面，美国在页岩气开采准入环节主要采用许可证管理，即开发商需要向环境监管机构申请钻探许可、地下灌注许可、污水排放许可、空气污染物排放许可等多种许可证。

三是美国大多数州的环境监管重点放在钻井环节的套管和固井作业，其中油气开采商在钻井过程中的套管和固井实践对于确保气井的长期完整性和安全性至关重要，尤其是保障地下水安全方面，保持气井完整性的主要方法是设置足够的套管和有效的固井作业。

四是过程监管中针对废水地下灌注有严格规定，如由于地质条件所限，宾夕法尼亚州和北卡罗来纳州明令禁止将页岩气开采中的废水进行地下灌注；俄亥俄州仅允许将废水灌注于已经或规划建造街道、道路以及高速公路地面所对应的地下。

五是甲烷散逸排放监管体系完善有利于气候风险防控。在联邦层面，2012年4月EPA首次发布了针对天然气井水力压裂操作的两项标准，即新污染源行为标准（NSPS）和全国有害空气污染物国家排放标准（NESHAP）。根据规定，2015年前水力压裂法开采天然气的甲烷散逸排放要点火炬或采用绿色完井技术以减少 VOC、有毒气体和甲烷排放,从 2015 年起只允许采用绿色完井技术。在行业层面,主要通过执行天然气之星计划来减少甲烷散逸排放。天然气之星是联邦 EPA 与油气行业建立的自愿伙伴关系计划,重点是鼓励使用具有成本效益的减少甲烷泄漏的技术和方法,目前合作伙伴企业占天然气行业的大约 60%,2012 年 EPA 公布的温室气体排放清单显示天然气之星计划减少了 20% 的甲烷排放,其中推荐的绿色完井技术等贡献了甲烷减排量的 80%。此外,州政府也出台了一些甲烷减排监管措施。例如,得克萨斯州要求巴尼特页岩区块作业的企业使用绿色完井技术;科罗拉多州和怀俄明州也明确要求开发企业采用绿色完井技术、低渗出或无渗出启动装置阀门。州的规定中还涉及对甲烷排放的限制性规定,如密歇根州限定气井每日排放量在 5000 立方英尺以下。

此外,美国页岩气开发环境问题的社会化治理经验值得参考。美国许多环保组织一直在致力于推动联邦政府和州政府制定或修订原有油气法案,加强页岩气开发环境监管能力的建设,如美国环保协会(EDF)已成功地帮助宾夕法尼亚州环保局修改了其大气污染排放许可法规的第 38 条豁免规定,修订后的法规缩小了可受豁免的污染源范围,使得油气开发中更多的操作与设备需要受到许可证制度的监管,而这项规定要求采取的行动,比美国环保署所于 2012 年 4 月提出的 NSPS 标准更为严格。

四 我国加强页岩气绿色开发环境监管体系建设的对策建议

(一)构建页岩气开发环境监管和气候风险综合防控协调机制

我国页岩气勘探开发应坚持"在保护中发展,在发展中保护"的基本原则,环境保护部门要加强国土资源、发改委、能源和水利等相关利益部门的沟通,明确职责范围,建立信息共享和协调联动机制,提高综合决策能力，推动环境保护融入页岩气资源管理、发展规划以及产业政策的制定过程中，为协同控制页岩气开发进程中的各类环境风险和气候风险提供机制保障。同时，通过宣传教育，增强公民参与意识，培育国内环保组织发展，鼓励环保组织发挥社会监督作用，积极探索页岩气开发环境问题的社会化治理模式。

（二）尽快出台页岩气开发环境监管暂行办法

以贯彻落实新环保法、《水污染防治行动计划》、新修订的《大气污染防治法》以及党的十八届四中全会"依法治国"精神为契机，强化"在保护中发展"意识，严格执行页岩气开发的规划环评和项目环评制度等环保法律制度；结合《水污染防治法》《环境影响评价法》等法律修订工作，尽快制定基于我国现有技术现状的页岩气开发环境管理暂行规定，对页岩气开发环境监管和气候风险防范方面提供指导和规范，确保环境监管尽快到位。同时鼓励地方政府因地制宜出台页岩气开发环境监管的地方性法规和相关管理办法。

（三）加快提出页岩气绿色开发的监管综合能力建设方案

借鉴国外经验，结合本国国情，抓紧针对页岩气开发的关键风险点和监管要素制定相关排放标准、技术规范及其他相关管理规范，推进页岩气绿色开发的综合监管制度体系建设。具体而言，一是在准入环节应加快研究制定用于规范页岩气资源评价、勘探开发以及商业化开采的环境影响评价技术导则，要求相关油气公司在页岩气开发前开展水质和空气质量背景值测试，同时探索许可证管理的制度设计；二是在钻井环节可借鉴美国各州经验并结合国内开采常规油气的推荐做法，针对套管和固井作业做出具体环境保护规定，特别是各企业在执行增产作业之前应向环保等相关部门提交每个气井的监控报告，使监管机构能够确定固井作业是否已妥善完成；三是应推进页岩气开采的水气污染物排放标准、甲烷散逸排放标准、废水处理处置相关规定以及油基钻屑等固体废弃物处置规范，并对水力压裂法出台专门技术规范，加强地表水和地下水的水质管理；四是推动制定页岩气开发的废水地下灌注管理规范，提出公开披露压裂液组分信息的相关环保要求；五是出台适用于页岩气开发的环境监测以及环境监督检查的相关管理规定，推动建立污染责任事故防范以及事故应急管理办法。

附 录
Appendix

G.23
世界各国与中国社会经济、能源及碳排放数据

朱守先

表1 世界各国及地区 GDP 数据（2014 年）

单位：百万美元

位次	国家/地区	GDP	位次	国家/地区	GDP
1	美国	17419000	15	墨西哥	1282720
2	中国大陆	10360105	16	印尼	888538.2
3	日本	4601461	17	荷兰	869508.1
4	德国	3852556	18	土耳其	799535
5	英国	2941886	19	沙特阿拉伯	746248.5
6	法国	2829192	20	瑞士	685434.2
7	巴西	2346118	21	瑞典	570591.3
8	意大利	2144338	22	尼日利亚	568508.3
9	印度	2066902	23	波兰	548003.4
10	俄罗斯	1860598[1]	24	阿根廷	540197.5
11	加拿大	1786655	25	比利时	533382.8
12	澳大利亚	1453770	26	委内瑞拉	509964.1
13	韩国	1410383	27	挪威	500103.1
14	西班牙	1404307	28	奥地利	436343.6

续表

位次	国家/地区	GDP	位次	国家/地区	GDP
29	伊朗	415338.5	63	厄瓜多尔	100543.2
30	阿拉伯联合酋长国	401646.6	64	斯洛伐克	99790.15
31	哥伦比亚	377739.6	65	阿曼	81796.62
32	泰国	373804.1	66	古巴	*77149.7*
33	南非	349817.1	67	白俄罗斯	76139.25
34	丹麦	341951.6	68	阿塞拜疆	75198.01
35	马来西亚	326933	69	斯里兰卡	74941.18
36	新加坡	307871.9	70	苏丹	73815.38
37	以色列	304226.3	71	缅甸	64330.04
38	中国香港	290896.4	72	多米尼加	63968.96
39	埃及	286538	73	乌兹别克斯坦	62643.95
40	菲律宾	284582	74	肯尼亚	60936.51
41	芬兰	270673.6	75	卢森堡	*60130.85*
42	智利	258061.5	76	危地马拉	58728.23
43	巴基斯坦	246876.3	77	乌拉圭	57471.28
44	爱尔兰	245920.7	78	克罗地亚	57222.57
45	希腊	237592.3	79	保加利亚	55734.68
46	葡萄牙	229583.7	80	中国澳门	55501.53
47	伊拉克	220505.7	81	埃塞俄比亚	54797.68
48	阿尔及利亚	214063.2	82	哥斯达黎加	49552.58
49	哈萨克斯坦	212247.9	83	斯洛文尼亚	49416.06
50	卡塔尔	211816.8	84	坦桑尼亚	49183.88[3]
51	捷克	205522.9	85	立陶宛	48172.24
52	秘鲁	202902.8	86	土库曼斯坦	47931.93
53	罗马尼亚	199043.7	87	突尼斯	*46994.8*
54	新西兰	188384.9	88	巴拿马	46212.6
55	越南	186204.7	89	黎巴嫩	45730.95
56	科威特	175826.7	90	塞尔维亚	43866.42
57	孟加拉国	173818.9	91	利比亚	41119.14
58	匈牙利	137103.9	92	加纳	38648.15
59	乌克兰	131805.1[1]	93	也门	35954.5
60	安哥拉	131400.6	94	约旦	35826.93
61	摩洛哥	107005[2]	95	科特迪瓦	34253.61
62	波多黎各	*103134.8*	96	玻利维亚	34175.83

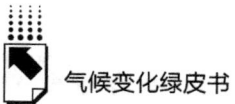

续表

位次	国家/地区	GDP	位次	国家/地区	GDP
97	巴林	33868.99	131	布基纳法索	12542.97
98	民主刚果	32962.26	132	马里	12074.47
99	喀麦隆	32548.59	133	蒙古	12015.94
100	拉脱维亚	31920.82	134	尼加拉瓜	11805.64
101	巴拉圭	30984.75	135	老挝	11771.73
102	赞比亚	27066.23	136	马其顿	11323.76
103	乌干达	26312.4	137	亚美尼亚	10881.61
104	爱沙尼亚	25904.87	138	马达加斯加	10593.15
105	萨尔瓦多	25220	139	马耳他	9642.849
106	特立尼达和多巴哥	*24433.81*	140	塔吉克斯坦	9241.628
107	塞浦路斯	23226.16[4]	141	贝宁	8746.993
108	阿富汗	20841.95	142	海地	8713.031
109	尼泊尔	19636.19	143	巴哈马	8510.5
110	洪都拉斯	19385.31	144	尼日尔	8168.696
111	波斯尼亚和黑塞哥维那	18344.28	145	摩尔多瓦	7944.185[6]
112	文莱	17256.75	146	卢旺达	7890.19
113	加蓬	17228.44	147	吉尔吉斯	7404.413
114	冰岛	17071	148	科索沃	7273.849
115	柬埔寨	16709.43	149	几内亚	6624.068
116	格鲁吉亚	16529.96[5]	150	百慕大	*5573.71*
117	莫桑比克	16385.58	151	列支敦士登	*5487.773*
118	博茨瓦纳	15813.37	152	苏里南	*5298.788*
119	塞内加尔	15578.92	153	毛里塔尼亚	5061.18
120	巴布亚新几内亚	*15413.16*	154	塞拉利昂	4892.364
121	牙买加	*14362.26*	155	黑山	4583.199
122	赤道几内亚	14308.09	156	多哥	4518.444
123	刚果共和国	14135.46	157	巴巴多斯	4348
124	乍得	13922.22	158	马拉维	4258.034
125	津巴布韦	13663.31	159	斐济	4029.99
126	纳米比亚	13429.5	160	厄立特里亚	3857.821
127	阿尔巴尼亚	13370.19	161	斯威士兰	3400.423
128	南苏丹	13069.99	162	安道尔	*3249.101*
129	约旦河西岸和加沙	12737.61	163	圭亚那	3228.373
130	毛里求斯	12616.42	164	布隆迪	3093.647

世界各国与中国社会经济、能源及碳排放数据

续表

位次	国家/地区	GDP	位次	国家/地区	GDP
165	马尔代夫	3032.239	188	汤加	434.3863
166	法罗群岛	*2613.459*	189	圣多美和普林西比	334.9024
167	莱索托	2088.022	190	密克罗尼西亚	*316.2457*
168	利比里亚	2026.94	191	帕劳	250.6256
169	佛得角	1871.187	192	马绍尔群岛	*190.9146*
170	不丹	1821.413	193	基里巴斯	166.7623
171	中非	1782.928	194	图瓦卢	*38.32236*
172	伯利兹	*1624.294*			
173	吉布提	1581.52			
174	东帝汶	1552		世界	77868768
175	塞舌尔	1405.764		低收入	397409.5
176	圣卢西亚	1365.427		中等收入	24597320
177	安提瓜和巴布达	1269.117		中等偏下收入	5780293
178	所罗门群岛	1158.183		中高收入	18808332
179	几内亚比绍	1022.372		低与中等收入	24996779
180	格林纳达	882.2222		东亚与太平洋地区	12571283
181	圣基茨和尼维斯	833.3333		欧洲和中亚	1811043
182	冈比亚	807.0695		拉美与加勒比地区	4763935
183	瓦努阿图	*801.7876*		中东和北非	1522606
184	萨摩亚	800.5867		南亚	2607871
185	圣文森特和格林纳丁斯	728.6967		撒哈拉以南非洲地区	1712424
186	科摩罗	647.7201		高收入	52906699
187	多米尼加	537.7778		欧元区	13402747

注：斜体字为2013年或2012年数据。
[1] 乌克兰和俄罗斯联邦官方统计数据；
[2] 包括前西属撒哈拉；
[3] 仅包括坦桑尼亚大陆；
[4] 仅包括塞浦路斯政府控制区；
[5] 不包括阿布哈兹和南奥塞梯；
[6] 不包括德涅斯特河沿岸地区。
资料来源：http://datacatalog.worldbank.org/。

表2 世界各国及地区人均收入（GNI）数据（2014年）

位次	国家/地区	人均收入（Atlas,美元）	位次	国家/地区	人均收入（PPP,国际元）
1	摩纳哥	..[1]	1	卡塔尔	133850
2	列支敦士登	..[1]	3	中国澳门	118460[1]
3	百慕大	106140[1]	5	科威特	87700[1]
4	挪威	103050	6	新加坡	80270
5	瑞士	90670[1]	7	文莱	71020[1]
6	卡塔尔	90420	8	百慕大	66560[1]
7	中国澳门	71270[1]	9	挪威	65970
8	马恩岛	..[1]	11	阿拉伯联合酋长国	63750
9	卢森堡	69880[1]	12	瑞士	59600[1]
10	澳大利亚	64680	14	卢森堡	57830[1]
11	瑞典	61600	15	中国香港	56570
12	丹麦	61310	16	美国	55860
13	海峡群岛	..[1]	17	沙特阿拉伯	53760[1]
14	科威特	55470[1]	20	荷兰	47660
15	美国	55200	21	德国	46840
16	新加坡	55150	22	瑞典	46710
17	法罗群岛	..[1]	23	丹麦	46160
18	加拿大	51690	24	奥地利	45040[1]
19	荷兰	51210	25	加拿大	43400
20	开曼群岛	..[1]	26	比利时	43030
21	奥地利	50390[1]	27	澳大利亚	42880
22	芬兰	48910[1]	28	冰岛	42530
23	德国	47640	32	爱尔兰	40820
23	冰岛	47640	33	芬兰	40000[1]
25	比利时	47030	34	法国	39720
26	爱尔兰	44660	36	英国	38370
27	阿拉伯联合酋长国	43480	38	巴林	38140[1]
28	法国	43080	39	日本	37920
29	英国	42690	40	阿曼	36240[1]
31	日本	42000	41	意大利	34710
32	安道尔	41460[1]	42	韩国	34620

续表

位次	国家/地区	人均收入（Atlas, 美元）	位次	国家/地区	人均收入（PPP, 国际元）
34	中国香港	40320	43	新西兰	33760[1]
35	新西兰	39300[1]	44	西班牙	32860[1]
37	文莱	36710[1]	45	以色列	32550
39	以色列	34990	47	塞浦路斯	29800[2]
40	意大利	34280	48	斯洛文尼亚	28650[1]
41	西班牙	29940[1]	49	葡萄牙	28010
42	韩国	27090	50	马耳他	27020[1]
44	塞浦路斯	26370[2]	51	捷克	26970[1]
45	沙特阿拉伯	26340[1]	53	特立尼达和多巴哥	26220[1]
47	斯洛文尼亚	23220[1]	54	希腊	26130
48	希腊	22090	55	斯洛伐克	25970[1]
52	葡萄牙	21320	56	爱沙尼亚	25690
53	巴林	21330[1]	57	立陶宛	25390
54	巴哈马	21010	59	俄罗斯	24710
55	马耳他	21000[1]	61	塞舌尔	24630
58	波多黎各	19310[1]	63	波兰	24090
59	捷克	18970[1]	64	波多黎各	23960[13]
60	爱沙尼亚	18530	65	马来西亚	23850
61	阿曼	18150[1]	66	匈牙利	23830
62	斯洛伐克	17810[1]	68	拉脱维亚	23150
63	乌拉圭	16360	71	赤道几内亚	22480
64	拉脱维亚	15660	72	巴哈马	22310
65	特立尼达和多巴哥	15640[1]	73	圣基茨和尼维斯	21990
66	立陶宛	15380	74	哈萨克斯坦	21580
67	巴巴多斯	14880[1]	75	智利	21570
68	智利	14900	76	安提瓜和巴布达	21120
69	阿根廷	14560[4]	77	克罗地亚	20560
70	圣基茨和尼维斯	14540	78	乌拉圭	20220
71	塞舌尔	13990	79	巴拿马	19630
72	波兰	13730	80	土耳其	19040
73	匈牙利	13470	81	罗马尼亚	19030
74	安提瓜和巴布达	13360	82	毛里求斯	18290

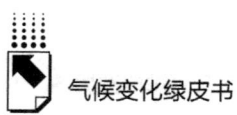

续表

位次	国家/地区	人均收入（Atlas,美元）	位次	国家/地区	人均收入（PPP,国际元）
75	赤道几内亚	13340	83	白俄罗斯	17610
76	俄罗斯	13210[5]	84	博茨瓦纳	17460
77	克罗地亚	13020	85	黎巴嫩	17330[3]
78	委内瑞拉	12820[6]	86	委内瑞拉	17140
80	巴西	11760	87	阿塞拜疆	16910
81	哈萨克斯坦	11670	88	墨西哥	16710
82	帕劳	11110	89	加蓬	16500
83	巴拿马	10970	90	利比亚	16190
85	土耳其	10850	91	伊朗	*16080*[1]
86	马来西亚	10660	93	苏里南	*15960*[1]
87	墨西哥	9980	94	巴西	15900
88	黎巴嫩	9880	95	保加利亚	15850
89	哥斯达黎加	9750	96	巴巴多斯	*14750*[1]
90	毛里求斯	9710	97	伊拉克	14670
91	罗马尼亚	9370	98	土库曼斯坦	14520[3]
92	苏里南	*9370*[1]	99	黑山	14510
93	加蓬	9320	100	帕劳	14280[3]
94	土库曼斯坦	8020	102	泰国	13950
95	利比亚	7920	103	哥斯达黎加	13900
96	博茨瓦纳	7880	104	阿尔及利亚	13540
97	格林纳达	7850	105	中国大陆	13130
98	哥伦比亚	7780	106	马尔代夫	12770
99	阿塞拜疆	7590	107	南非	12700
100	保加利亚	7420	108	哥伦比亚	12600
101	中国大陆	7380	108	马其顿	12600
103	白俄罗斯	7340	111	多米尼加	12450
104	马尔代夫	7290	112	塞尔维亚	12150
105	黑山	7240	113	约旦	11910
106	圣卢西亚	7090	114	格林纳达	11650
107	多米尼加	7070	115	秘鲁	11510
108	南非	6800	116	蒙古	11230
109	圣文森特和格林纳丁斯	6560	117	厄瓜多尔	11120

续表

位次	国家/地区	人均收入 (Atlas, 美元)	位次	国家/地区	人均收入 (PPP, 国际元)
110	伊拉克	6410	118	埃及	11020
110	秘鲁	6410	119	圣文森特和格林纳丁斯	10610
112	伊朗	6820[1]	120	突尼斯	10600[1]
113	厄瓜多尔	6040	121	多米尼加	10300
114	多米尼加	5950	122	斯里兰卡	10270
115	图瓦卢	5840[1]	123	阿尔巴尼亚	10260
116	纳米比亚	5820	124	印尼	10250
116	塞尔维亚	5820	125	圣卢西亚	10230
118	泰国	5410	126	波斯尼亚和黑塞哥维那	10020
119	阿尔及利亚	5340	127	纳米比亚	9880
120	安哥拉	5300	128	科索沃	9410[3]
121	牙买加	5220[1]	129	乌克兰	8560
122	约旦	5160	130	亚美尼亚	8550
123	马其顿	5070	131	牙买加	8490[1]
124	波斯尼亚和黑塞哥维那	4770	132	菲律宾	8300
125	斐济	4540	133	斐济	8030
126	伯利兹	4510[1]	134	巴拉圭	8010
127	阿尔巴尼亚	4460	135	伯利兹	7870[1]
128	蒙古	4320	136	萨尔瓦多	7720
129	马绍尔群岛	4310[1]	137	不丹	7560
130	汤加	4280	138	格鲁吉亚	7510[7]
131	突尼斯	4210[1]	139	危地马拉	7260
132	巴拉圭	4150	140	摩洛哥	7180[8]
133	萨摩亚	4050	141	安哥拉	7150
134	科索沃	4000	142	圭亚那	6930[3]
135	圭亚那	3970	143	佛得角	6320
136	亚美尼亚	3810	144	玻利维亚	6130
137	萨尔瓦多	3780	145	斯威士兰	5940
138	格鲁吉亚	3720[7]	146	乌兹别克斯坦	5840[3]
139	印尼	3650	147	印度	5760
140	乌克兰	3560[5]	148	尼日利亚	5680
141	佛得角	3520	148	东帝汶	5680[3]

续表

位次	国家/地区	人均收入（Atlas,美元）	位次	国家/地区	人均收入（PPP,国际元）
142	危地马拉	3440	150	萨摩亚	5600[3]
142	菲律宾	3440	151	摩尔多瓦	5480[9]
144	斯里兰卡	3400	152	越南	5350
145	埃及	3280[1]	153	汤加	5300[3]
145	密克罗尼西亚联邦	3280	154	图瓦卢	5260[13]
147	东帝汶	3120[1]	155	刚果共和国	5120
148	瓦努阿图	3090[1]	156	巴基斯坦	5100
149	约旦河西岸和加沙	3060	157	约旦河西岸和加沙	5080[1]
150	摩洛哥	3020[8]	158	老挝	4910
151	尼日利亚	2950	159	尼加拉瓜	4670
152	玻利维亚	2830	160	马绍尔群岛	4630[13]
153	斯威士兰	2700	161	洪都拉斯	4120
154	刚果共和国	2680	163	苏丹	3980
155	摩尔多瓦	2550[9]	164	加纳	3960
156	不丹	2390	165	赞比亚	3860
157	基里巴斯	2280	166	也门	3820[1]
158	洪都拉斯	2190	167	毛里塔尼亚	3700
159	乌兹别克斯坦	2090	168	密克罗尼西亚联邦	3680[13]
160	巴布亚新几内亚	2020[1]	170	科特迪瓦	3350
161	越南	1890	171	孟加拉国	3340
162	尼加拉瓜	1830	172	莱索托	3260
162	所罗门群岛	1830	173	吉尔吉斯	3220
166	赞比亚	1760	175	柬埔寨	3080
167	苏丹	1740	176	圣多美和普林西比	3030
168	加纳	1620	177	喀麦隆	2940
169	印度	1610	178	肯尼亚	2890
170	老挝	1600	179	瓦努阿图	2870[13]
171	圣多美和普林西比	1570	180	塔吉克斯坦	2630
172	科特迪瓦	1550	181	基里巴斯	2580[3]
173	巴基斯坦	1410	182	坦桑尼亚	2530[10]
174	也门	1370[1]	183	巴布亚新几内亚	2510[13]
175	喀麦隆	1350	184	尼泊尔	2420

世界各国与中国社会经济、能源及碳排放数据

续表

位次	国家/地区	人均收入（Atlas，美元）	位次	国家/地区	人均收入（PPP，国际元）
175	莱索托	1350	185	塞内加尔	2290
177	肯尼亚	1280	186	乍得	2130
178	缅甸	1270	187	南苏丹	2030[3]
179	毛里塔尼亚	1260	188	所罗门群岛	2020[3]
180	吉尔吉斯	1250	189	阿富汗	1980[3]
181	孟加拉国	1080	190	贝宁	1850
182	塔吉克斯坦	1060	191	塞拉利昂	1830
183	塞内加尔	1050	193	海地	1750
184	柬埔寨	1010	194	津巴布韦	1710
184	乍得	1010	195	乌干达	1690
186	南苏丹	960	196	布基纳法索	1660
187	坦桑尼亚	930[10]	196	马里	1660
188	津巴布韦	860	198	冈比亚	1580
189	科摩罗	840	199	科摩罗	1530
190	海地	830	199	卢旺达	1530
191	贝宁	810	201	埃塞俄比亚	1500
192	尼泊尔	730	202	几内亚比绍	1430
193	马里	720	203	马达加斯加	1400
193	塞拉利昂	720	204	多哥	1310
195	布基纳法索	710	205	厄立特里亚	1180[3]
196	阿富汗	680	206	莫桑比克	1170
197	乌干达	660	207	几内亚	1140
198	卢旺达	650	208	尼日尔	950
199	莫桑比克	630	209	利比里亚	820
201	多哥	580	210	布隆迪	790
202	几内亚比绍	570	211	马拉维	780
203	埃塞俄比亚	550	212	民主刚果	700
204	厄立特里亚	530	213	中非	610
205	几内亚	480			
206	冈比亚	450			
207	马达加斯加	440			
208	尼日尔	430			

续表

位次	国家/地区	人均收入（Atlas,美元）	位次	国家/地区	人均收入（PPP,国际元）
209	民主刚果	410			
210	利比里亚	400			
211	中非	330			
212	布隆迪	270			
213	马拉维	250			
	世界	10858		世界	10858
	低收入	635		低收入	635
	中等收入	4690		中等收入	4690
	中等偏下收入	2037		中等偏下收入	2037
	中高收入	7893		中高收入	7893
	低与中等收入	4263		低与中等收入	4263
	东亚与太平洋地区	6122		东亚与太平洋地区	6122
	欧洲和中亚	6864		欧洲和中亚	6864
	拉美与加勒比地区	9051		拉美与加勒比地区	9051
	中东和北非	..		中东和北非	..
	南亚	1527		南亚	1527
	撒哈拉以南非洲地区	1720		撒哈拉以南非洲地区	1720
	高收入	38392		高收入	38392
	欧元区	39174		欧元区	39174

注：斜体字为2013年或2012年数据。

[1] ".."2014数据不详，估计排名；
[2] 仅包括塞浦路斯政府控制区；
[3] 基于回归，其他购买力平价计算为依2011年国际比较项目基准估计推算；
[4] 数据来自阿根廷国家统计和普查研究所，http://www.imf.org/external/np/sec/pr/2015/pr15252.htm；
[5] 乌克兰和俄罗斯联邦官方统计数据；
[6] 根据官方汇率；
[7] 不包括阿布哈兹和南奥塞梯；
[8] 包括前西属撒哈拉；
[9] 不包括德涅斯特河沿岸地区；
[10] 仅包括坦桑尼亚大陆。

资料来源：http://datacatalog.worldbank.org/。

表3 世界各国及地区人口数据（2014年）

单位：千人

位次	国家/地区	总人口	位次	国家/地区	总人口
1	中国大陆	1364270	34	乌干达	38845
2	印度	1267402	35	苏丹	38764
3	美国	318857	36	波兰	37996
4	印尼	252812	37	加拿大	35540
5	巴西	202034	38	伊拉克	34278
6	巴基斯坦	185133	39	摩洛哥	33493
7	尼日利亚	178517	40	阿富汗	31281
8	孟加拉国	158513	41	委内瑞拉	30851
9	俄罗斯	143820	42	秘鲁	30769
10	日本	127132	43	乌兹别克斯坦	30743
11	墨西哥	123799	44	马来西亚	30188
12	菲律宾	100096	45	沙特阿拉伯	29369
13	埃塞俄比亚	96506	46	尼泊尔	28121
14	越南	90730	47	莫桑比克	26473
15	埃及	83387	48	加纳	26442
16	德国	80890	49	韩国	25027
17	伊朗	78470	50	也门	24969
18	土耳其	75837	51	马达加斯加	23572
19	民主刚果	69360	52	澳大利亚	23491
20	泰国	67223	53	叙利亚	23301
21	法国	66201	54	喀麦隆	22819
22	英国	64510	55	安哥拉	22137
23	意大利	61336	56	科特迪瓦	20805
24	南非	54002	57	斯里兰卡	20639
25	缅甸	53719	58	罗马尼亚	19911
26	坦桑尼亚	50757	59	尼日尔	18535
27	韩国	50424	60	智利	17773
28	哥伦比亚	48930	61	布基纳法索	17420
29	西班牙	46405	62	哈萨克斯坦	17289
30	肯尼亚	45546	63	荷兰	16854
31	乌克兰	45363	64	马拉维	16829
32	阿根廷	41803	65	厄瓜多尔	15983
33	阿尔及利亚	39929	66	危地马拉	15860

续表

位次	国家/地区	总人口	位次	国家/地区	总人口
67	马里	15768	101	塞尔维亚	7129
68	柬埔寨	15408	102	多哥	6993
69	赞比亚	15021	103	巴拉圭	6918
70	津巴布韦	14599	104	老挝	6894
71	塞内加尔	14548	105	约旦	6607
72	乍得	13211	106	厄立特里亚	6536
73	卢旺达	12100	107	萨尔瓦多	6384
74	几内亚	12044	108	利比亚	6253
75	南苏丹	11739	109	塞拉利昂	6205
76	古巴	11259	110	尼加拉瓜	6169
77	比利时	11225	111	吉尔吉斯	5834
78	突尼斯	10997	112	丹麦	5640
79	希腊	10958	113	新加坡	5470
80	玻利维亚	10848	114	芬兰	5464
81	索马里	10806	115	斯洛伐克	5419
82	贝宁	10600	116	土库曼斯坦	5307
83	多米尼加	10529	117	挪威	5136
84	捷克	10511	118	哥斯达黎加	4938
85	布隆迪	10483	119	中非	4709
86	海地	10461	120	爱尔兰	4613
87	葡萄牙	10397	121	刚果共和国	4559
88	匈牙利	9862	122	黎巴嫩	4510
89	瑞典	9690	123	新西兰	4510
90	阿塞拜疆	9538	124	格鲁吉亚	4504[1]
91	白俄罗斯	9470	125	利比里亚	4397
92	阿拉伯联合酋长国	9446	126	约旦河西岸和加沙	4295
93	奥地利	8534	127	克罗地亚	4236
94	塔吉克斯坦	8409	128	毛里塔尼亚	3984
95	洪都拉斯	8261	129	阿曼	3926
96	以色列	8215	130	巴拿马	3926
97	瑞士	8190	131	波斯尼亚和黑塞哥维那	3825
98	巴布亚新几内亚	7476	132	摩尔多瓦	3556[2]
99	中国香港	7242	133	波多黎各	3548
100	保加利亚	7226	134	科威特	3479

续表

位次	国家/地区	总人口	位次	国家/地区	总人口
135	乌拉圭	3419	169	苏里南	544
136	亚美尼亚	2984	170	佛得角	504
137	立陶宛	2929	171	马耳他	427
138	阿尔巴尼亚	2894	172	文莱	423
139	蒙古	2881	173	巴哈马	383
140	牙买加	2721	174	马尔代夫	352
141	纳米比亚	2348	175	伯利兹	340
142	卡塔尔	2268	176	冰岛	328
143	马其顿	2108	177	巴巴多斯	286
144	莱索托	2098	178	法属波利尼西亚	280
145	斯洛文尼亚	2062	179	新喀里多尼亚	266
146	博茨瓦纳	2039	180	瓦努阿图	258
147	拉脱维亚	1990	181	圣多美和普林西比	198
148	冈比亚	1909	182	萨摩亚	192
149	科索沃	1823	183	圣卢西亚	184
150	几内亚比绍	1746	184	关岛	168
151	加蓬	1711	185	海峡群岛	163
152	特立尼达和多巴哥	1344	186	库拉索	156
153	巴林	1344	187	圣文森特和格林纳丁斯	109
154	爱沙尼亚	1314	188	格林纳达	106
155	斯威士兰	1268	189	汤加	106
156	毛里求斯	1261	190	维尔京群岛(美属)	104
157	东帝汶	1212	191	基里巴斯	104
158	塞浦路斯	1153	192	密克罗尼西亚联邦	104
159	斐济	887	193	阿鲁巴	103
160	吉布提	886	194	塞舌尔	92
161	圭亚那	804	195	安提瓜和巴布达	91
162	赤道几内亚	778	196	马恩岛	86
163	不丹	766	197	安道尔	80
164	科摩罗	752	198	多米尼加	72
165	黑山	622	199	百慕大	65
166	中国澳门	575	200	开曼群岛	59
167	所罗门群岛	573	201	格陵兰	56
168	卢森堡	556	202	美属萨摩亚	55

续表

位次	国家/地区	总人口	位次	国家/地区	总人口
203	圣基茨和尼维斯	55		中等收入	5198471
204	北马里亚纳群岛	55		中等偏下收入	2843565
205	马绍尔群岛	53		中高收入	2354906
206	法罗群岛	49		低与中等收入	5811662
207	摩纳哥	38		东亚与太平洋地区	2020300
208	圣马丁岛(荷属)	38		欧洲和中亚	264373
209	列支敦士登	37		拉美与加勒比地区	521946
210	特克斯和凯科斯群岛	34		中东和北非	351375
211	圣马力诺	32		南亚	1692205
212	圣马丁(法属)	32		撒哈拉以南非洲地区	961464
213	帕劳	21		高收入	1396073
214	图瓦卢	10		欧元区	338728
	世界	7207735			
	低收入	613192			

注：[1] 不包括阿布哈兹和南奥塞梯；[2] 不包括德涅斯特河沿岸地区。
资料来源：http://datacatalog.worldbank.org/。

表4　世界各国及地区城市化率（2014年）

单位：%

国家或地区	城市化率	国家或地区	城市化率	国家或地区	城市化率
百慕大	100	蒙古	71.22	伯利兹	44.12
英属开曼群岛	100	匈牙利	70.77	贝宁	43.51
中国香港	100	阿尔及利亚	70.13	塞内加尔	43.39
中国澳门	100	新喀里多尼亚	69.66	安哥拉	43.27
摩纳哥	100	乌克兰	69.48	埃及	43.07
新加坡	100	伊拉克	69.36	民主刚果	41.98
荷属圣马丁	100	多米尼克	69.26	阿鲁巴岛	41.78
卡塔尔	99.16	意大利	68.82	法罗群岛	41.74
科威特	98.33	玻利维亚	68.11	赞比亚	40.47
比利时	97.82	爱沙尼亚	67.62	毛里求斯	39.81
马耳他	95.28	拉脱维亚	67.42	中非	39.76
美属维尔京群岛	95.20	塞浦路斯	67.02	赤道几内亚	39.76

世界各国与中国社会经济、能源及碳排放数据

续表

国家或地区	城市化率	国家或地区	城市化率	国家或地区	城市化率
乌拉圭	95.15	突尼斯	66.65	波斯尼亚和黑塞哥维那	39.62
关岛	94.44	立陶宛	66.52	塞拉利昂	39.58
圣马力诺	94.17	巴拿马	66.29	多哥	39.47
冰岛	94.04	萨尔瓦多	66.26	马里	39.14
波多黎各	93.64	苏里南	66.09	索马里	39.08
日本	93.02	奥地利	65.92	巴基斯坦	38.30
以色列	92.08	刚果	64.96	不丹	37.90
英属特克斯和凯科斯群岛	91.85	佛得角	64.84	老挝	37.55
阿根廷	91.60	圣多美和普林西比	64.51	几内亚	36.68
荷兰	89.91	南非	64.30	乌兹别克斯坦	36.28
卢森堡	89.87	黑山	63.83	吉尔吉斯	35.59
荷属库拉索	89.43	厄瓜多尔	63.52	格林纳达	35.58
智利	89.36	爱尔兰	62.95	马达加斯加	34.47
澳大利亚	89.29	葡萄牙	62.91	也门	34.03
美属北马里亚纳群岛	89.27	亚美尼亚	62.81	苏丹	33.62
委内瑞拉	88.94	韩国	60.72	缅甸	33.55
巴林	88.72	波兰	60.57	孟加拉国	33.52
黎巴嫩	87.67	摩洛哥	59.70	越南	32.95
丹麦	87.50	巴拉圭	59.42	南亚	32.60
美属萨摩亚	87.26	毛里塔尼亚	59.26	津巴布韦	32.50
加蓬	86.92	冈比亚	59.02	印度	32.37
帕劳	86.45	图瓦卢	58.78	东帝汶	32.13
新西兰	86.25	克罗地亚	58.66	圣基茨和尼维斯	31.96
格陵兰	86.05	尼加拉瓜	58.46	莫桑比克	31.93
瑞典	85.67	海地	57.44	巴巴多斯	31.55
安道尔	85.63	叙利亚	57.26	海峡群岛	31.36
巴西	85.43	博茨瓦纳	57.19	坦桑尼亚	30.90
阿联酋	85.27	马其顿	57.03	低收入	29.77
芬兰	84.09	阿尔巴尼亚	56.41	布基纳法索	29.02

续表

国家或地区	城市化率	国家或地区	城市化率	国家或地区	城市化率
约旦	83.45	法属波利尼西亚	55.98	圭亚那	28.46
沙特阿拉伯	82.93	塞尔维亚	55.46	科摩罗	28.19
巴哈马	82.80	牙买加	54.56	卢旺达	27.84
韩国	82.36	中国大陆	54.41	莱索托	26.79
英国	82.35	罗马尼亚	54.39	塔吉克斯坦	26.69
加拿大	81.65	阿塞拜疆	54.36	阿富汗	26.28
美国	81.45	洪都拉斯	54.14	瓦努阿图	25.82
挪威	80.21	喀麦隆	53.82	肯尼亚	25.20
西班牙	79.36	斯洛伐克	53.76	安提瓜和巴布达	24.19
法国	79.29	塞舌尔	53.56	汤加	23.63
墨西哥	78.97	科特迪瓦	53.48	密克罗尼西亚联邦	22.38
利比亚	78.36	格鲁吉亚	53.47	乍得	22.34
秘鲁	78.29	加纳	53.39	厄立特里亚	22.19
多米尼加	78.06	世界平均	53.39	所罗门群岛	21.88
希腊	77.68	斐济	53.35	斯威士兰	21.32
吉布提	77.26	哈萨克斯坦	53.29	柬埔寨	20.51
阿曼	77.18	印尼	53.00	萨摩亚	19.26
古巴	76.97	马恩岛	52.14	埃塞俄比亚	19.03
文莱	76.89	危地马拉	51.12	南苏丹	18.59
白俄罗斯	76.28	圣文森特和格林纳丁斯	50.20	圣卢西亚	18.48
哥伦比亚	76.16	斯洛文尼亚	49.70	尼日尔	18.47
哥斯达黎加	75.92	土库曼斯坦	49.69	斯里兰卡	18.32
德国	75.09	利比里亚	49.31	尼泊尔	18.24
马来西亚	74.01	泰国	49.17	马拉维	16.10
俄罗斯	73.92	几内亚比绍	48.55	乌干达	15.77
瑞士	73.84	尼日利亚	46.94	列支敦士登	14.31
保加利亚	73.63	纳米比亚	45.68	巴布亚新几内亚	12.99
捷克	73.02	摩尔多瓦	44.93	布隆迪	11.76
土耳其	72.89	马尔代夫	44.49	特立尼达和多巴哥	8.55
伊朗	72.86	菲律宾	44.49		
马绍尔群岛	72.42	基里巴斯	44.17	世界平均	53.39

资料来源：http://datacatalog.worldbank.org/。

表5 世界各国及地区能源和碳排放数据(2014年)

国家/地区	二氧化碳排放(百万吨 CO_2)	一次能源消费总量(百万吨标准油)	一次能源消费结构(%)					
			石油	天然气	煤炭	核能	水电	其他可再生能源
美国	5994.6	2298.7	36.37	30.25	19.72	8.26	2.57	2.83
加拿大	620.5	332.7	30.97	28.20	6.37	7.23	25.77	1.46
墨西哥	499.9	191.4	44.55	40.36	7.51	1.14	4.51	1.93
北美洲	**7115**	**2822.8**	**36.29**	**30.69**	**17.32**	**7.65**	**5.44**	**2.61**
阿根廷	199.4	85.8	35.96	49.46	1.47	1.46	10.83	0.82
巴西	581.7	296.0	48.16	12.05	5.15	1.18	28.24	5.22
智利	88.0	35.0	47.59	12.29	19.32	0.00	15.36	5.43
哥伦比亚	84.3	38.8	37.24	25.37	10.93	0.00	26.06	0.40
厄瓜多尔	38.5	15.4	78.72	3.70	0.00	0.00	16.85	0.73
秘鲁	50.9	23.0	45.10	28.24	4.26	0.00	21.26	1.14
特立尼达和多巴哥	51.5	21.4	7.63	92.34	0.00	0.00	0.00	0.03
委内瑞拉	182.1	84.3	45.72	31.80	0.24	0.00	22.23	0.01
拉丁美洲其他地区	210.3	93.1	63.78	7.68	3.08	0.00	22.32	3.14
拉丁美洲	**1486.7**	**692.8**	**47.13**	**22.09**	**4.56**	**0.68**	**22.43**	**3.10**
奥地利	65.9	32.5	38.72	21.51	8.35	0.00	24.91	6.51
阿塞拜疆	33.5	13.1	34.64	63.08	0.02	0.00	2.24	0.02
白俄罗斯	76.7	28.6	38.50	57.67	3.56	0.00	0.11	0.15
比利时	138.1	57.7	51.89	22.99	6.54	13.18	0.11	5.29
保加利亚	42.8	17.9	21.15	13.16	36.27	20.08	5.58	3.75
捷克	107.5	40.9	22.39	16.52	39.16	16.76	1.08	4.09
丹麦	40.6	17.3	44.61	16.48	15.05	0.00	0.02	23.85
芬兰	47.7	26.1	32.73	8.38	15.72	20.64	11.54	11.00
法国	347.5	237.1	32.37	13.59	3.80	41.53	5.97	2.74
德国	798.6	311.0	35.85	20.53	24.87	7.06	1.49	10.19
希腊	74.8	26.1	54.22	9.44	24.73	0.00	3.89	7.72
匈牙利	45.0	20.0	30.15	37.66	11.26	17.74	0.34	2.85
爱尔兰	36.8	13.7	47.83	27.11	14.60	0.00	1.17	9.29
意大利	347.1	148.9	38.03	34.30	9.05	0.00	8.66	9.96
哈萨克斯坦	188.6	54.3	23.93	9.35	63.53	0.00	3.18	0.01
立陶宛	14.1	5.4	46.72	42.45	4.22	0.00	1.64	4.97

续表

国家/地区	二氧化碳排放（百万吨 CO_2）	一次能源消费总量（百万吨标准油）	一次能源消费结构（%）					
			石油	天然气	煤炭	核能	水电	其他可再生能源
荷兰	225.2	81.1	48.85	35.63	11.13	1.14	0.03	3.22
挪威	44.2	46.7	22.14	8.99	1.42	0.00	66.18	1.26
波兰	316.8	95.7	24.86	15.31	55.26	0.00	0.51	4.06
葡萄牙	53.0	24.6	46.30	13.81	10.23	0.00	15.01	14.65
罗马尼亚	75.4	33.7	26.82	31.37	17.15	7.85	12.53	4.27
俄罗斯	1657.2	681.9	21.72	54.01	12.50	6.00	5.76	0.02
斯洛伐克	32.0	15.0	23.31	22.26	22.56	23.38	6.40	2.10
西班牙	285.7	133.0	44.74	17.79	9.00	9.75	6.66	12.06
瑞典	54.0	51.6	27.90	1.63	3.84	28.69	28.29	9.65
瑞士	39.3	28.7	36.84	9.35	0.48	21.88	29.44	2.01
土耳其	348.5	125.3	26.97	34.90	28.61	0.00	7.29	2.22
土库曼斯坦	78.1	31.3	20.34	79.66	0.00	0.00	0.00	0.00
乌克兰	243.3	100.1	10.15	34.55	33.02	19.98	1.94	0.36
英国	470.8	187.9	36.90	31.94	15.72	7.68	0.71	7.04
乌兹别克斯坦	120.5	51.3	5.97	85.51	3.92	0.00	4.59	0.00
欧洲及欧亚大陆其他地区	208.4	91.0	34.36	14.77	22.44	2.20	23.86	2.36
欧洲及欧亚大陆总计	**6657.7**	**2829.9**	**30.35**	**32.10**	**16.84**	**9.40**	**6.92**	**4.40**
伊朗	650.4	252.0	36.98	60.79	0.45	0.39	1.36	0.03
以色列	74.2	24.0	42.11	28.33	28.49	0.00	0.03	1.04
科威特	110.6	40.3	55.13	44.86	0.00	0.00	0.00	0.01
卡塔尔	125.8	50.5	20.09	79.89	0.00	0.00	0.00	0.02
沙特阿拉伯	665.0	239.5	59.29	40.67	0.04	0.00	0.00	0.00
阿拉伯联合酋长国	273.2	103.2	38.11	60.44	1.45	0.00	0.00	0.00
中东其他地区	328.6	118.3	64.21	34.17	0.11	0.00	1.50	0.00
中东	**2227.8**	**827.8**	**47.47**	**50.57**	**1.17**	**0.12**	**0.63**	**0.04**
阿尔及利亚	135.1	52.0	34.60	64.91	0.30	0.00	0.08	0.11
埃及	223.2	86.2	44.92	50.16	0.85	0.00	3.58	0.49

续表

国家/地区	二氧化碳排放(百万吨CO_2)	一次能源消费总量(百万吨标准油)	一次能源消费结构(%)					
			石油	天然气	煤炭	核能	水电	其他可再生能源
南非	452.2	126.7	22.97	2.91	70.59	2.87	0.20	0.46
非洲其他地区	384.3	155.3	60.28	17.67	5.30	0.00	15.56	1.19
非洲	**1194.8**	**420.1**	**42.70**	**25.73**	**23.46**	**0.87**	**6.55**	**0.69**
澳大利亚	374.9	122.9	37.06	21.36	35.64	0.00	2.65	3.30
孟加拉国	71.5	28.2	20.35	75.41	3.60	0.00	0.45	0.19
中国大陆	9761.1	2972.1	17.51	5.62	66.03	0.96	8.10	1.79
中国香港	89.9	27.5	61.95	8.33	29.65	0.00	0.00	0.07
印度	2088.0	637.8	28.33	7.14	56.47	1.23	4.64	2.18
印尼	548.7	174.8	42.26	19.75	34.78	0.00	1.93	1.28
日本	1343.1	456.1	43.16	22.20	27.75	0.00	4.34	2.55
马来西亚	257.7	91.0	38.68	40.57	17.48	0.00	2.93	0.33
新西兰	38.2	20.8	34.76	20.78	7.05	0.00	26.46	10.94
巴基斯坦	177.4	73.6	30.69	51.35	6.60	1.52	9.76	0.07
菲律宾	97.9	33.6	42.69	9.53	34.88	0.00	6.12	6.78
新加坡	226.1	76.1	86.98	12.81	0.01	0.00	0.00	0.20
韩国	768.3	273.2	39.54	15.74	31.04	12.96	0.31	0.42
中国台湾	332.9	112.0	39.19	13.81	36.49	8.56	0.83	1.12
泰国	346.9	121.5	43.64	39.04	15.11	0.00	0.99	1.22
越南	154.6	59.3	31.59	15.50	32.17	0.00	20.66	0.09
亚太其他地区	139.8	54.2	36.39	10.31	30.79	0.00	22.16	0.35
亚太地区	**16817.0**	**5334.6**	**26.79**	**11.45**	**52.05**	**1.55**	**6.40**	**1.77**
世界总计	**35498.7**	**12928.4**	**32.57**	**23.71**	**30.03**	**4.44**	**6.80**	**2.45**
经合组织:其中	13770.5	5498.8	36.96	26.05	19.14	8.18	5.74	3.93
非经合组织	21728.2	7429.6	29.33	21.98	38.08	1.67	7.58	1.36
欧洲联盟	3705.0	1611.4	36.77	21.61	16.75	12.31	5.20	7.37
原苏联地区	2480.8	999.3	20.71	51.20	16.27	6.15	5.54	0.13

资料来源: http://www.bp.com/en/global/corporate/about-bp/energy-economics/statistical-review-of-world-energy.html。

表6 全国各省份节能目标完成情况（2014年）

地区	地区生产总值（亿元）	能耗（万吨标准煤）	万元地区生产总值能耗(吨标准煤/万元)	万元地区生产总值能耗上升或降低(±%)	万元工业增加值能耗上升或降低(±%)	万元地区生产总值电耗上升或降低(±%)	"十二五"节能目标(%)
北 京	18994.28	7500.16	0.395	-5.29	-10.90	-4.34	17
天 津	15127.67	9165.11	0.606	-6.04	-10.90	-6.76	18
河 北	28701.68	30942.71	1.078	-7.19	-8.71	-4.29	17
山 西	13081.81	20448.41	1.563	-4.18	-5.24	-5.17	16
内蒙古	17472.93	21352.32	1.222	-3.94	-7.39	2.75	15
辽 宁	26089.91	24588.41	0.942	-5.08	-6.11	-4.02	17
吉 林	12738.91	9513.39	0.747	-7.05	-7.80	-4.12	16
黑龙江	14610.99	13364.69	0.915	-4.50	-7.57	-3.71	16
上 海	22999.74	11683.55	0.508	-8.71	-7.63	-9.30	18
江 苏	60330.74	31154.78	0.516	-5.92	-8.07	-6.97	18
浙 江	37988.20	19105.93	0.503	-6.11	-8.17	-5.60	18
安 徽	18958.30	12436.83	0.656	-5.97	-8.40	-5.00	16
福 建	22499.70	12987.10	0.577	-1.53	-1.01	-0.71	16
江 西	14248.44	8169.40	0.573	-3.16	-9.92	-1.97	16
山 东	56802.96	42223.10	0.743	-5.00	-7.22	-4.84	17
河 南	33784.82	25931.24	0.768	-4.06	-11.29	-7.53	16
湖 北	24416.09	19420.77	0.795	-5.24	-8.42	-7.33	16
湖 南	24265.66	18076.09	0.745	-6.24	-11.90	-8.22	16
广 东	64028.14	31529.07	0.492	-3.56	-9.25	0.59	18
广 西	14297.21	10241.26	0.716	-3.71	-9.33	-2.64	15
海 南	3008.92	1881.99	0.625	-2.50	-4.28	-0.55	10
重 庆	13046.26	10561.28	0.810	-3.74	-8.00	-3.85	16
四 川	26547.97	22287.48	0.840	-4.64	-8.03	-4.72	16
贵 州	7491.98	11184.37	1.493	-5.78	-13.39	-5.90	15
云 南	11243.57	11786.48	1.048	-3.98	-12.27	-3.08	15
陕 西	15845.69	12069.05	0.762	-3.58	-5.18	-3.00	16
甘 肃	6297.14	7672.07	1.218	-5.21	-7.02	-6.26	15
青 海	2081.73	4031.66	1.937	-2.97	-7.19	-2.05	10
宁 夏	2504.37	5028.75	2.008	-4.20	-5.06	-3.12	15
新 疆	8325.14	15210.67	1.827	-0.42	2.31	11.85	10

资料来源：http://www.stats.gov.cn/tjsj/zxfb/201508/t20150813_1230040.html。其中2014年地区生产总值、能耗和万元地区生产总值能耗数据为作者根据中国统计年鉴2014、各省份2014年国民经济与社会发展统计公报测算，地区生产总值为2010年价格。

G.24
全球气候灾害历史统计

李修仓　张飞跃　王安乾*

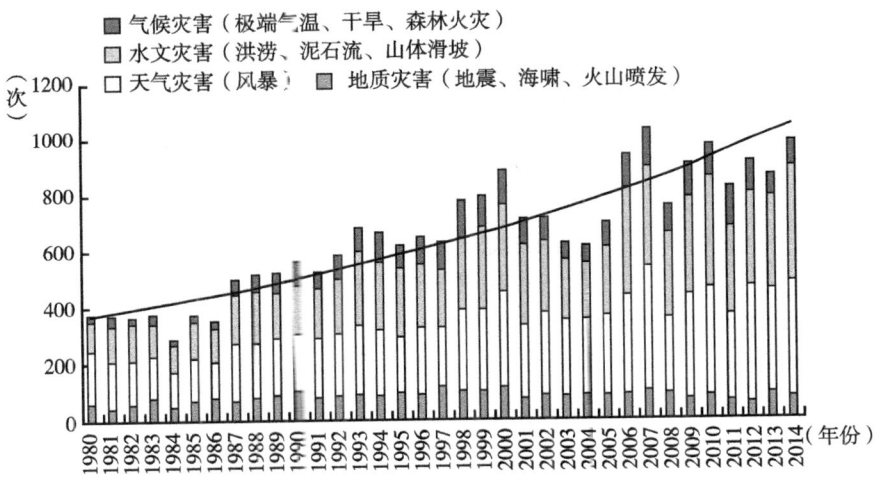

图1　1980～2014年全球重大自然灾害发生次数

资料来源：慕尼黑再保险公司和国家气候中心。

---

* 李修仓，国家气候中心气候与气候变化服务室工程师，南京信息工程大学气象灾害预报预警与评估协同创新中心骨干专家，研究领域为气候变化影响与灾害风险管理；张飞跃，南京信息工程大学研究生，研究领域为气候变化影响与灾害风险管理；王安乾，南京信息工程大学研究生，研究领域为气候变化影响与灾害风险管理。

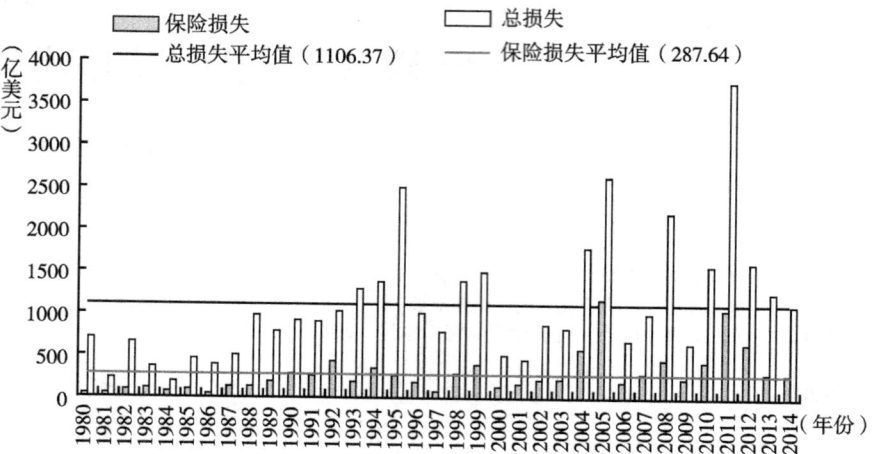

**图 2　1980～2014 年全球重大自然灾害总损失和保险损失
（以 2014 年市值计算）**

资料来源：慕尼黑再保险公司和国家气候中心。

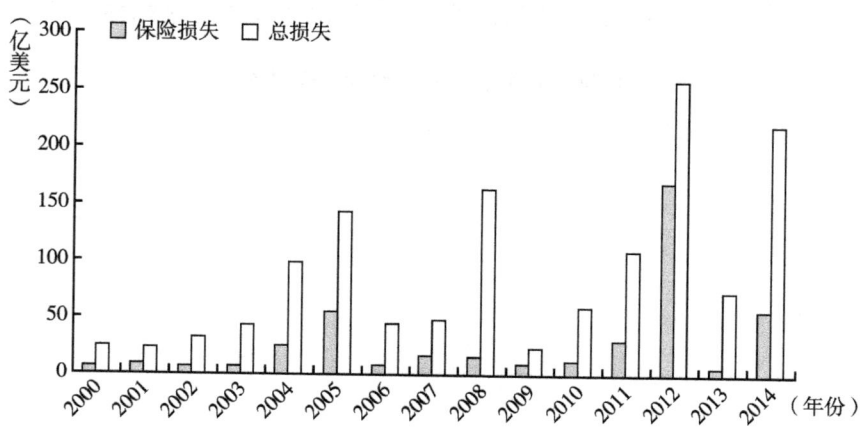

图 3　2000～2014 年全球干旱灾害总损失及保险损失

资料来源：慕尼黑再保险公司和国家气候中心。

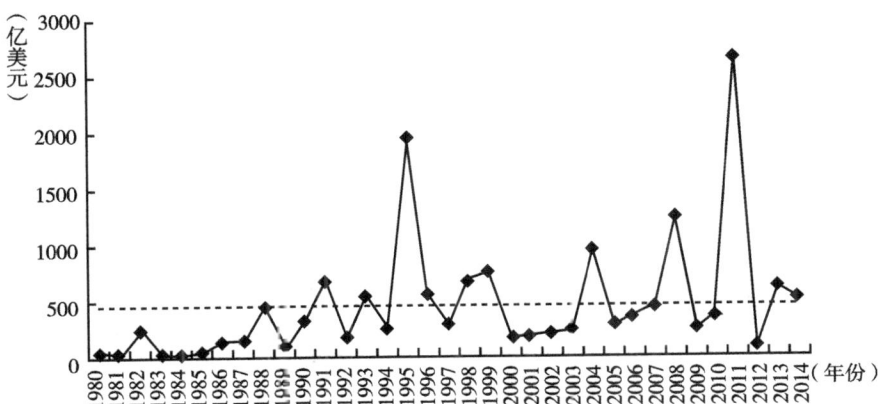

图4　1980~2014年亚洲重大自然灾害总损失（虚线为平均值）

资料来源：慕尼黑再保险公司和国家气候中心。

表1　1980~2014年美国重大气象有关灾害综述

灾害类型	发生次数	发生频率（%）	损失（十亿美元）	损失占总数比例（%）
强风暴	70	39.3	155	14.4
台风/飓风	34	19.1	539	50.1
干旱	22	12.4	206	19.1
洪水	20	11.2	88	8.2
火灾	12	6.7	26	2.4
暴风雪	13	7.3	37	3.4
冰冻天气	7	3.9	25	2.3
总计	178	100	1076	100

资料来源：NCDC，http：//www.ncdc.noaa.gov/billions/；数据统计直接经济损失≥10亿美元的天气气候灾害，各年损失数据已采用2015年美国消费物价指数（CPI）进行调整。

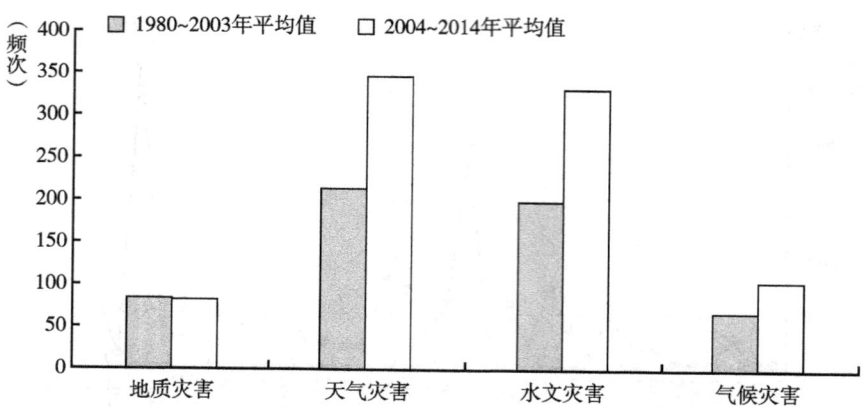

图5　1980～2003年和2004～2014年全球自然灾害发生次数

资料来源：慕尼黑再保险公司和国家气候中心。

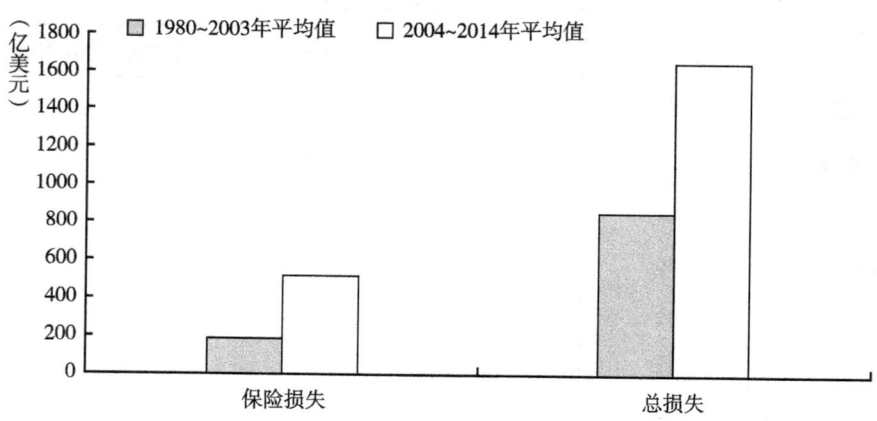

**图6　1980～2003年和2004～2014年全球重大自然灾害
总损失和保险损失（以2014年市值计算）**

资料来源：慕尼黑再保险公司和国家气候中心。

全球气候灾害历史统计

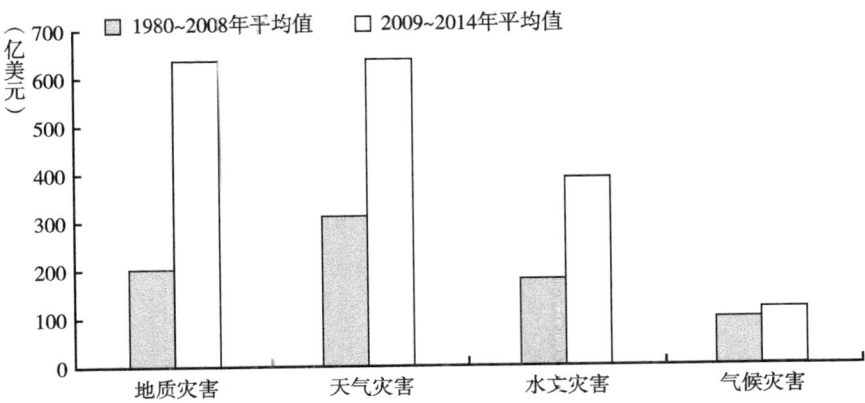

图7 1980~2008年和2009~2014年全球自然灾害总损失
（以2014年市值计算）

资料来源：慕尼黑再保险公司和国家气候中心。

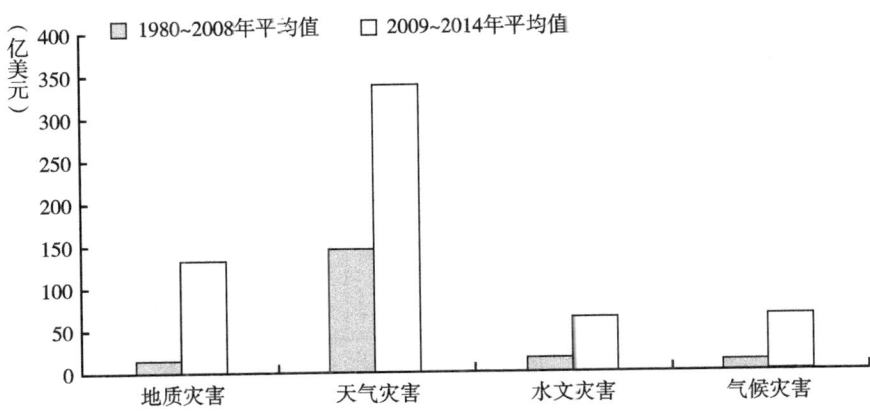

图8 1980~2008年和2009~2014年全球自然灾害保险损失
（以2014年市值计算）

资料来源：慕尼黑再保险公司和国家气候中心。

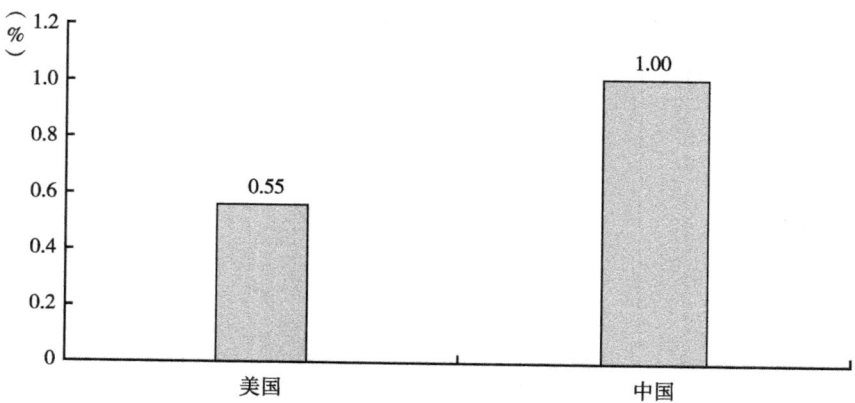

图9　美国和中国的气象灾害直接经济损失占 GDP 比重（1990～2014年）

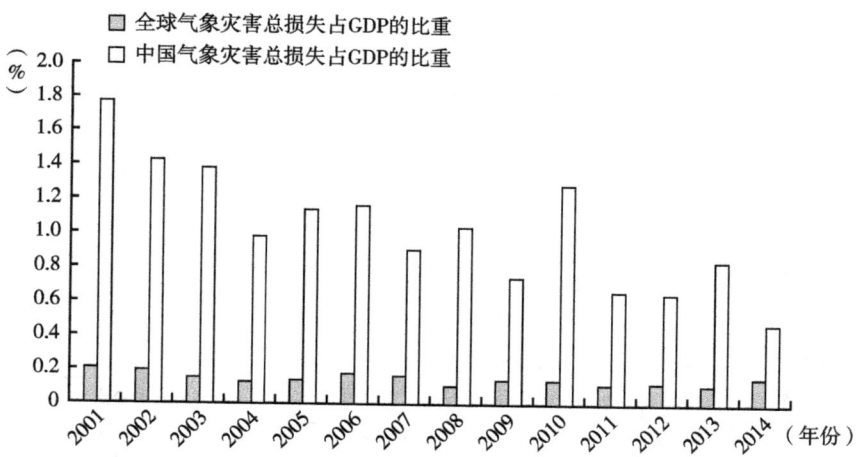

图10　全球和中国气象灾害直接经济损失占 GDP 比重

资料来源：世界银行 WDI 数据库，http://data.worldbank.org/data-catalog；慕尼黑再保险公司和国家气候中心。

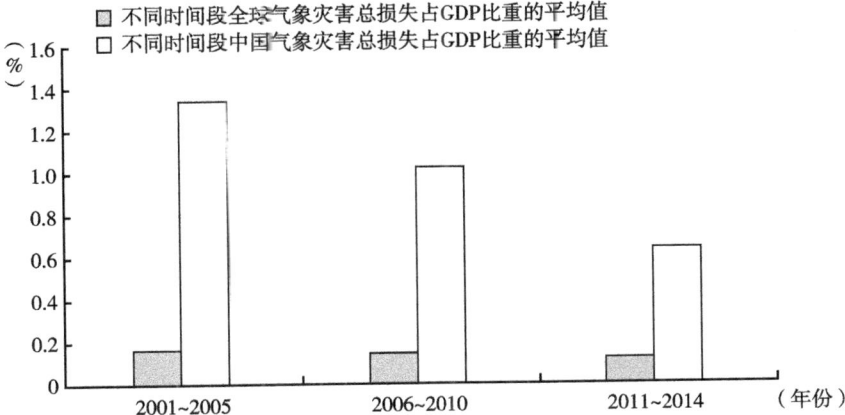

**图 11　不同时间段全球和中国气象灾害直接经济
损失占 GDP 的比重的平均值**

资料来源：世界银行 WDI 数据库，http://data.worldbank.org/data-catalog；慕尼黑再保险公司和国家气候中心。

G.25
中国气候灾害历史统计

李修仓　张飞跃　王安乾*

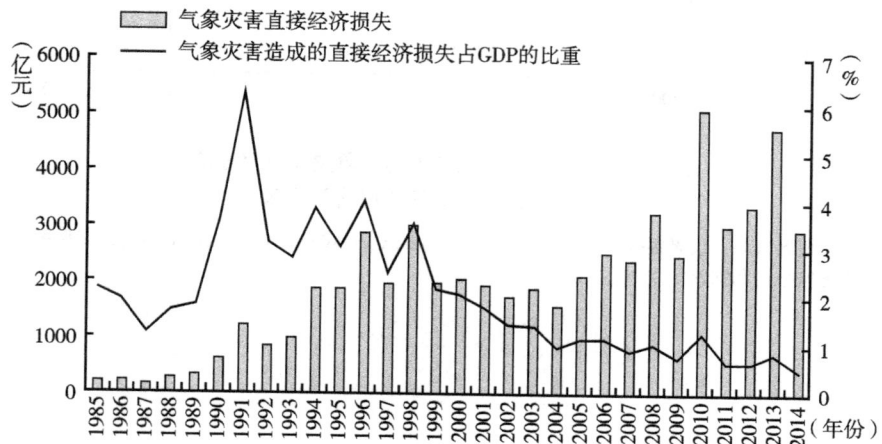

图1　1985～2014年中国气象灾害直接经济损失及其占GDP比重

资料来源：历年《中国气象灾害年鉴》及《中国气候公报》相关资料。

---

* 李修仓，国家气候中心气候与气候变化服务室工程师，南京信息工程大学气象灾害预报预警与评估协同创新中心骨干专家，研究领域为气候变化影响与灾害风险管理；张飞跃，南京信息工程大学研究生，研究领域为气候变化影响与灾害风险管理；王安乾，南京信息工程大学研究生，研究领域为气候变化影响与灾害风险管理。

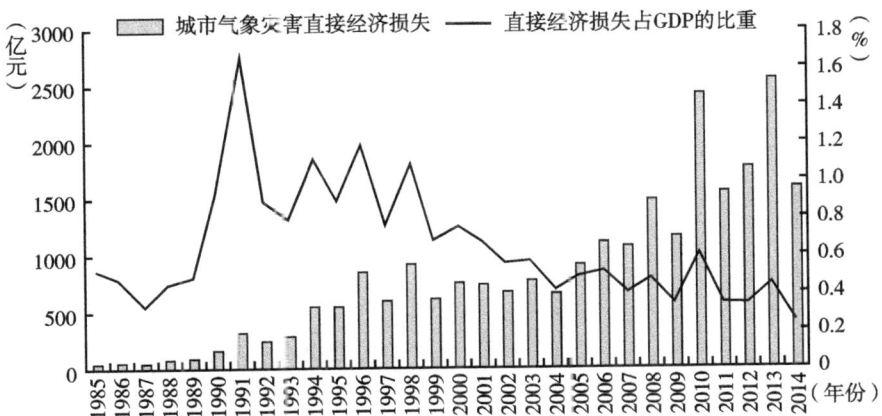

图 2　1985～2014 年中国城市气象灾害直接经济损失及其占 GDP 比重

资料来源：历年《中国气象灾害年鉴》及《中国气候公报》相关资料。

表 1　中国气象灾害灾情统计

年份	农作物灾情		人口灾情		直接经济损失（亿元）	城市气象灾害直接经济损失（亿元）
	受灾面积（万公顷）	绝收面积（万公顷）	受灾人口（万人）	死亡人口（人）		
2004	3765.0	433.3	34049.2	2457	1565.9	653.9
2005	3875.5	418.8	39503.2	2710	2101.3	903.3
2006	4111.0	494.2	43332.3	3485	2516.9	1104.9
2007	4961.4	579.8	39656.3	2713	2378.5	1068.9
2008	4000.4	403.3	43189.0	2018	3244.5	1482.1
2009	4721.4	491.8	47760.8	1367	2490.5	1160.3
2010	3742.6	487.0	42494.2	4005	5097.5	2421.3
2011	3252.5	290.7	43150.9	1087	3034.6	1555.8
2012	2496.0	182.6	27389.4	1390	3358.0	1766.3
2013	3123.4	383.8	38288.3	1925	4766.0	2560.8
2014	1980.5	292.6	23983.0	849	2953.2	1586.8

资料来源：历年《中国气象灾害年鉴》、《中国气候公报》及国家统计局相关资料。

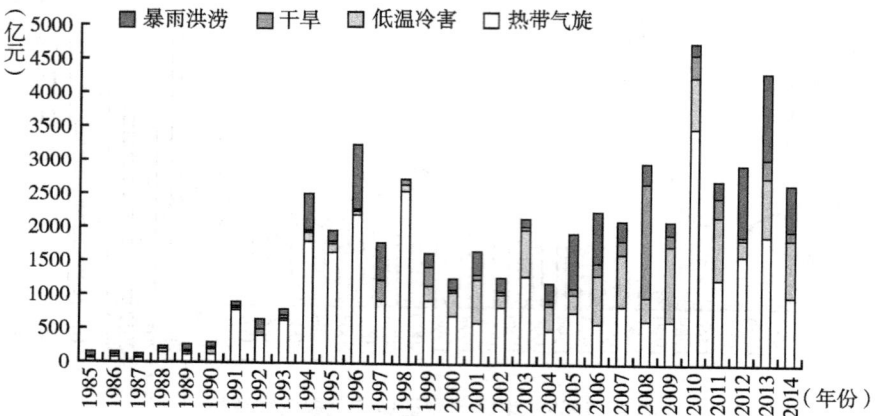

图3　1985～2014年各类灾害直接经济损失

资料来源：历年《中国气象灾害年鉴》及国家统计局相关资料。

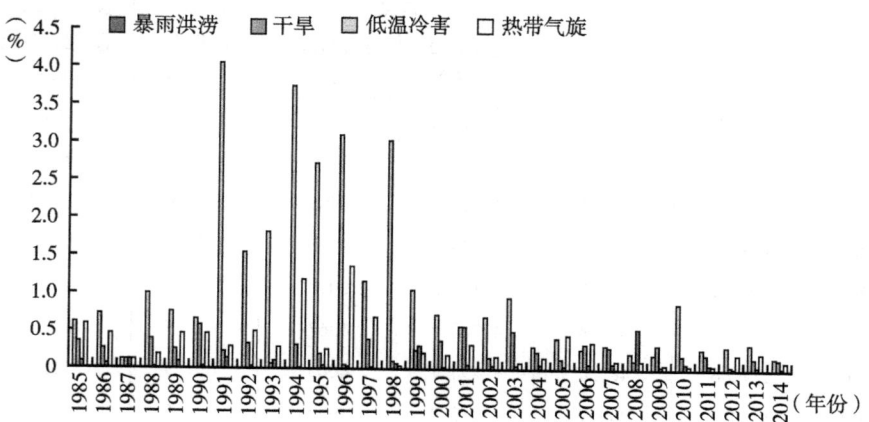

图4　1985～2014年各类灾害直接经济损失占GDP的比重

资料来源：历年《中国气象灾害年鉴》及《中国气候公报》相关资料。

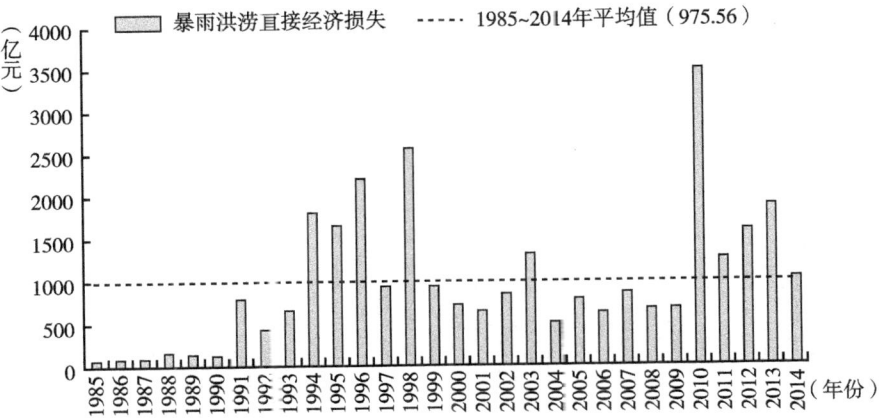

图5　1985~2014年暴雨洪涝灾害直接经济损失

资料来源：历年《中国气象灾害年鉴》及《中国气候公报》相关资料。

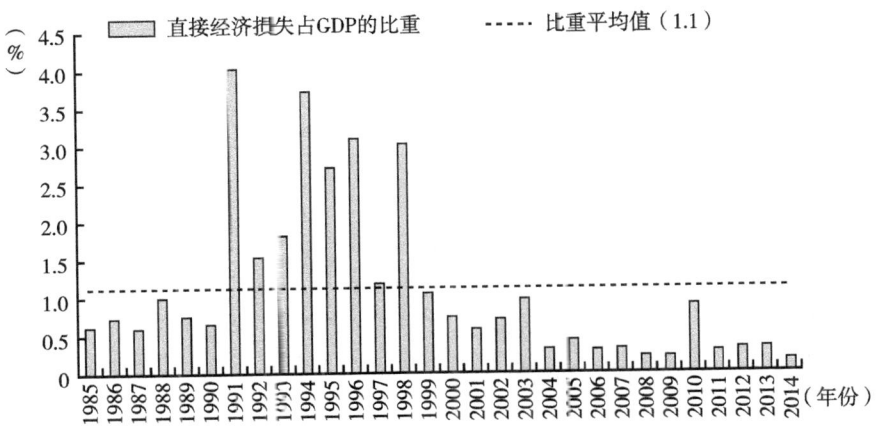

图6　1985~2014年暴雨洪涝灾害直接经济损失占GDP比重

资料来源：历年《中国气象灾害年鉴》及《中国气候公报》相关资料。

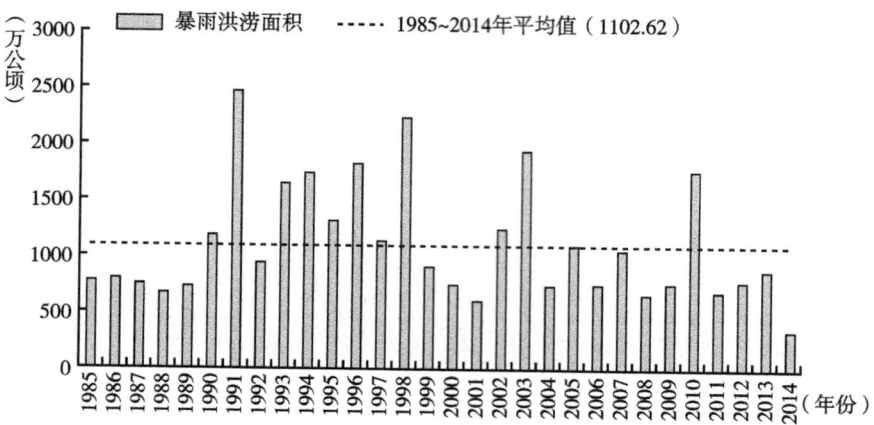

图 7　1985～2014 年暴雨洪涝面积

资料来源：历年《中国气象灾害年鉴》及《中国气候公报》相关资料。

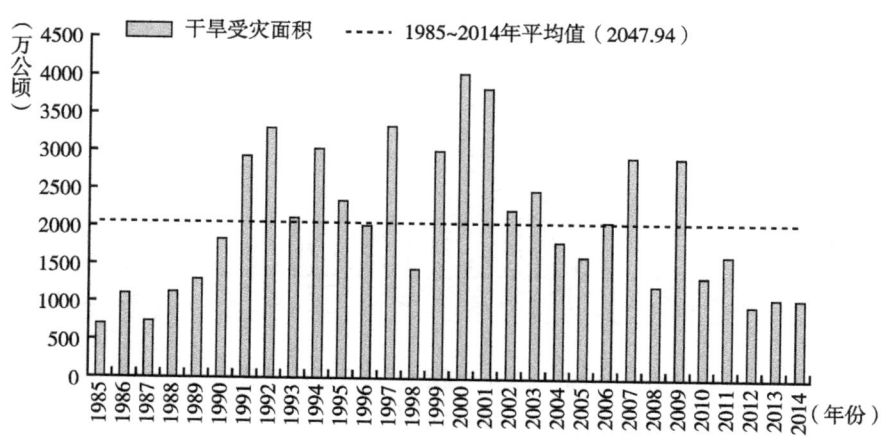

图 8　1985～2014 年干旱受灾面积

资料来源：历年《中国气象灾害年鉴》及《中国气候公报》相关资料。

中国气候灾害历史统计

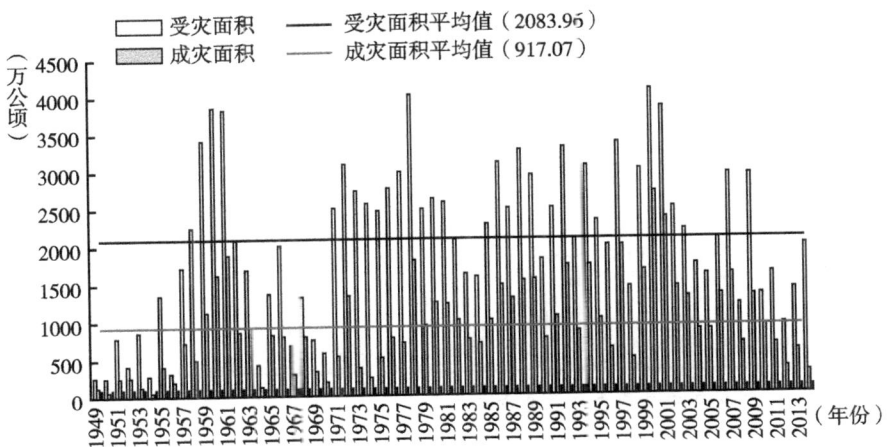

图9 1949~2014年中国历年农作物受灾和
成灾面积变化（干旱灾害）

资料来源：中国种植业信息网，全国防汛抗旱工作会议。

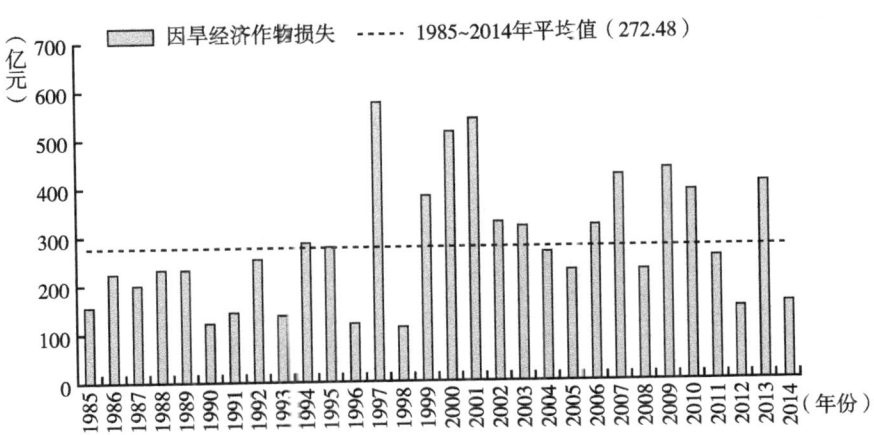

图10 1985~2014年因旱经济作物损失历年变化

资料来源：水利部公报，全国防汛抗旱工作会议。

325

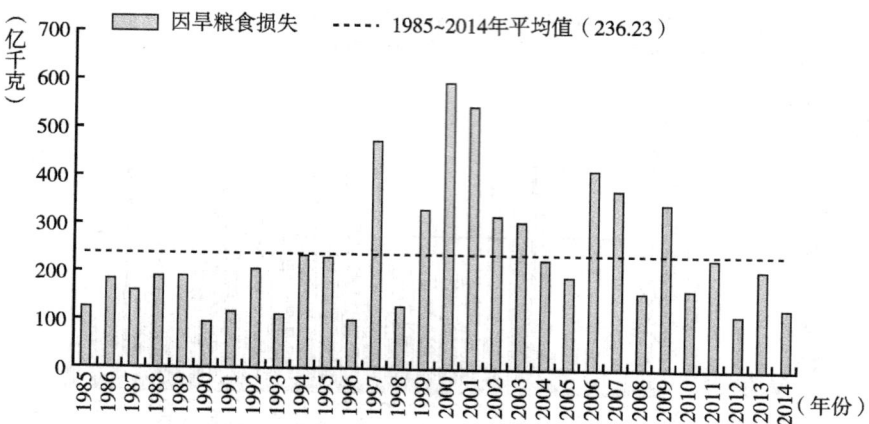

图 11　1985～2014 年因旱粮食损失历年变化

资料来源：水利部公报，全国防汛抗旱工作会议。

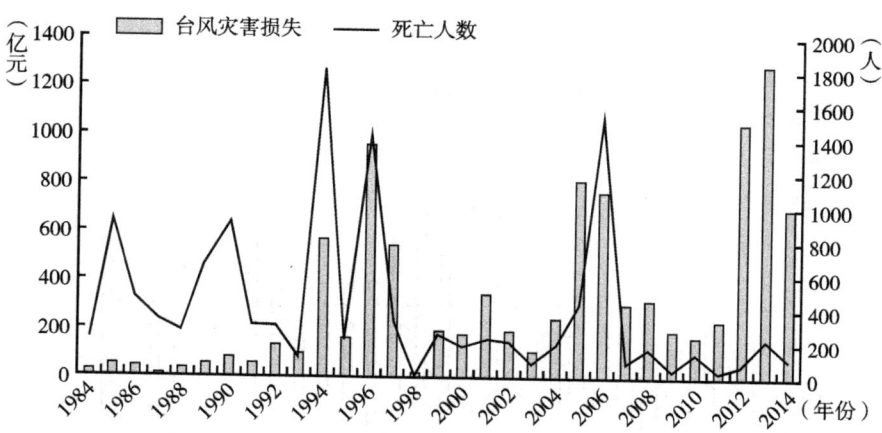

图 12　1984～2014 年台风灾害损失

资料来源：历年《中国气象灾害年鉴》及《中国气候公报》。

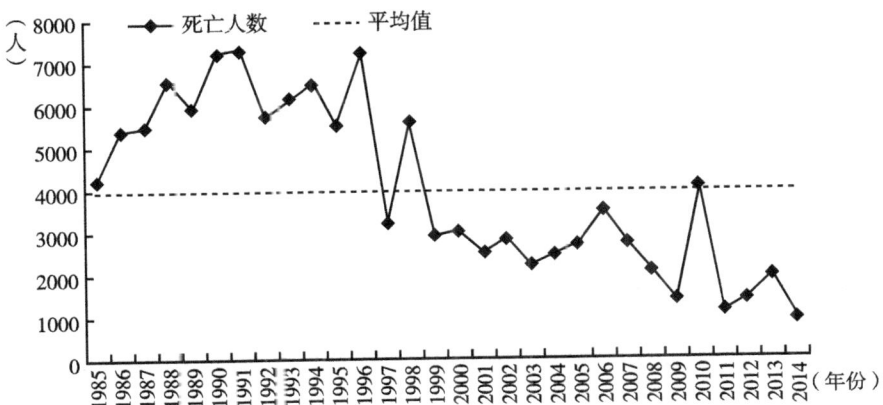

图 13　1985~2014 年中国气象灾害造成死亡人数

资料来源：历年《中国气象灾害年鉴》及国家气候中心统计资料。

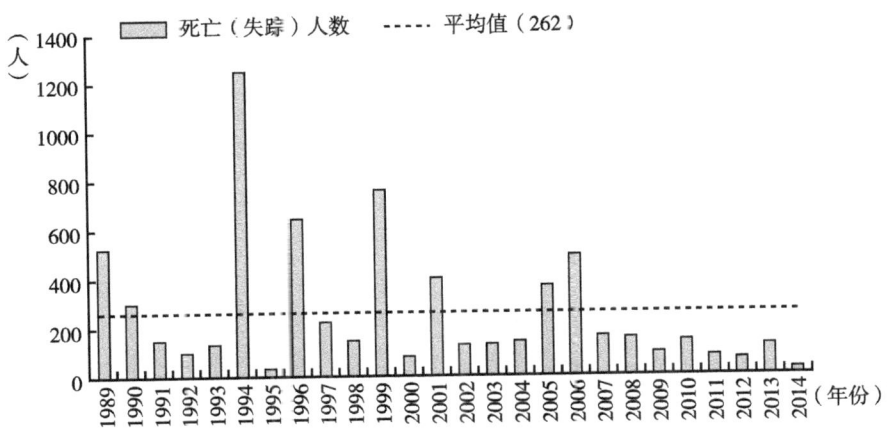

图 14　1989~2014 年中国海洋灾害造成死亡（失踪）人数

注：海洋灾害包括风暴潮、海浪、海冰、海啸、赤潮、绿潮、海平面变化、海岸侵蚀、海水入侵与土壤盐渍化以及咸潮入侵灾害。

资料来源：国家海洋局，http://www.soa.gov.cn/zwgk/hygb/zghyzhgb/。

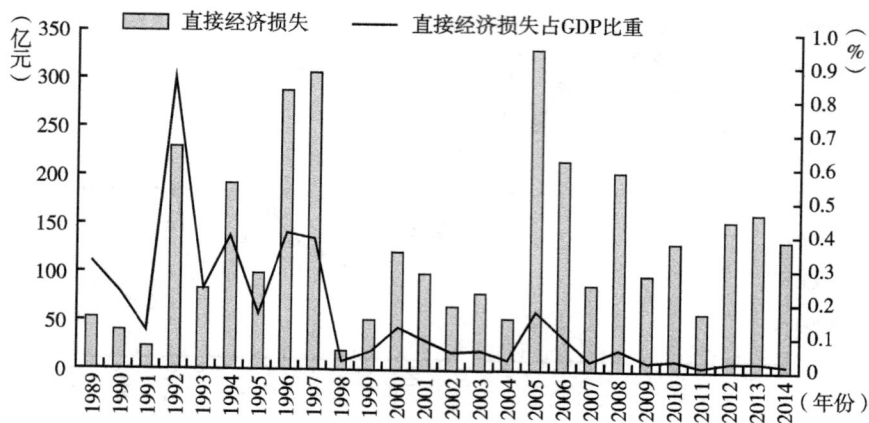

**图15　1989~2014年中国海洋灾害造成直接
经济损失及其占GDP比重**

注：海洋灾害包括风暴潮、海浪、海冰、海啸、赤潮、绿潮、海平面变化、海岸侵蚀、海水入侵与土壤盐渍化以及咸潮入侵灾害。

资料来源：国家海洋局，http://www.soa.gov.cn/zwgk/hygb/zghyzhgb/。

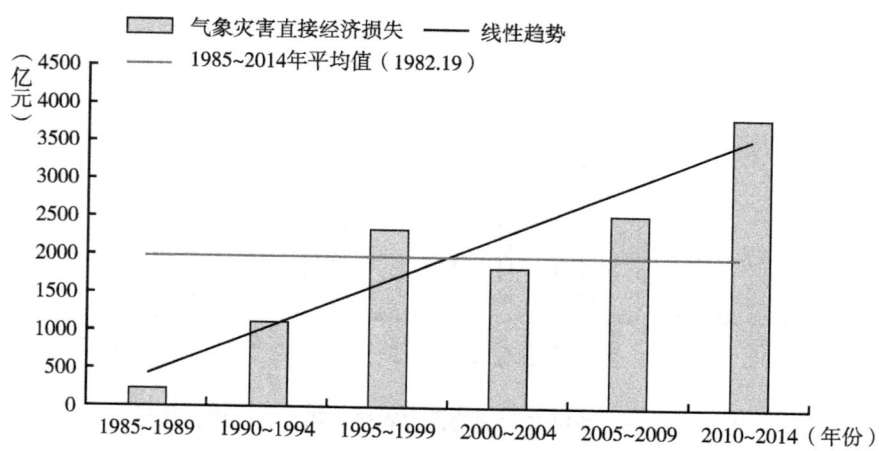

图16　不同时间段中国气象灾害直接经济损失及其线性趋势

资料来源：历年《中国气象灾害年鉴》及中国气候公报。

中国气候灾害历史统计

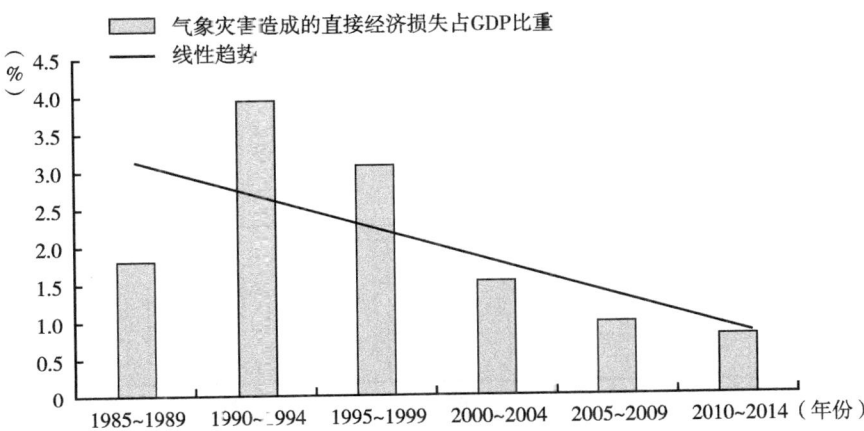

图17 不同时间段中国气象灾害直接经济损失
占GDP比重及其线性趋势

资料来源：历年《中国气象灾害年鉴》及中国气候公报。

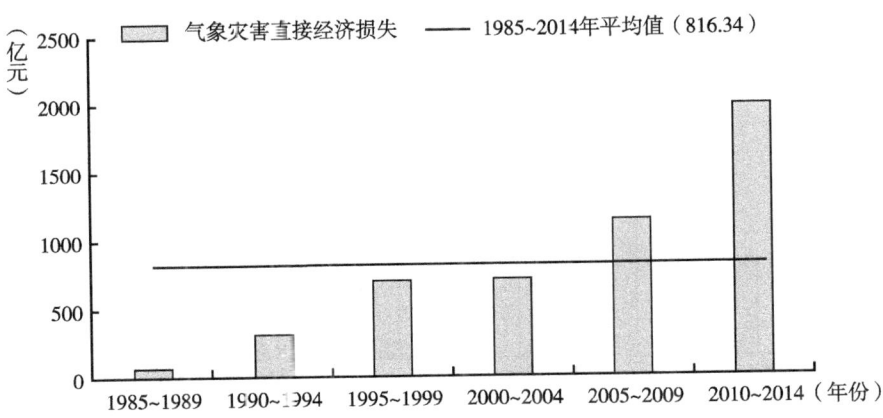

图18 不同时间段中国城市气象灾害直接经济损失

资料来源：历年《中国气象灾害年鉴》、中国气候公报及国家统计局的相关资料。

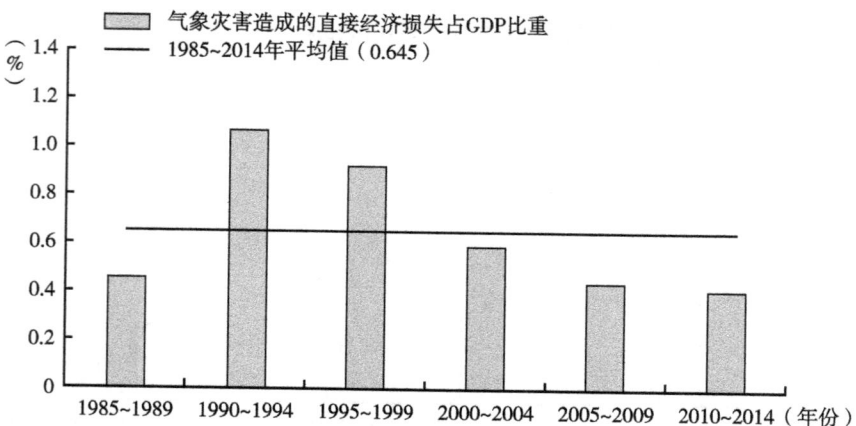

图19 不同时间段中国城市气象灾害直接
经济损失占GDP的比重

资料来源：历年《中国气象灾害年鉴》、中国气候公报及国家统计局的相关资料。

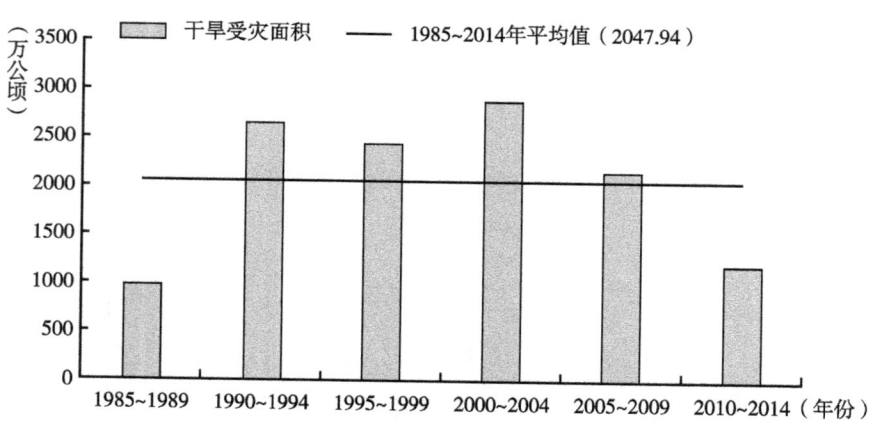

图20 不同时间段中国干旱灾害受灾面积

资料来源：历年《中国气象灾害年鉴》、中国气候公报。

中国气候灾害历史统计

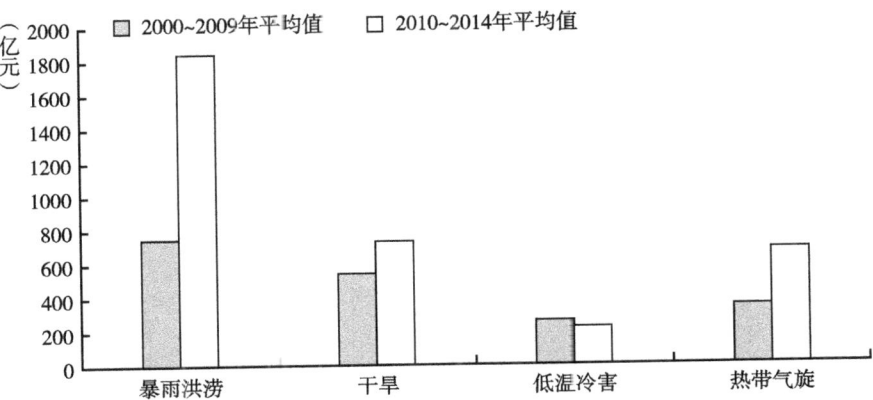

图 21　2000～2009 年和 2010～2014 年中国气象灾害直接经济损失平均值

资料来源：历年《中国气象灾害年鉴》及国家统计局的相关资料。

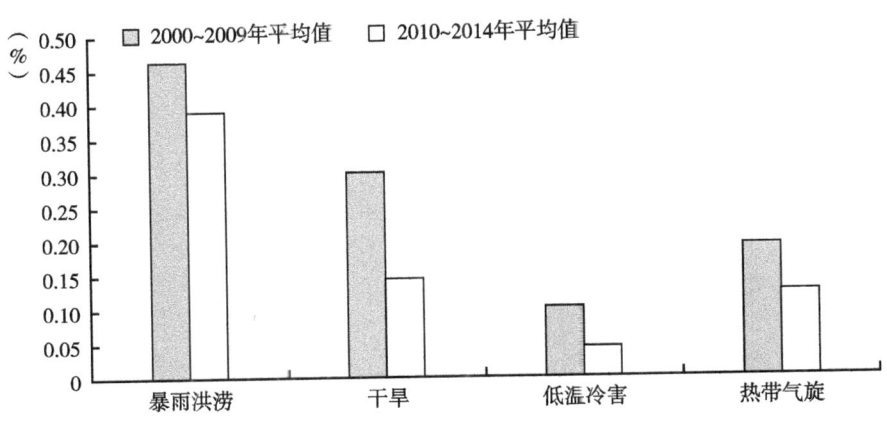

图 22　2000～2009 年和 2010～2014 年中国气象灾害直接经济损失占 GDP 比重的平均值

资料来源：《中国气象灾害年鉴》及国家统计局的相关资料。

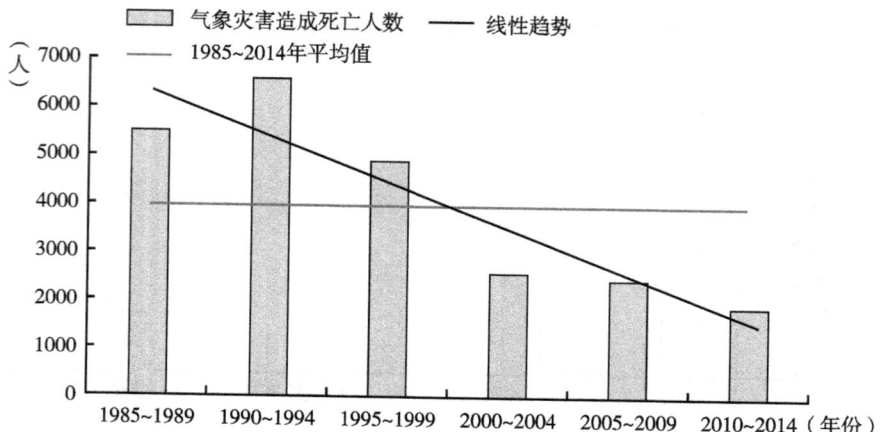

图 23　不同时间段中国气象灾害造成死亡人数

资料来源：历年《中国气象灾害年鉴》及国家气候中心的相关资料。

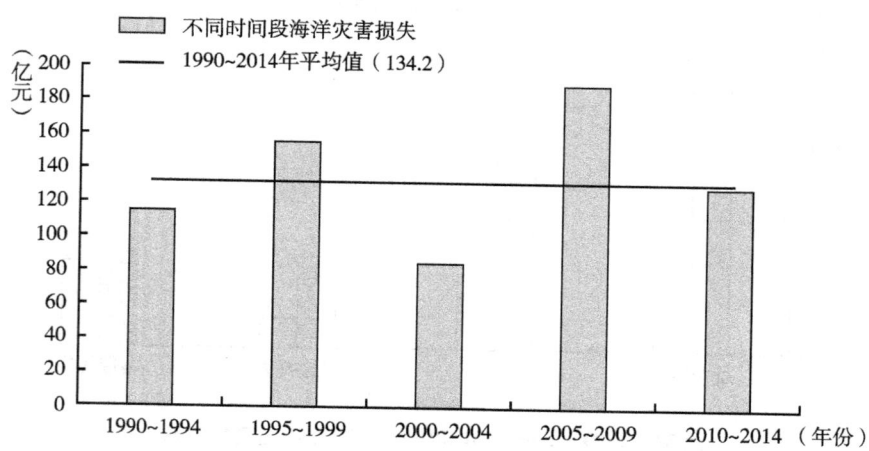

图 24　不同时间段中国海洋灾害直接经济损失

注：海洋灾害包括风暴潮、海浪、海冰、海啸、赤潮、绿潮、海平面变化、海岸侵蚀、海水入侵与土壤盐渍化以及咸潮入侵灾害。

资料来源：国家海洋局网站，http：//www.soa.gov.cn/zwgk/hygb/zghyzhgb/。

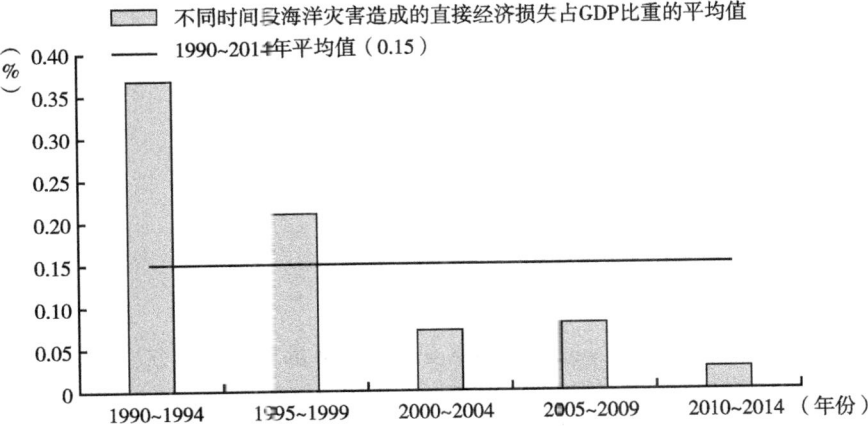

图 25 不同时间段中国海洋灾害直接经济损失占 GDP 比重的平均值

注：海洋灾害包括风暴潮、海浪、海冰、海啸、赤潮、绿潮、海平面变化、海岸侵蚀、海水入侵与土壤盐渍化以及咸潮入侵灾害。

资料来源：国家海洋局网站，http://www.soa.gov.cn/zwgk/hygb/zghyzhgb/。

G.26
缩略词

胡国权　白帆

AAAA——Addis Abeba Action Agenda，《亚的斯亚贝巴行动议程》

AC——Adaptation Committee，适应委员会

ADP——The Ad Hoc Working Group on the Durban Platform for Enhanced Action，加强行动德班平台特设工作组，简称"德班平台"

AILAC——Independent Alliance of Latin America and the Caribbean，拉丁美洲和加勒比独立联盟

AMO——Atlantic Multidecadal Oscillation，北大西洋年代际振荡

AOSIS——Alliance Of Small Island States，小岛国联盟

APEC——Asia – Pacific Economic Cooperation，亚太经济合作组织

AR5——the Fifth Assessment Report 第五次评估报告

BAU——Business As Usual，照常发展情景

BCCSAP——Bangladesh Climate Change Strategy and Action Plan，孟加拉气候变化战略和行动计划

BECCS——Bio – Energy with Carbon Capture and Storage 生物能源结合碳捕集与封存

CA C&T——California Cap – and – Trade，美国加州碳交易体系

CAF——Cancun Adaptation Framework，坎昆适应框架

CCAC——Climate and Clean Air Coalition to reduce short – lived climate pollutants，"气候与清洁空气联盟"，简称"气盟"

CCER——China Certified Emission Reduction，中国核查减排量

CCS——Carbon Capture and Storage，二氧化碳的捕集与储存

CCUS——Carbon Capture, Use and Storage，二氧化碳的捕集、利用与封存

CDM——Clean Development Mechanism，清洁发展机制

CDR——Carbon Dioxide Removal，二氧化碳移除

CEC——Climate Engineering Conference，气候工程大会

CERC——Clean Energy Research Center，清洁能源研究中心

CGG——Climate Geoengineering Governance，气候地球工程治理项目

CIRCLE——Climate Impact Research and Response Coordination for a Larger Europe，欧洲气候影响研究和响应合作网络

Climate-ADAPT——Climate Adaptation Platform，气候适应平台

CLISER——Climate Services，气候服务

CO_2——Carbon Dioxide，二氧化碳

COP——Conference of the Parties，缔约方大会

CPI——Consumer Price Index，（美国）消费物价指数

CSD——Commission for Sustainable Development，可持续发展委员会

EDF——Environmental Defense Fund，美国环保协会

EIA——Energy Information Administration，美国能源信息署

EIG——Environmental Integrity Group，环境完整性集团

EPA——Environmental Protection Agency，环境保护局

ET——Emission Trading，排放交易机制

EU——European Union，欧盟

EU ETS——European Union Emission Trading System，欧盟碳排放交易机制

FAO——Food and Agriculture Organization of the United Nations，联合国粮农组织

FEMA——Federal Emergency Management Agency，联邦应急管理委员会

FfD——Financing for Development，发展筹资

G20——Group 20，二十国集团

G7——Group of Seven，七国集团

GCF——Global Climate Fund，全球气候基金

GDP——Gross Domestic Product，国内生产总值

GIS——Geographic Information System，地理信息系统

GISS——Goddard Institute for Space Studies NASA，戈达德空间研究所

GNI——Gross National Income，国民总收入

GPS——Global Positioning System，全球定位系统

GSDR——Global Sustainable Development Report，《全球可持续发展报告》

GWP——Global Warming Potential，全球增温潜势

HFCs——Hydrofluorocarbon，氢氟化合物

HLP——High‐level Panel，高级别名人小组

HLPF——High‐level Political Forum，可持续发展高级别政治论坛

IAEG‐SDGs——the Inter‐agency and Expert Group on Sustainable Development Goal Indicators，跨部门的机构和专家组

IBW——Impact‐based Warning，基于影响的预警

ICCT——International Council on Clean Transportation，国际清洁交通委员会

ICESDF——Inter‐governmental Committee of Experts on Sustainable Development Finance，可持续发展融资政府间专家委员会

IGCC——The Investors Group on Climate Change，一级气候变化投资者团队

IIGCC——The Institutional Investors Group on Climate Change，气候变化机构投资者团队

IISD——International Institute for Sustainable Development 加拿大国际可持续发展研究院

INCR——Investor Network On Climate Risk，气候风险投资者网络

INDC——Intended Nationally Determined Contributions，国家自主决定贡献

IPCC——Intergovernmental Panel on Climate Change，联合国政府间气候变化专门委员会

ISO——International Organization for Standardization，国际标准组织

JI——Joint Implementation，联合履行机制

LDCs——Least Developed Countries，最不发达国家集团

LEG——Least Developed Countries Expert Group，最不发达国家专家委员会

LMDC——Like-minded Developing Countries，立场相近发展中国家集团，简称为"立场相近国家集团"

LULUCF——land use change and forestry，土地利用变化与林业

MCP——Microbial Carbon Pump，海洋微型生物碳泵

MDG——Millennium Development Goals，千年发展目标

MOI——Means of Implementation，实施手段

NAPs——National Adaptation Plans，国家适应计划

NCDC——National Climatic Data Center，（美国NOAA）国家气候资料中心

NDRC——Natural Resources Defense Council，（美国）自然资源保护协会

NESHAP——National Emission Standards for Hazardous Air Pollutants，全国有害空气污染物国家排放标准

NF3——Nitrogen Trifluoride，三氟化氮

NSIDC——National Snow & Ice Data Center，（美国）冰雪中心

NSPS——New Source Performance Standards，新污染源行为标准

NWP——Nairobi Work Programme，内罗毕工作计划

OECD——Organization for Economic Co-operation and Development，经济合作与发展组织

OWG——Opening Working Group，开放工作组

PDO——Pacific Decadal Oscillation，太平洋年代际振荡现象

PPP——Public-Private Partnership，公私合营模式

PPP——Purchasing Power Parity，评价购买力

RBW——Risk-based Warning，基于风险的预警

REIO——Regional Economic Integration Organization，区域经济一体化组织

SCF——Standing Committee on Finance，资金执行委员会

SDG——Sustainable Development Goal，可持续发展目标

SDSN——Sustainable Development Solutions Network，可持续发展网络

SDWG——Sustainable Development Working Group，可持续发展工作小组

SE&D——Strategic Economic Dialogue，中美战略与经济对话

SEI——Stockholm Environment Institute，斯德哥尔摩环境研究所

SF6——sulfur hexafluoride，六氟化硫

SLCPs——Short-Lived Climate Pollutants，短寿命气候污染物

SNAP——Supporting National Planning for Action on SLCPs，支持国家SLCPs行动计划

SPICE——Stratospheric Particle Injection for Climate Engineering，气候工程平流层粒子注入项目

SREX——Managing the Risks of Extreme Events and Disasters to Advance Climate Change Adaptation，管理极端事件和灾害风险，推进气候变化适应

SRM——Solar Radiation Management，太阳辐射管理

TEC——Technology Execution Committee，技术执行委员会

TRIPS——Agreement On Trade-related Aspects of Intellectual Property Rights，（世界贸易组织）与贸易有关的知识产权协定

UNEP——United Nations Environment Programme，联合国环境规划署

UNESCO——United Nations Educational, Scientific, and Cultural Organization，联合国教科文组织

UNFCCC——United Nations Framework Convention on Climate Change，《联合国气候变化框架公约》

UN-HABITAT——United Nations Human Settlements Programme，联合国人居规划署

UV-B——Ultraviolet-B Radiation，中波紫外线

VACCA——Vulnerability and Climate Change Adaptation，脆弱性和适应气候变化

VOC——Volatile Organic Compounds，挥发性有机化合物

WB——the World Bank，世界银行

WIM——Warsaw International Mechanism on Loss and Damage，华沙损失损害国际机制

WIPO——World Intellectual Property Organization，世界知识产权组织

WMO——World Meteorological Organization，世界气象组织

WMO DRR Roadmap——Disaster Risk Reduction Roadmap for the World Meteorological Organization，WMO减轻灾害风险路线图

WTO——World Trade Organization，世界贸易组织

英文摘要及关键词 （G1 - G22）

G I General Report

G. 1 Road to Paris: Change and Steadiness of International
Obligation System / 001
    1. Changing Global Situation / 002
    2. Unchangeable Obligation System / 008
    3. Developing Constructive International Cooperation / 016

Abstract: According to resolutions authorized by 2013 Warsaw Climate Change Conference, the 2015 United Nations Climate Change Conference, i. e. Paris Climate Change Conference, will reach agreements on post-2020 international climate regime. This will be another landmark in international climate governance process since 2012 Doha Conference when Bali Roadmap negotiations ended. From the conclusion of UNFCCC in 1992 to 2015 Paris Climate Change Conference, adjustments have been made in international economic structures, trade situation and emission conditions.

Developing countries have gained rapid growth in global share of economic trade, emission and other fields, which leads to the result that some parties to the convention, mainly the developed countries, change their cognition of the climate change duty system. That is, they request developing countries to take emission-reduction duties and even financial duties, tending to transfer climate change governing obligations and costs to developing countries.

Actually, although developing countries' global share of economic trade and emission grows, the basic structure has not changed, that developed countries occupy most historical CO_2 emissions, controlling international financial and trade system, technologies and standard system. Therefore, climate change governance duty system does not change essentially. Developed countries should keep leading global emission reduction, supporting developing countries in finance and technologies. Meanwhile, developing countries should make full use of international support during the process of poverty-reduction and further development, seeking low-emission pathways. In Paris Climate Change Conference, parties should respond positively in negotiation, projecting emission-reduction actions, establishing a fair and efficient finance system, promoting climate-friendly technologies, building an open-cooperation international trade system. Besides, parties should coordinate in turning climate change governance into a new power for global economic growth, and ensure global climate safety.

Keywords: climate change, Paris Climate Change Conference, international governance, obligation system

G Ⅱ United Nations Climate Change Negotiations Process

G.2 Paris Climate Change Conference
—A New Start for Future International Climate Change Governance / 024

Abstract: The unequivocal warming of the climate system has already brought high risk on global nature ecological environment and the sustainable development of society. Scientific evidences indicated that human influence is the dominant cause of the observed warming since the mid-20th century. Addressing climate change should follow a low carbon, green, recycle development pathway to achieve an international sustainably development. The Paris climate change conference that the international community expects is coming, while the heads of governments will meet again to jointly discuss the climate change action on

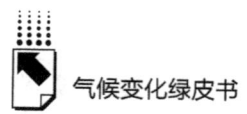

international climate governance for post 2020. Since the consensus of the government and the international community is formed gradually on climate change issues, ambitious political wills and win - win cooperation concept have been further strengthened. More than 150 countries have submitted their National Determined Contribution (NDCs). The high - level interactions between China and United State will facilitate the success of the Agreement in Paris climate change conference to promote a fair, reasonable and win - win cooperation environment for global climate governance.

Keywords: The Climate Change Agreement; The International Mechanism; Green Development; Paris Climate Change Conference

G. 3 Intended Nationally Determined Contribution
in the Global Climate Regime / 034

Abstract: Intended Nationally Determined Contribution (INDC) is a typical process of advancing the global climate regime by the bottom-up approach, and it is also the core issue in climate change negotiation for a global deal in Paris and beyond. Under the framework of UNFCCC and its Kyoto Protocol, developed and developing countries are taking polarized commitments and actions, according to their common but differentiated responsibilities. On the contrary, the INDC process reflects a trend of common actions by developed and developing countries together, in the light of their respective capabilities and self-differentiation. The INDC process will have a major influence on advancing the global climate regime. Meanwhile, key contents as reflected by the scope, ambition, legal force and enforcement mechanism in INDCs from parties will also raise challenges for a comprehensive, balanced, ambitious future global climate regime, as well as for its sustained implementation.

Keywords: Climate Change; Intended Nationally Determined Contribution (INDC); Global Governance; Mitigation; Paris Climate Deal

G. 4 Advance and outlook for Paris Agreement on Adaptation and Loss and Damage / 055

Abstract: Institute of Environment and Sustainable Development in Agriculture, Chinese Academy of Agricultural Sciences, No. 12 Zhongguancun South Street, Haidian District, Beijing, 100081

Abstract: This paper summarized the advances of "Ad Hoc Working Group of the Durban Platform for Enhanced Action (ADP)" negotiation on adaptation and loss and damage since October 2014, including Parties and Groups' positions and views, the focal points for debates, as well as the reflection of adaptation components in the submissions of intended nationally determined contributions (INDCs) so far. This paper also analyzed the possible landing ground and outcome, and China's strategies for Paris.

Keywords: Durban Platform; Adaptation; Loss and Damage; Climate Negotiation; Paris Agreement

G. 5 The Strategic Significance and the Implications on International Negotiation of the China – U. S. Cooperation on Climate Change / 069

Abstract: China and the U. S. are the biggest developing and developed countries in the world, and also are the top 2 economies and GHG emitters. Therefore, they play important roles in the course of international cooperation on climate change. In November 2014, China and the U. S. published the Joint Statement on Climate Change, which was aimed at providing impetus to the negotiation process, announcing the respective post – 2020 goals, and strengthening the bilateral cooperation. In September 2015, the first U. S. – China Climate-Smart/ Low-Carbon Cities Summit was held in Los Angeles and the two Governments announced a new joint statement several days later during the state visit of President Xi to the U. S., which further explored the consensus

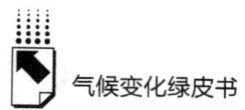

between the two countries, promoted domestic actions, enhanced bilateral and international cooperation as well as the support for developing countries. The willingness and leadership reflected by the bilateral cooperation between China and the U. S. are crucial to raise the confidence in combating global climate change, to facilitate the negotiation, and to promote further cooperation. Combating climate change has aso become a highlight in China – U. S. relationship and the cooperation will bring positive atmosphere to the regional and global development. Particularly, the extended consensus at this specific moment between China and the U. S. will contribute a lot to the success of Paris.

Keywords: China – U. S. cooperation; Climate Change; Paris Agreement; Common but Differentiated Responsibilities

G. 6 World Disaster Reduction Actions and Dealing with Climate Change / 081

Abstract: The Third United Nations World Conference on disaster reduction was cloesd in Sendai, Japan, in March 18. Representatives from 187 countries and regions in the world adopted "Sendai Framework for Disaster Risk Reduction 2015 – 2030". This new reduction framework emphasized disaster reduction in order to truly mitigate the negative impact of disaster risk, requires long and sustained attention to people's health and livelihoods. This is the first major agreement with a global post – 2015 Development agenda, it also set up seven goals and four major priorities for disaster reduction, which has repeatedly stressed the important role of climate change in dealing with climate change, as well as synergies between these. Disaster reduction and dealing with climate change is closely related to addressing climate change in favor of disaster reduction, and disaster risk reduction is first line of defense about dealing with the effects of climate change. We want actively adapt to climate change, strengthen meteorological disaster risk management is essential.

Keywords: Disaster Prevention and Reduction, Dealing with Climate Change; Sendai Framework for Disaster Risk Reduction; Climate Change Risk

G. 7 Adaption to Climate Change in Europe (2005 -2014)
—*Research and Innovation Experiences*
from the European CIRCLE project / 093

Abstract: The EU has been playing a "Vanguard" role in climate change science. Regarding to adaptation action to climate change, the EU adopted a three-stage approach, i. e. The European Commission and the Member States provides the society with the latest policies measures and experiences; The scientific community and industry offers the society with the latest technology and innovations, and all of those activities actively promote the concerted action of the European Union and the whole of society to adapt changing climate.
CIRCLE (Climate Impact Research and Response Coordination for a Larger Europe) project is a platform on sharing research results on different dimensions of policy, technology at the European Commission and the Member States. With a help of this platform, CIRCLE has promoted scientific knowledge and experience of climate change adaptation in Europe. During the CIRCLE -2 phase, total of 1412 research project details are collected and overall analyzed. According to results of analysis, nearly 10 years' experience on adapting to climate change in Europe is summarized in this paper. Finally, some advices to adapt climate change in China are provided.

Keywords: Climate Change; Adaptation; Circle Project; Europe

G. 8 An Analysis of CCAC: Operational Mechanism
and Comprehensive Implications / 105

Abstract: Climate and Clean Air Coalition to reduce short-lived climate pollutants (CCAC) was established in 2012. During the past 3 years, CCAC has assembled more than 100 partners and has widely raised global awareness. This paper reviews the operational mechanism of CCAC from the standing points of its institutional framework, characteristics of the partnership, financial arrangement

and international cooperation pattern. Base on that, the paper makes a further step to see the comprehensive implications of CCAC. In conclusion, the author indicates that CCAC is an international platform which could motivate actions on the reduction of SLCPs, and from the perspectives both of international climate negotiations and domestic mitigation, policy makers and relevant stakeholders of China should pay an attention to CCAC's development.

Keywords: CCAC; SLCPS; Climate Change Mitigation; Air Quality Control

G. 9　Climate Change and Security in Arctic Region　/ 117

Abstract: As climate change has a close relation with the geographic of the Arctic region and the relation leads to a synergic security effect, the Arctic region casts remarkable impacts on the dynamic mechanism of the earth evolution, ecology, ocean circulation and climate change. Climate change has three major impacts on the security of the Arctic region: first, climate change undermines the ecosystem equilibrium of the Arctic. Second, climate change has aroused intense races of resource exploitation. Third, climate change caused cross-border conflicts for the Arctic waters, which will change the geopolitical situation in this region. The ecological security, resource security and geopolitical security in the Arctic region interweaves with one another. It becomes a challenge to human wisdom and capacity to balance these three factors.

Keywords: Climate Change Arctic; Non-traditional Security

G. 10　The Post 2015 Development Agenda and Global Actions
　　　　to Address Climate Change　/ 131

Abstract: Based on experiences of implementation Millennium Development

Goals (MDGs), the UN Sustainable Development Summit adopted Post 2015 Development Agenda including a set of 17 Sustainable Development Goals (SDGs). Climate change as one of SDGs has gained high attentions of international community. 2015 is also very important for international climate process since a new international climate agreement is expected to be reached at the Paris conference held at the end of this year. The two processes are closely linked. On one hand, the adverse impacts of climate change are serious threatens for sustainable development of human society; On the another hand, there are synergies between SDGs and global actions to address climate change. Recognizing a lot of challenges to implement SDGs, we should make full use of synergy effects to promote both of them.

Keywords: Post 2015 Development Agenda; Millennium Development Goals (MDGS); Sustainable Development Goals (SDGS); International Climate Process

G Ⅲ Domestic Actions on Climate Change

G.11 Urban Adaptation to Climate Change
—*the Practice and Exploration of Shanghai* / 145

Abstract: Climate change has significant impact on cities which usually are important social-economical centers with huge populations. This study reviewed climate change adaption actions in major meg-cities in the world, and suggested that disaster risk reduction management is the city's primary task for adapting to climate change. Taking Shanghai as a case study, it shows that several climate factors, such as the frequent hot days, increasing heavy precipitation, rising sea levels, and reducing average wind speed, have increased climate change risks in several urban sectors, especially in energy, water, flood control, agriculture and atmosphere environment. This paper represents the Shanghai's comprehensive climate change risk management practices which are based on the mechanism innovation, including

institutional system, capacity building and popular science outreach.

Keywords: City; Climate Change Adaptation; Risk; Management

G. 12　2014 Warmest Year in Modern Record: Climate Monitoring and Its Possible Cause　　/ 159

Abstract: Global warming and frequent extreme weather events are two important facts under climate change. In 2014, the global mean surface temperature continues the planet's long-term warming trend, which ranks as Earth's warmest year since 1850. Using the observational datasets of land surface air temperature, sea surface temperature from 1850 to 2014 and ocean heat content, precipitation, sea ice extent, this paper examines the observational climate status in warmest year by analyzing the changing characteristics of the global surface temperature, ocean heat content as well as the surface temperature in key regions. Meanwhile, this paper analyzes the possible cause of the warmest year from the viewpoints of human activities and the oceanic forcings. Based on these analyses, the paper points out some possible damages caused by the climate warming and further proposes some possible strategies to adapt the climate change.

Keywords: Warmest Year; Observational Evidence; Climate System; Global Warming; Possible Cause

G. 13　The Revelation of APEC Blue for the Prevention of City Air Pollution in China　　/ 172

Abstract: A highly effective implementation of preventing and controlling air pollution was found based on analysis of meteorological condition of air pollutant diffusion during APEC meeting in Beijing in 2014. Facts proved that the right approach to control air pollution in Jing-Jin-Ji region is to establish the mechanism of joint operation in reducing air pollutant emission when the meteorological condition of serious air pollution is coming, to strengthen local emergency measures of air pollutant emission control, and to develop early warning methodology of the air pollution potential.

Keywords: Atmospheric Environmental Capacity; Measures of Preventing and Controlling Air Pollution; Regional Mechanism of Joint Operation in Reducing Air Pollutant Emission; Early Warning of the Serious Air Pollution Potential.

G. 14 Carbon Trading Market in China: Present Situation and Prospect / 187

Abstract: China's carbon trading market has been carried out pilot construction in 7 provinces and cities. Experimental results show that the implementation of carbon trading market in China is effective and feasible. China's carbon trading pilots have some unique features, including a specific cap combined with a flexible structure, an allowance allocation rule based on historical emissions combined with some benchmarking, a free allowance distribution arrangement combined with some level of auction, and pre-determined quotas combined with ex-post allowance adjustments. However, due to the short preparation period and the lack of adequate emissions data, the pilot carbon trading market is also facing some particular issues, such as excess allowances, whipping the ox, double calculation, the limited benchmarking, the low proportion of auction, etc. The experience gained from the pilot carbon market has laid a good foundation for the construction of the national carbon market. In promoting the construction of the national carbon market, China must attach great importance to the legislation of carbon trading management, emission data statistics and pilot seamless convergence problem.

Keywords: Carbon Trading; China's Pilots; Mechanism Characteristic; National Carbon Market.

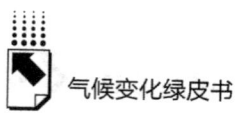

G.15 Impact/Risk based Disaster Warnings and Good Practices in China / 202

Abstract: In 2014, more than 110 billion US MYM was lost due to natural catastrophes globally. In the March of 2015, 3rd World Conference on Disaster Risk Reduction held in Sendai, Japan released "Sendai Framework for Disaster Risk Reduction 2015 -2030". One of the four priority activities in the Framework call for members of Unite Nation to invest in Disaster risk reduction for building resilience society . In order to response of the Sendai Framework, World Meteorological Organization (WMO) has developed a roadmap for disaster risk reduction, which will be used to carry out activities and projects utilizing existing WMO mechanisms, to guide the members of WMO to enhance the early warnings service, and to realize a Unite Nation DRR vision. Early warning system as an effective methods to reduce disaster risk frequently uses in meteorological and hydrological departments at national and regional levels. Early warning services has experienced a process from the traditional weather forecast to risk warning based on the impacts starting from earlier 1960s. As one of the countries with serious losses caused by meteorological disasters in the world, China has preliminary established impact and risk based disaster early warning services since 2011. A good practice for disaster risk reduction in China Meteorological Administration (CMA) is demonstrated by using impact and risk based early warning services including the meteorological disaster risk assessment, information release, emergency response, reconstruction.

Keywords: Early Warnings; Disaster Risk Reduction; Good Practices; China

G Ⅳ Special Research Topics

G.16 A Review of Climate Geoengineering Research / 213

Abstract: Research on climate geoengineering has received great attention since 2009. A variety of research projects have been carried out, in science as well as in social science. Based on recently published literatures and conference presentations, the article analyzed main controversial issues and summarized latest research trends of climate geoengineering; and also discussed lessons that can be learnt to do geoengineering research in China.

Keywords: Climate Geoengineering; Solar Radiation Management; International Governance

G.17 The Exploration and Prospect of Green Development for Western Inner Mongolia / 226

Abstract: There are abundant natural resources with distinctive characteristics in Western China. In order to transform the advantages of natural resources into motive force of economic development and to convert the advantages of ecology into the advantages of specialty industries, it is necessary to scientifically understand the ecological values and functions of desert, Gobi, sands, and wilderness in Western China. The unique distinction of energy resources in western area of Inner Mongolia is "abundant coal, less gas and no oil". And the distinct feature of environmental resources in western area of Inner Mongolia is "vast land, strong sunlight and very windy". Therefore, there are great potentials to establish psammon industry and renewable energy economy, collaboratively. For psammon industry, it is necessary to promote the scientific supportive capability for comprehensive utilizations of peculiar psammonphytes resources, to extend the new industrial chain of psammonphytes resources, to develop desert ecological economy, and to facilitate the governance of desertification land. For renewable energy, it is essential to fully utilize the abundant natural resources, including wind, solar energy, to establish wind power generation and photovoltaic power generation industry, to develop desert energy economy, and to optimize regional energy layout. Then, green development can be achieved through collaborative promotion from ecological construction and renewable energy utilization.

Keywords: Western Area; Psammon; Renewable Energy; Ecological Economy; Green Development

G. 18　Blue Carbon and China Blue Carbon Plan　　　　/ 238

Abstract: Climate change is one of the most serious environmental issues faced by all countries, which related to economic, social, and international political issues CO_2 emission reduction is a must and low carbon economy is on the rise. Increasing carbon sinks become strategic needs. Marine and coastal areas hold the largest active carbon pools in the world. The carbon sequestrated in the ocean and coastal ecosystems are known as the "blue carbon". Blue carbon is very important for China due to its special geographical conditions. Chinese scientists have established the Pan-China Ocean Carbon Alliance (COCA) and the China Future Ocean Alliance (CFO) and launched the "China Blue Carbon Plan". The major foci are to 1) investigate the main formation processes of blue carbon and their regulation mechanisms in China offshore and coastal environments; 2) assess the current status of blue carbon of coastal zone and develop technology to diminish the emission and increase the sink; 3) set up a series of permanent monitoring stations for blue carbon and build up the database; 4) construct a set of Marine Environmental Chamber Systems (MECS) for simulated climate experiments at ecosystem level; 5) develop Land-Sea-coordination-based blue carbon sequestration technology and conduct demonstration projects; 6) set up blue carbon standard system and management system. The outputs of China Blue Carbon Plan will support sustainable development of marine economics, carbon emission trading, the climate negotiations and 21st Century Maritime Silk Road strategy.

Keywords: Climate Change; Anthropogenic impacts; Blue Carbon; Ocean Carbon Sequestration; Coastal Zone; China Blue Carbon Plan

G.19 Collaborative Governance in Adaptation to Climate Change: Cases from American Cities / 249

Abstract: Urban areas are hot spot in adapting to climate change. Some global cities have launched adaptation strategies and adaptation planning to improve resilience to climate change risk. There have many international experiences can be learned by decision makers in Chinese cities. This article introduced some cases of American cities in policy making and action of adaptation to climate change, especially in the collaborative governance of multi-risks, different sectors and stakeholders.

Keywords: Climate Change; Risk; Collaborative Governance; Cities; Adaptation Planning.

G.20 Impact of Rainstorm Flood on Social Economy in China / 260

Abstract: China is one of the countries in the world that suffers the most severe flood disasters in frequency and socio-economic terms. From 1984 to 2013, the population exposure and economic exposure to rainstorm floods are characterized by increasing trend in China, direct economic loss and the affected population increase significantly; Population vulnerability obviously enhance, but the economic vulnerability shows a trend of decrease with the rapid development of the economy. Under the condition of future global warming, flood disaster risk will increase further. So minimizing exposure and enhancing social economic resilience and adaptability are the effective ways to reduce disaster risk in China.

Keywords: Rainstorm Flood; Exposure; Vulnerability; Social and Economic Impact

G.21 Significance and General Approach of Assessment the Climatic Carrying Capacity / 268

Abstract: Construction of ecological civilization needs consider both environmental protection and economic-social development. Climate is an important environmental resource; it is also a foundation which human and society development depends on. Climate change is happening and induces to a significant influence on different scales, and the impacts will be continuing in the future. Climate change has affected people, livelihoods, economy, resources, ecosystems and many other aspects. It will completely change many aspects of our lives. We need consider the change of climate system and its impacts in the future developing plan, follow and abide the climatic rules, take consideration to climatic carrying capacity. We also need primly know the intense and scale of human and socio-economic activities which the climatic resources can carry. In this article, we introduce some related research background about the environmental and resources carrying capacity, and bring out the concept of climatic carrying capacity. Also, we summarize general approach of assessment on climatic carrying capacity and introduce the two case studies of climatic carrying capacity, to clarify the urgency and importance of climatic carrying capacity, as well as its practical significance to social and economic development. The assessment of climatic carrying capacity now has just started, it faces many challenges. We suggest that the first thing should be built and improved the theoretical foundation and assessment framework of climatic carrying capacity; then during the assessing, should be focused on practicality and operability according with local conditions; Thirdly, it need to integrate with other cross-disciplines, broaden the application areas and service objects; and finally, innovation and using new technology and methods should be carry on in assessing climatic carrying capacity, especially on quantitative carrying capacity assessment.

Keywords: Climate Change; Climatic Carrying Capacity; Assessing Method; Developing Suggestions

G.22 A Study on How to Facilitate the Building-up of an Environmental Regulatory System towards Green Development of Shale Gas in China / 281

Abstract: In the dual constraint of energy safety and climate change, shale gas has become one of hotspots in the international energy field in the past several years, along with the technology breakthrough of horizontal drilling and hydraulic fracturing. However, shale gas exploitation has to face greater environment and climate risk, compared with conventional natural gas. The green development of shale gas depends on whether environmental risk of resource extraction is effectively regulated. In China today, we have to face multiple challenges such as climate change, energy structure optimization, and improvement of air quality. That is why policy makers place high hopes on shale gas development. But various real constraints such as current fragmented resource-environment regulatory system, poor applicability of existing environmental legal system, weak environmental monitoring capacity and inadequate understanding towards environment & climate risk, will lead to great uncertainty on green exploitation of shale gas. Based on this, the paper describes the state quo of shale gas development in China, explores main issues and major obstacles in current environmental regulation towards shale gas development, summarizes American environmental risk prevention experience in shale gas extraction, and finally puts forward relevant suggestions to facilitate the building-up of an environmental regulatory system towards green development of shale gas.

Keywords: Shale Gas Development; Environment & Climate Risk Prevention; Environmental Regulation

权威报告　热点资讯　海量资源

当代中国与世界发展的高端智库平台

皮书数据库　www.pishu.com.cn

　　皮书数据库是专业的人文社会科学综合学术资源总库,以大型连续性图书——皮书系列为基础,整合国内外相关资讯构建而成。该数据库包含七大子库,涵盖两百多个主题,囊括了近十几年间中国与世界经济社会发展报告,覆盖经济、社会、政治、文化、教育、国际问题等多个领域。

　　皮书数据库以篇章为基本单位,方便用户对皮书内容的阅读需求。用户可进行全文检索,也可对文献题目、内容提要、作者名称、作者单位、关键字等基本信息进行检索,还可对检索到的篇章再作二次筛选,进行在线阅读或下载阅读。智能多维度导航,可使用户根据自己熟知的分类标准进行分类导航筛选,使查找和检索更高效、便捷。

　　权威的研究报告、独特的调研数据、前沿的热点资讯,皮书数据库已发展成为国内最具影响力的关于中国与世界现实问题研究的成果库和资讯库。

皮书俱乐部会员服务指南

1. 谁能成为皮书俱乐部成员?
- 皮书作者自动成为俱乐部会员
- 购买了皮书产品（纸质皮书、电子书）的个人用户

2. 会员可以享受的增值服务
- 加入皮书俱乐部,免费获赠该纸质图书的电子书
- 免费获赠皮书数据库100元充值卡
- 免费定期获赠皮书电子期刊
- 优先参与各类皮书学术活动
- 优先享受皮书产品的最新优惠

卡号: 511239406398
密码:

3. 如何享受增值服务?

（1）加入皮书俱乐部,获赠该书的电子书

第1步 登录我社官网（www.ssap.com.cn）,注册账号;

第2步 登录并进入"会员中心"—"皮书俱乐部",提交加入皮书俱乐部申请;

第3步 审核通过后,自动进入俱乐部服务环节,填写相关购书信息即可自动兑换相应电子书。

（2）免费获赠皮书数据库100元充值卡

100元充值卡只能在皮书数据库中充值和使用

第1步 刮开附赠充值的涂层（左下）;

第2步 登录皮书数据库网站（www.pishu.com.cn）,注册账号;

第3步 登录并进入"会员中心"—"在线充值"—"充值卡充值",充值成功后即可使用。

4. 声明

解释权归社会科学文献出版社所有

皮书俱乐部会员可享受社会科学文献出版社其他相关免费增值服务,有任何疑问,均可与我们联系
联系电话: 010-59367227　企业QQ: 800045692　邮箱: pishuclub@ssap.cn
欢迎登录社会科学文献出版社官网（www.ssap.com.cn）和中国皮书网（www.pishu.cn）了解更多信息

皮书起源

"皮书"起源于十七、十八世纪的英国,主要指官方或社会组织正式发表的重要文件或报告,多以"白皮书"命名。在中国,"皮书"这一概念被社会广泛接受,并被成功运作、发展成为一种全新的出版形态,则源于中国社会科学院社会科学文献出版社。

皮书定义

皮书是对中国与世界发展状况和热点问题进行年度监测,以专业的角度、专家的视野和实证研究方法,针对某一领域或区域现状与发展态势展开分析和预测,具备原创性、实证性、专业性、连续性、前沿性、时效性等特点的公开出版物,由一系列权威研究报告组成。

皮书作者

皮书系列的作者以中国社会科学院、著名高校、地方社会科学院的研究人员为主,多为国内一流研究机构的权威专家学者,他们的看法和观点代表了学界对中国与世界的现实和未来最高水平的解读与分析。

皮书荣誉

皮书系列已成为社会科学文献出版社的著名图书品牌和中国社会科学院的知名学术品牌。2011年,皮书系列正式列入"十二五"国家重点出版规划项目;2012~2015年,重点皮书列入中国社会科学院承担的国家哲学社会科学创新工程项目;2016年,46种院外皮书使用"中国社会科学院创新工程学术出版项目"标识。

法律声明

"皮书系列"(含蓝皮书、绿皮书、黄皮书)之品牌由社会科学文献出版社最早使用并持续至今,现已被中国图书市场所熟知。"皮书系列"的LOGO( )与"经济蓝皮书""社会蓝皮书"均已在中华人民共和国国家工商行政管理总局商标局登记注册。"皮书系列"图书的注册商标专用权及封面设计、版式设计的著作权均为社会科学文献出版社所有。未经社会科学文献出版社书面授权许可,任何使用与"皮书系列"图书注册商标、封面设计、版式设计相同或者近似的文字、图形或其组合的行为均系侵权行为。

经作者授权,本书的专有出版权及信息网络传播权为社会科学文献出版社享有。未经社会科学文献出版社书面授权许可,任何就本书内容的复制、发行或以数字形式进行网络传播的行为均系侵权行为。

社会科学文献出版社将通过法律途径追究上述侵权行为的法律责任,维护自身合法权益。

欢迎社会各界人士对侵犯社会科学文献出版社上述权利的侵权行为进行举报。电话:010-59367121,电子邮箱:fawubu@ssap.cn。

社会科学文献出版社